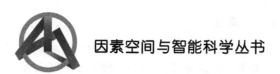

因素空间与智能科学丛书

U0149671

因素空间与因素思维

李莎莎　　崔铁军　　著

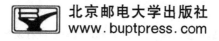

北京邮电大学出版社
www.buptpress.com

内 容 简 介

本书是空间故障树理论与因素空间理论结合的一本专著。与以往不同的是,本书的落脚点更强调因素在智能科学中的作用。本书认为因素是智能思维过程的重要标定,是优于数据的重要存在。

本书分为三个部分:智能科学与因素思维(第 2~5 章);因素思维与智能系统故障分析理论(第 6~11 章);系统状态的智能分析方法(第 12~15 章)。具体包括因素驱动与东方思维、数据-因素-算力-算法作用和关系、人和人工智能系统的概念形成、因素空间与人工智能样本选择、空间故障树与因素空间、系统可靠-失效模型与智能实现、人工智能系统故障分析原理、故障数据及因果关系智能分析、人工智能与生产中的本质安全、系统故障熵模型及其时变、三值逻辑和因素空间的SFN 化简、系统功能状态的确定性与不确定性及其原因、系统安全性变化的五种同反关系等。

因素空间理论是智能科学的数学基础之一,因素也是智能科学理论发展的支点。它们也是安全科学中的空间故障树理论的重要智能化基础。本书适合于学习和应用智能理论方法,特别是因素空间和空间故障树理论研究和解决实际工程问题的科研人员,也可供相关专业研究生阅读参考。

图书在版编目(CIP)数据

因素空间与因素思维 / 李莎莎,崔铁军著. -- 北京:北京邮电大学出版社, 2023.11
ISBN 978-7-5635-6812-3

Ⅰ. ①因… Ⅱ. ①李… ②崔… Ⅲ. ①故障树形图分析 Ⅳ. ①TL364

中国版本图书馆 CIP 数据核字(2022)第 222300 号

策划编辑:刘纳新 姚 顺 **责任编辑:**刘 颖 **责任校对:**张会良 **封面设计:**七星博纳

出版发行:	北京邮电大学出版社
社　　址:	北京市海淀区西土城路 10 号
邮政编码:	100876
发 行 部:	电话:010-62282185　传真:010-62283578
E-mail:	publish@bupt.edu.cn
经　　销:	各地新华书店
印　　刷:	北京虎彩文化传播有限公司
开　　本:	720 mm×1 000 mm　1/16
印　　张:	15.25
字　　数:	304 千字
版　　次:	2023 年 11 月第 1 版
印　　次:	2023 年 11 月第 1 次印刷

ISBN 978-7-5635-6812-3　　　　　　　　　　　　　　　　定价: 49.00 元

《因素空间与智能科学丛书》总序

　　《因素空间与智能科学丛书》是一套介绍因素空间理论及其在智能科学应用的丛书。

　　每一次重大的科学革命都会催生一门新的数学,工业革命催生了微积分,信息革命和智能网络新时代催生的新数学是什么? 人工智能发展这么多年了,似乎还没有一个真正属于人工智能的智能数学理论。现在,《因素空间与智能科学丛书》所要介绍的因素空间理论就是人们所盼望的智能数学理论。希望它能成为人工智能的数学基础理论。

　　信息科学与物质科学的根本区别在哪里? 信息是物质在认识主体中的反映,是被认识主体加工了的资料,它既是事物本体的客观反映,又是主体加工的产物。所有物质科学的知识都是由人类对物质客体进行智能加工转化出来的成果。信息科学不是去重复研究这些成果,而是要研究以下问题:知识是怎样被转化出来又怎样被运用和发展的? 就像摄影师拍摄庐山,物质科学所研究的是摄影师所拍摄出来的照片,而信息科学所研究的则是摄影师的拍摄技巧。拍摄必需有角度,横看成岭侧成峰,角度不同,庐山的面目便不同。庐山自己不会像一个模特儿那样摆出各种姿势,它没有视角选择的需求,也没有视角选择的权能,视角选择的权能只属于摄影师。信息科学要研究的是拍摄的本领和技巧。一切信息都依赖于视角。有没有视角选择的论题是区别信息科学与物质科学的一个分水岭。

　　认识必有目的,目的决定关切,视角就是关切点。关切点如何选择? 关切点是因,靠它结出所寻求之果。宇宙所发生的一切,用两个字来概括就是"因果",因果贯穿理性,因果生成逻辑,因果构建知识。因素就是视角选择的要素,它是信息科学知识的基元。因素是广义的基因,孟德尔用基因来统领生物属性,打开了生命科学的大门,因素空间是引导人们提取关键因素并以因素来表达知识进行决策的数

・ 1 ・

学理论和方法,它用广义的基因来打开智能科学的大门。它的出现是数学发展的一个新里程碑。

有很多数学分支都在人工智能中发挥了作用,特别有贡献的是:

① 集合论。它把概念的外延引入了数学,著名的 Stone 表现定理指出:所有布尔逻辑都与集合代数同构,或、且、非三种逻辑运算同构于并、交、余三种集合运算。基于这一定理,数学便进入逻辑而使数理逻辑蓬勃发展起来,而逻辑对人工智能的重要性是不言而喻的。

② 系统理论。系统是事物的普遍结构,它决定视角选择的层次性。

③ 概率论。人生活在不确定性之中,人脑的智能判断与预测都具有不确定性,概率论为人工智能引入了处理随机不确定性现象的工具。智能的操作始于数据,数据的处理必须用数理统计,现在,统计方法已经成为自然语言处理中的主流工具。

④ 经典信息论。尽管 Shannon 的信息论只关注信息编码的传输,不涉及信息的意义和内容,但是,Shannon 以信息量作为优化目标,相对于物质科学以能量为优化目标,他在方法论上就预先为信息革命举起了新的优化大旗,他无愧是智能科学的先驱。他所用到的信息、信道、信源和信宿构架,已为今天的智能理论定下了描述的基调。

⑤ 优化与运筹理论。因素选择就是信息的优化与运筹过程。

⑥ 离散数学。人的思维是离散的,离散数学为人工智能提供了重要的数学描述工具。

⑦ 模糊集合论。如果说上述各个分支都是自发而非自觉地为人工智能服务,那么模糊集合论则是自觉地为人工智能服务的一个数学分支。L. A. Zadeh 是一位控制论专家,他深感机器智能的障碍在于集合的分明性限制了思维的灵活性,他是为研究人脑思维的模糊性而引入模糊数学的。模糊数学的出现,使数学能够描述人类日常生活的概念和语言,Zadeh 在定性与定量描述之间搭起了一座相互转换的桥梁。模糊数学是最接近人工智能的数学分支。可惜的是,Zadeh 没有进一步地刻画概念的内涵以及内涵外延的逆向对合性。他也没有明确地提出过智能数学的框架。

以上这些分支都不能直接构成智能数学的体系。

1982 年,在国际上同时出现了 Wille 的形式概念分析、Pawlak 的粗糙集,加上因素空间理论,一共是 3 个数学分支。它们都明确地把认知和智能作为数学描述的对象,它们是智能数学的萌芽。1983 年蔡文提出了可拓学(研究起始于 1976年),1986 年 Atanassov 提出了直觉模糊集,1988 年姚一豫提出了粒计算,张钹提出了商空间理论,1999 年 Molodtsov 提出了犹豫模糊集,2009 年 Torra 提出了软集……这些理论是智能数学的幼苗。

智能数学当前面临的任务是要用因素来穿针引线,把这些幼苗统一起来,不仅如此,还要与所有对人工智能有贡献的数学分支建立和谐关系。希望因素空间能担当此任。因素空间的作用不是取代各路"神仙",而是让各路"神仙"对号入座,因素空间更不能取代传统数学,而是与传统数学"缔结良缘"。

我 1957 年在北京师范大学数学系毕业留校。1958 年参加了在我国高校首轮开设概率论课程的试点任务。在严士健先生的带领下,我参加了讨论班,参与了编写讲义和开设概率论课的全过程。之后我在北师大本科四年级讲授此课。1960年暑假,教育部在银川举办了西北地区高校教师讲习班,由我讲授概率论。这段经历使我深入思考了随机性和概率的本质,发现柯尔莫哥洛夫所提出的基本空间就是以因素为轴所生成的空间。1966 年之后,我开始研究模糊数学,当时正面临着模糊集与概率论之间的论战,为了深入探讨两种不确定性之间的区别与联系,我正式提出了因素空间的理论,用因素空间构建了两种不确定性之间的转换定理:给定论域 U(地上)的模糊集,在幂集 P(U)(天上)上存在唯一的概率分布,使其对 U 上一点的覆盖概率等于该点对模糊集的隶属度。这一定理不仅发展了超拓扑和超可测结构的艰深理论,更确定了模糊数学的客观意义,为区间统计和集值统计奠定了牢固的基础。这一定理还可囊括证据理论中 4 种主观性测度(信任、似然、反信任、反似然)的天地对应问题,在国际智能数学发展竞争中占据了一个制高点。因素空间在模糊数学领域中的成功应用,赢得了重要的实际战果。1987 年 7 月,日本学者山川烈在东京召开的国际模糊系统协会大会上展示出 Fuzzy Computer。它实际上只是一台模糊推理机,但却轰动了国际模糊学界。1988 年 5 月,我在北师大指导张洪敏等博士研究生研制出国际上第二台模糊推理机,推理速度从山川烈每秒一千万次提高到一千五百万次,机身体积不到山川烈模糊推理机的十分之一。这是在钱学森教授指导下取得的一场胜战。

这一时期的工作,是用因素空间去串连模糊数学(也包括概率论)。人工智能的视野总是锁定在不确定性上,概率论和模糊数学都做过而且将要做出更大的贡献,经过因素空间的穿针引线,有关的理论都可以更加自然地融入智能数学的体系,而且能对原有理论进行提升。这段时期的工作主要是由李洪兴教授和刘增良教授发展和开拓的。

形式概念分析和粗糙集是和因素空间同年提出的。它们都有明确的智能应用背景,开创了概念自动生成和数据决策的理论和算法,成为关系数据库的数学基础。相对而言,我在前一阶段也研究知识表示,但却是围绕着模糊计算机的研制,关键是中心处理器。我忽视了数据和软件。20 世纪人工智能曾一度处于低潮,但当网络时代悄然而至,所有计算机都可以联网以后,中心处理器的作用被边缘化,数据软件成为智能革命的主战场。我 1992 年在辽宁工程技术大学建立"智能工程与数学研究院",之后出国。2008 年我从国外回来,回头再看一下同年的伙伴,看到粗糙集的信息系统,心里不禁一惊,"我怎么就没想到往关系数据库考虑呢?这不正好就是因素空间吗?"于是我设法用因素空间去串联上面这些成果,在它们的基础上再做些改进,显然因素空间可以使叙述更简单,内容更深刻,算法更快捷。国内学者在粗糙集和粒计算方面的工作都非常优秀,突破了 Pawlak 的水平,有很多值得因素空间借鉴的思想和方法。尤其是张钹教授的商空间理论,既有准确的智能实践,又有严格的数学理论,可圈可点。

这套丛书是由我的学生和朋友们共同完成的,他们的思想和能力往往超过我所能及的界限。青出于蓝而胜于蓝,这是我最引以为豪的事情。

因素空间理论是否真的能起到一统智能数学理论的作用,要靠广大读者来鉴别,也要靠读者来修正、发展和开拓,企盼大家都成为因素空间的开拓者,因素空间理论属于大家。

汪培庄

他　序

当今世界，正在经历着工业时代向信息时代的伟大转变。与此相应，科学体系也正在经历着由"机械唯物科学观和机械还原方法论统帅的经典物质科学体系"向"辩证唯物科学观和信息生态方法论引领的现代信息科学体系"的深刻转变。

科学技术是生产力。人工智能科学技术是信息科学技术发展的高级阶段，是信息时代、事实上也是整个人类历史上迄今所出现的最为先进、最高水平的生产力，是带领现代科学技术体系向前发展的"领头雁"，是引领这一轮科技革命和产业变革的战略性技术。人工智能的发展关系到国家的前途与命运。

通常，一门新的学科必定要有自己特有的科学观和方法论，在它们的引导下才能构筑新学科的全局模型和选择正确的研究路径，才能进而挖掘新学科的基础概念个基本原理，形成自己完整的科学理论。所以，"科学观→方法论→全局模型→研究路径→基础概念→基本原理"，成为发展新学科的通用法则，也是一个系统的、能够顶天立地的研究纲领。其中，科学观和方法论所形成的有机的整体被称为学科的"科学范式"。相对于科学研究活动这种"社会存在"而言，科学范式就是科学研究活动所形成的"社会意识"。

众所周知，社会意识一旦形成，就会对社会存在发挥支配和引领的作用；但是，社会意识通常落后于社会存在。正是因为这个缘故，迄今信息科学研究活动这种社会存在尚未形成自己的社会意识：信息科学的科学观和方法论。在这种情况下，世界人工智能的主流研究就沿用了业已存在的经典物质科学的科学观和方法论；后者处理复杂问题的基本方法是"分而治之"。这就是造成当今人工智能研究仍然处于"低端化、碎片化、浅层化"的根本原因。

为了消除这些弊病，人工智能的研究必须对它所沿用的物质科学的科学观和方法论展开系统的反思和全面的突破，努力总结和形成信息科学自己的科学观与方法论,并在它们的引领下,按照发展新学科的顶天立地研究纲领,建立崭新的人工智能理论及其逻辑基础与数学基础。可以看出,人工智能整体理论的创立,是当代信息革命的深刻内容。

数十年来,我国有一批研究人员一直在深入探索、全面总结和严格遵循信息科学的科学范式,按照"科学观→方法论→全局模型→研究路径→基础概念→基本原理"的研究纲领,在长期的艰苦探索与深入研究基础上建立了"机制主义人工智能理论"。其中,一些数学工作者则开展了机制主义人工智能的数学基础理论的研究。"因素空间理论",就是这一研究的的杰出代表。

历史的经验和理论的分析都表明:数学,是人们定量认识世界的根本手段。每一次重大的科技革命,都会出现新的数学标志。工业革命的数学标志是微积分理论,那么,信息革命的数学标志是什么呢?

信息革命直接面对的对象是各种各样的客体信息(数据只是它的表示媒体)。而处理信息的任务是要由客体信息生成主体认识世界所需要的"感知信息"(即主体关于客体的感性认识,它是语法信息、语用信息、语义信息的有机综合体,称为"全信息")和"知识"(即主体关于客体的理性认识)以及主体改造世界所需要的"智能策略"(由基础意识、情感、理智综合出来的解决问题的方略)和"智能行为"(由智能策略转换而来),还有对智能行为的评价和优化能力。

可见,信息革命特别是人工智能科学技术所需要的数学理论,应当能够充分地描述信息的性质,能够支持"客体信息→感知信息→知识→智能策略→智能行为→评价与优化"的复杂转换(统称为"信息转换")。

不仅如此,由于人工智能科学技术领域的信息及信息转换涉及多种形式的不确定性:随机形式的不确定性,模糊形式的不确定性,粗糙形式的不确定性等等,人工智能科学技术所需要的数学理论还应当能够以统一的方法描述这些不确定性及其伴随的复杂转换。

对照这样的需求可以发现,原有的各种数学理论(包括概率论、随机过程、数理统计、优化决策、离散数学、模糊集合、粗糙集合等等)都只能在某种侧面上部分地满足但都不能全面满足信息革命对数学理论的上述要求。因此,信息革命特别是人工智能科学技术正急切地期待着"面向智能的数学理论"的创生。

汪培庄教授是我国模糊数学的著名开拓者和主要学术带头人,他在20世纪80年代初期又提出了"因素空间理论"。他指出,因素,是一切事物的基本要素,因素空间是描述信息等各种复杂现象的通用数学工具。

他在自己的研究中发现,无论多么复杂的信息及其各种产物(包括客体信息、全信息、知识、智能策略、智能行为、目标误差等),它们都必定由若干因素构成,都是因素空间的某种事件,可以用因素空间理论来描述,就像复杂的生命信息可以用基因表达一样。

他还发现,造成各种事件出现"不确定性"的原因,都是因为描述事物的部分因素的"缺失":随机性源于客体运动描述中的因素缺失,模糊性源于认识主体对客体描述的因素缺失。基于这种发现,他提出了"随机落影"的理论,揭示了随机不确定性与模糊不确定性之间存在的内在联系。由此,他所建立的因素空间理论就可以统一地描述各种信息现象的不确定性问题。

机制主义人工智能理论总结了辩证唯物科学观(即信息观)和信息生态方法论,构筑了主体与客体相互作用和动态演进的研究模型,确立了智能生成机制(即信息→知识→智能的转换)的研究路径,在此基础上建立起来的人工智能通用理论。因素空间方法已经明确展示,能够很好地描述这一理论的信息性质与信息转换过程,因而成为机制主义人工智能理论的数学基础。

汪培庄教授所创立的因素空间理论是一种关于事物及其转换过程的通用性描述方法,思想深刻,观点新颖,逻辑严密,能力强大,具备了"面向智能的数学理论"的基本品格。目前,因素空间理论已经在他的学术梯队中展开进一步的深入研究,并取得了许多应用的成果。

作为机制主义人工智能理论的研究者和提出者,本人除了十分感谢因素空间理论所提供的强力支持以外,也特别愿意推荐汪培庄教授和他的学术梯队把这些成果总结成为学术著作出版,以飨更多的读者,为我国的数学和人工智能科学技术的发展做出更大的贡献。

钟义信

2018 年冬日

于北京

自　序

空间故障树理论是作者在 2012 年提出的,第一篇论文于 2013 年发表。经过多年研究,至今空间故障树理论已形成四个主要部分:第一部分空间故障树理论基础,用于研究系统可靠性与影响因素之间的关系;第二部分智能化空间故障树理论,用于研究系统故障与影响因素因果关系推理和概念提取;第三部分空间故障网络理论,用于描述和研究系统故障演化过程;第四部分系统运动空间和系统映射论,用于度量系统运动及确定因素流和数据流的关系。本书的主要内容偏重于第二部分,主要研究了因素在智能科学中的作用,可以说因素在智能科学发展中的作用大于数据的作用,因素是智能思维的标定,是展示智能的坐标系统。

本书包括智能科学与因素思维、因素思维与智能系统故障分析理论、系统状态的智能分析方法等三大部分内容。全书共分为 16 章,其中 2～15 章为主要内容章节。

智能科学与因素思维(第 2～5 章),主要论述因素思维在智能科学中的决定作用,包括因素驱动与东方思维、数据-因素-算力-算法作用和关系、人和人工智能系统的概念形成、因素空间与人工智能样本选择。

因素思维与智能系统故障分析理论(第 6～11 章),主要论述了以因素空间和空间故障树理论基础上的系统安全和故障分析方法及原理,包括空间故障树与因素空间、系统可靠-失效模型与智能实现、人工智能系统故障分析原理、故障数据及因果关系智能分析、人工智能与生产中的本质安全、系统故障熵模型及其时变。

系统状态的智能分析方法(第 12～15 章),基于因素的思想研究系统功能特征,主要论述了空间故障网络的化简方法,系统功能状态的不确定性和系统安全变化,包括三值逻辑和因素空间的 SFN 化简、系统功能状态的确定性与不确定性及其原因、系统安全性变化的五种同反关系。

本书撰写过程注重因素在智能科学形成和应用过程中的作用。笔者认为在思想上建立因素思维是推进智能科学研究发展的关键,这并不与基于大数据的人工智能矛盾,因素思维比数据更重要。智能科学的因素思维更接近人的思维,因素思维是智能生成机理的重要基础。希望读者能理解和认清因素在智能科学中的作用,以便发展和建立在各领域独具特色的智能理论和分析方法。

本书的研究工作主要受到国家自然科学基金项目(52004120)支持。本书全部内容由李莎莎教授和崔铁军教授撰写。撰写过程中得到了汪培庄教授、钟义信教授、何华灿教授的指导,在此表示感谢;特别感谢因素空间理论的研究者郭嗣琮、吕金辉、刘海涛、曲国华、包研科、曾繁慧等,及相关学者李洪兴、汪华东、何平、陈万景、李辉等在该领域的卓越研究成果。正是他们的研究使笔者受到启发,才完成了本书的研究工作,在此表示衷心感谢!

书中引用了部分国内外已有专著、文章、规范等成果,在此不能一一提及,向这些文献的作者及相关人士表示感谢。限于笔者水平,书中难免存在疏漏之处,敬请读者批评指正。

目　录

第1章 绪 论

1.1 因素空间应用蓝图

本节是引用汪培庄教授的论著,汪教授是因素空间的创始人,对于因素空间理论的各方面论断具有权威性。很荣幸汪教授允许我使用他对于因素空间应用的论述。如下内容根据本书需求略有修改。

人类正进入"智能+网络"的信息革命新阶段,网络是信息传输的翅膀,智能是信息革命的灵魂。人工智能的本分是:在智能生成机制从人向机器移植的环节上,依仗机器在计算速度和存储性能两方面的优势,解放人的智力劳动。

在一些耀眼的成就背后,不少学者清醒地看到,已经移植到机器的智能生成节点,不仅数量少,而且难度小。"深度上浅层化、广度上碎片化、体系上封闭化"乃是当今人工智能发展中明显存在的病症。这里的短板不在实践而在理论,因为理论远远落后于实践!三大流派你死我活,天下三分,岂能称为成熟的理论?拼凑数据修补实验,蜂窝动荡,岂能叫作科学的理论?自下而上的手工作坊,没有纲领,岂能算作有格局的理论?

人工智能在理论上为什么长期滞后?因为西方学者缺少对信息革命的时代敬畏。他们掉以轻心,沿用三百年来物质科学的老研究范式来侍奉新的信息科学,难道信息革命时代就不该有自己新的科学范式?这正是钟义信教授(和何华灿教授)四十余年倡导机制主义人工智能所要点破的头号问题。

西方物质科学的科学观是还原论的科学观,西方物质科学的方法论是非辩证的机械方法论,尽管取得了伟大的成就,但却不足以证明西方的这种科学观和方法论是跨时代而皆准的东西,最明显的例证就是医学。人体不能像机器那样随意拆开以后再还原,人是一个整体,其精、气、神是解剖不到的。西医的科学观不是整体观,只能头疼医头,脚痛医脚。相比之下,中医的阴阳平衡、经络调理体现了整体的科学观,望闻问切、因果权配体现了辩证的方法论,这是一种范式优势。生命科学所要研究的是生命体的生物特性,而智能科学则要研究生命体对信息的认知特性,更加讲求整体科学观和辩证方法论。这种新范式不是被动的认识论而是主动的知行论。机制主义人工智能理论强调:一切智能活动都是有目的的活动,客体的形式信息数不胜数,认识主体要根据目标考察形式信息的效用,删除与目标无关的信息,过滤少数有用的目标、形式、效用三结合的全信息,转化为知识。又从简单知识中提取目标、形式、效用三结合的高级知识,从简单策略中提取目标、形式、效用三结合的高级策略,这就是智能生成的统一机制。

人工智能离不开逻辑与数学,机制主义人工智能理论、泛逻辑理论和因素空间理论一起,构成了"机制主义人工智能通用基础理论"的有机体系。其中,智能理论、逻辑基础、数学基础都具有各自的全局包容性。本书所要介绍的就是机制主义人工智能的数学基础。

每次重大的科技革命都要伴随着一门新数学的诞生,微积分催生了工业革命,微积分是工业革命的数学象征。信息革命时代是比工业革命时代更加伟大的时代,信息革命的数学象征是什么?

"数"与"形"是数学最早的两个元词,分别演生出代数与几何。工业革命在两个元词前面都加上一个"变"字,得到"变数"和"变形",再经笛卡儿坐标的结合就出现了微积分,智能科学需要数学再增加新的元词。

1982 年,一个新的元词"属性(attribute)"同时在两个数学学派中出现。一个学派是德国数学家 Wille 提出的形式概念分析,另一个学派是波兰数学家 Pawlak 提出的粗糙集,他们共同引领着关系数据库知识挖掘的前沿领域。但是,他们对 attribute 的字义存在分歧:Wille 说的属性是指属性值,如"红",Pawlak 说的属性是指属性名,如"颜色"。属性值与属性名有不同的地位和作用,不能混淆。

同是在 1982 年,汪培庄教授创立了因素空间理论,另行提出了"因素"(factor)这一元词。智能生成的核心是认识主体对事物的注意和由此产生的对信息的选择,因素就是认识主体的视角。一个因素统帅着一串属性值,例如"颜色"这一因素统帅着"红""橙"……"紫"等一串属性。因素统帅属性,因素是比属性更深层次的东西,具有更高的视角。离开了因素,属性就像断线的珍珠撒满遍地。人脑是高效率的信息处理器,人的感觉神经细胞是按因素分区、分片、分层来组织的。孟德尔深感生物属性的繁杂,提出了基因的概念,每个基因统帅一串生物属性,基因最早的名字不是 gene 而是 factor,就是因素,所以,因素就是广义的基因,基因打开了生命科学的大门,因素将打开信息和智能科学的大门。整个宇宙运动说穿了就是两个字:因果,因素是因果分析的要素,是智能数学所要增加的元词。

因素空间从高处审视形式概念分析和粗糙集,能把其他学者说得复杂的事情说简单,把他们说不清楚的事情说清楚,把他们算得很慢的问题算得很快,他们都存在着 NP-hard 陷阱,用因素空间都可加以避免。他们无法应对大数据的冲击,因素空间却是大数据的克星。因素空间能吸取他们的精华,对他们的理论加以提升。因素空间正是智能革命所期待的数学基础理论和时代精品。

1.1.1　知识图谱简评

知识图谱是人工智能和数据科学当前发展的热点,本书要以此为切入点来介绍因素空间的作用和意义。

1. 知识图谱的数学定义

知识图谱是由两节点夹一有向边为图形基元所形成的复杂图形,其原始的数学定义如下。

定义 1.1　知识图谱是一个有向图$(E;F)$,其中,E 是节点集,F 是有向边的集合;F 是从 E 到 E 的一个二元关系,即对任意一个 $f \in F$,都有 $(e, e') \in E \times E$,使 e,e' 分别是 f 的前节点和后节点。在应用中,每个节点和边都有固定的名称。

本书再给出一个更广的定义,如下。

定义 1.2　知识图谱是一个有向图$(E, E'; F)$,其中,E, E' 分别是前节点集和后节点集,F 是有向边的集合;F 是从 E 到 E' 的一个二元关系,即对任意一个 $f \in F$,都有 $e \in E$ 和 $e' \in E'$,使 e 和 e' 分别是 f 的前节点和后节点。在应用中,每个前后节点和边都有固定的名称。

当 $E = E'$ 时,定义 1.2 就变成定义 1.1,定义 1.2 概括了定义 1.1。

知识表示的每一种方法都要表达事实,不论差异如何,都要在语言上符合主、谓、宾的 SPO 表达形式,把主语和宾语视为节点,把谓语视为有向边,每种知识表示都可表示成一种知识图谱,所以,知识图谱是知识表示的普遍形式。

2. 知识图谱的意义

文本数据是人类知识的储藏品,是智能含金量最高的东西。人工智能本应先把文本信息从图书、文件、信函中转移给机器,然后才让机器模拟人脑认识和改造世界。但事实恰好相反,文本数据的处理比非文本数据的处理要困难得多。直到 2012 年前后,"知识图谱"的名称才在谷歌叫响,掌握互联网资源的几家巨头公司竞相用此技术来开发新的搜索引擎。互联网是传递信函的渠道,知识图谱首先处理的就是文本数据,它的出现加速了自然语言理解的研究进程,部分地实现了图书、文件、信函的数字化,使自然语言理解从数据驱动的字频统计方法转向知识与数据联合驱动的研究途径。图数据网络模型已经在跨越同义字、反义字等类歧义鸿沟方面取得了明显的成效。知识图谱势必也会在机器模拟人脑认识和改造世界方面取得卓越成效,它为智能化提供了网络传输的翅膀,其前景是不可限量的。

3. 知识图谱的发展方向

在肯定知识图谱意义的同时,也要看到它在基础理论方面的不足。知识图谱与传统的知识表示的分界线在哪里? 在于它们语言的分离:关系数据库的查询靠 SQL 语言(Structured Query Language);知识图谱的查询靠 SPARQL 语言(Simple Protocol and RDF Query Language)。SQL 叫作表库语言,SPARQL 叫作图库语言,图数据库的名称便由此而来。

前面已经说过,知识图谱是知识表示的普遍形式,以前的表数据库也是知识图谱,表数据库与图数据库并没有本质的差别,为什么要把二者区分开来呢? 这样的区分扰乱了对知识图谱的本质认识。这种错误的发生是因为命名者把生活当中的"图"字套在了数学的"图"字上。生活当中的"图"是直观可见的图形,之所以称 SPARQL 为图数据库语言,是因为 Web 有节点有边,是直观的图,但 Web 节点的名称与节点内所存放的文本内容毫无联系,文本是不断变化的,并非固定的对象或概念,这与知识图谱的定义并不一致。在这种不严格的认识下,人们误以为知识图谱具备生活中图所具有的直观性。其实,这只适用于小数据,当节点稍微多一些时,复杂一点的图谱就不再直观,这才使可视化研究变得格外重要。

SPARQL 语言并不是理想的语言,它的程序在阅读和编写上极其烦琐,其查询功能不像 SQL 语言那样可进行是非判断和推理,而只是回答给定的一个基元在不在库中,进而回答给定的一组基元是否与某个子库同构。SPARQL 语言的推理功能更是无法与 SQL 语言相比,它只能发现"叔侄"是"兄弟"和"父子"关系的叠加这一类规则,尽管这种推理有其独特作用,但都需要进行提升和改进。

SPARQL 语言打破了人们的惯性思维,给编程带来一片开放自由的新天地,开源的知识图谱可以在短短几周的时间内就发展到节点过亿的规模。各种限制都可以考虑取消,新的设想和构思不断涌现,这是值得珍惜的局面,但也要保持清醒的头脑,在大潮中求实求稳。图谱要大而不乱,活而不杂。现在已经发现有错,也有纠错的算法,但是在庞大的图谱中要搜寻回路,可能是一个 NP 难题。图谱要计算代价,要讲求效率,要防止浪费,更要防止对环境可能带来的污染。知识图谱的进一步发展只有用因素空间才能把持正确的方向。

1.1.2　因素的知元表达式

1. 因素是智能数学的元词

人脑面对事物的第一反应就是要回答"这是什么"的问题。神经中枢把对象信息传递到记忆单元,查找该对象的存储位置,或建立新档,或用旧档进行对比判断,迅速做出应答。这是最基本的思维活动环节,它应该有一个基本的数学表达形式。这个元表达式是什么?

元表达式：

$$e \text{ is } p$$

这里，e 是对象或实体（包括物和事），p 是一个概念。这种表达虽然很自然，但却不能采用。难道人脑的反应像照镜子那么简单，一个对象就只有同一个映相？如果是这样，思维的目的性怎样来体现？为了选拔举重运动员，需要注意对象的面貌吗？为了选美，能不注意对象的面貌吗？同是一个对象，不同的目的有不同的注意视角，得到不同的表相。注意的视角是认知过程中最重要的元素，叫作因素。

定义 1.3　因素在数学上被定义成一个映射 $f:D \to I(f)$。这里，D 叫作 f 的定义域或论域，$I(f)$ 叫作 f 的相域或信息域。

例如，因素 $f=$颜色，$D=$楼前停的 5 辆车 $\{d_1, d_2, d_3, d_4, d_5\}$，$I(f)=\{$红，白，黑$\}$。$f$ 是把车变为车色的映射，如 $f(d_1)=$红，$f(d_2)=$白，$f(d_3)=$红，$f(d_4)=$黑，$f(d_5)=$白。

信息与物质的区别在于：信息是物质在因素映射之下的相。只有把对象改成信息，才能反映认知的特色。于是，我们把对象 e 改为它在因素 f 之下的相 $f(e)$，得到下式。

知元表达式：

$$f(e)=p \tag{1.1}$$

例如，"这辆车的颜色是红的"。

只有将因素引入元表达式，才能体现认识主体的目的性和主动性，才能描写认知的基本环节。为了强调表达（1.1）所含有的重要意义，我们称之为知元表达式。

知元表达式说明，概念的内涵必须靠因素来描述，描述一个概念的因素叫作该概念的内涵因素。

智能科学与物质科学的根本区别就在于是否把因素引入思维的元描述。因素是智能描述的元词！

2. 因素是因果分析的要素

人的智力发展不是来自条件反射，动物都有条件反射，但却没有人的智力。人脑具有因果分析的能力，因素是因果分析的要素，智力的发展是靠人对因素的提取。

因素非因，乃因之素。"雨量充沛"是取得"好收成"的原因，但却不是因素，这里的因素是降雨量。它是一个变量，其变化可以使农作物丰收，也可以使农作物颗粒无收，显示了它对收成有重要影响，这才使人断定"雨量充沛"是取得"好收成"的原因。因果分析的核心思想不是从属性或状态层面孤立静止地去寻找原因，而是要先从更深层面上去寻找对结果最有影响的因素，只有找到了这组因素，才能找到最佳的原因。从找原因到找因素是人脑认识的一种升华，也是因果性科学的思想核心。

3. 因素是广义的变量

因素之所以是因果分析的要素,是因为它具有可变性。因素的相域是一串属性或表示情感意向的词汇,相域 $I(f)$ 不是相的随机凑合,而是由因素 f 统帅的整齐阵列。颜色统帅红、黄、蓝等色而不能混入"大""高""忙"等词汇。因素是变相,它在自己的相域中取值变化,因素是广义的变量。

因素可以把定性的相域嵌入欧氏空间的定量相域中去,转化为普通的变量。前提是要把相域按一定目标有序化。例如,职业相域={工人,农民,士兵,企业主,雇员,教师,医生,律师,官员,…},这些职业之间没有次序。但是在高考生报考志愿的时候就要对未来的职业排序。看工资待遇是一种排法,看社会需要是另一种排法,看兴趣爱好是一种排法,综合加权又是另一种排法。当 $I(f)$ 变成了全序或者偏序集合以后,定性相域就可以嵌入到一个实数区间或多维超矩形里。这个实空间可以选择为 $[0,1]$ 或者 $[0,1]^n$,这时,所有相都是对目标的某种满足度。而满足度又可化为某种逻辑真值。

嵌入实空间的相域是离散的,可取二值相域 $I(f)=\{0,1\}$,或三值相域 $I(f)=\{1,2,3\}$ 或 $\{-1,0,+1\}$。离散值相域叫作格子架或托架。

因素有几种特殊的叫法:

① 两极叫法,如"美丑";

② 后面加问号,如"美丽?";

③ 前面加"有无"或"是否",如"是否美丽";

④ 后面加"性"字,如"美丽性"。

4. 因素统帅属性

因素与属性不能混淆。属性能问是非,如"这花是紫的吗?";因素不能问是非,如"这花是颜色吗?"。属性是被动描述的静态词;因素是主动牵引思维的动态词。

在英文中,"attribute"一词在形式概念分析(formal concept analysis,FCA)中代表属性值,如"红""黄"等;但在粗糙集(rough sets,RS)中代表属性名,如"颜色"等。这两个学派在关键词的词义上出现了混乱,这是因果严格理论所不能容许的,必须加以澄清。FCA 和 RS 都是在 1982 年提出的,同年,因素空间(factor space)创立,用"因素"作为元词。本书第一作者当时并不知道 FCA 和 RS,后来对 FCA 和 RS 关于"attribute"一词的分歧进行如下协调:

FCA 中的"attribute"被视为 FS 中的"属性";

RS 中的"attribute"被视为 FS 中的"因素"。

事物是质与量的对立统一,属性是质表,因素是质根。因素比属性高一个层次。一个因素统帅一串属性。离开了因素,属性就像断线的珍珠撒满遍地。人脑是高效率的信息处理器,它按因素分区、分层、分片地来组织感觉神经元。孟德尔在遗传学研究中苦于生物属性的杂乱,在 1865 年提出了基因的概念,他所使用的英文名字就是 factor(约翰森在 1909 年才将其改名为 gene)，基因就是生物属性的质根，因素是广义的基因。基因打开了生命科学的门，因素是从数学上帮助打开信息科学大门的一把钥匙。

5. 因素对知识图谱的梳理

在知识图谱的定义 1.2 中，有向边都可以被认定为因素。事实上，有向边有三种：一是因素，例如"李四的个子很高"，因素"身高"把李四映射为高个子，凡是以属性为后节点的边都是因素；二是推理，例如"物理"→"理科"，这个推理句可以用因素"隶属?"来表示，就是"物理隶属于理科"；三是关系，例如"李四与张三是夫妻关系"，下一节会说明关系也可用因素来表示。

概念的外延是一群对象的集合，如果外延只包含一个对象，这个对象就是一个单点概念，所以，对象可被视为概念。例如，北京、岳飞、天宫一号、珍珠港事件等对象都是单点概念。在此意义下，所有的前节点都可表为概念。后节点分两种情况：若后节点是名词，那它是一个概念，此时的图基元是前后两个概念节点夹一关系因素边；若后节点是形容词，那它就是因素的相(属性、效用相或目标相)，此时的图基元就是知元(1.1)。

总而言之，定义 1.2 所讨论的知识图谱共有两种情况：一是用因素把概念(包括对象)转化为它所具有的属性；二是用因素把一个概念关联到另一个概念。

1.1.3　因素的知增表达式

在数学上，一个概念是一个二元组 $\alpha=(\underline{\alpha},[\alpha])$，其中，$\underline{\alpha}$ 是对概念 α 的描述语句，叫作 α 的内涵，$[\alpha]$ 是由满足内涵描述的全体对象所成之集，叫作 α 的外延。

婴儿出生的时候只有零概念，内涵是零描述，外延是整个宇宙混沌一团。人类知识是从零概念开始，经过一步一步的概念团粒分裂细化而来的。每次分裂，概念团粒缩小，内涵描述语句增加，一个上位概念分裂成几个下位概念，这就是知识的增长。那么，概念团粒是靠什么来细分的呢?

每一个内涵描述句都是由因素所表达的一个知元表示句，它们必须被外延中全体对象所满足，也就是说，团粒中的所有对象在内涵的描述因素下必有相同的相值。概念团粒不能靠它的内涵因素来分裂；只有找到在团粒中取不同相值的新因素，按照它的相值来分类，才能实现概念团粒的分裂，这新因素就是概念团粒细化的分化器!

对知识增长这一重要环节也需要设立一种统一的表达形式。

定义 1.4　记 $D(f)=\{u\in U\mid f$ 对 u 有意义$\}$，它是对因素 f 有意义的一切对象所组成的集合，叫作因素 f 的辖域，这里 U 是宇宙的近似外延。

什么叫作 f 对 u 有意义?

设 $f=$ "生命性", $I(f)=\{$有生命,无生命$\}$, $u=$ "飞鸟",因 $f(u)=$ "有生命",答案在相域 $I(f)=$ 中,我们称 f 对 u 有意义。

设 $f=$ "生命性", $I(f)=\{$有生命,无生命$\}$, $u=$ "石头",因 $f(u)=$ "无生命",答案在相域 $I(f)=$ 中,我们称 f 对 u 有意义。

无论回答是有还是无,只要答案在相域 $I(f)$ 中,提问有意义, f 对 u 就有意义。

设 $f=$ "生命性", $I(f)=\{$有生命,无生命$\}$, $u=$ "仁", u 是儒家的一个精神概念,问它有无生命,没有意义,没法回答,既不能说有,也不能说无,因"仁"不在相域 $I(f)$ 中,我们称 f 对 u 没有意义。

其实,辩证地看,精神界符合真理的东西也是有生命的,但人在用生命性这一因素时,早就把视角定在物质界上,不想再扩大了,这个疆界就是因素的辖域。辖域 $D(f)$ 一定是某个概念 A 的外延。

有了这些准备,我们对概念团粒的细化过程给出如下描述。

知增表达式:
$$\alpha: D(f) \quad \rightarrow \quad I(f)=\{\alpha_1,\cdots,\alpha_k\} \tag{1.2}$$

其中, α 是上位概念的名称, $\alpha_1,\cdots,\alpha_k$ 是 α 所分化出来的一组下位概念的名称。

"知增"二字强调知识的增长,式(1.2)也将成为知识定量计算的依据。

例 1.1　　　宇宙: $D($虚实$) \rightarrow I($虚实$)=\{$精神,物质$\}$。

这就是一个知增表达式,外延是混沌一团的宇宙。"虚实"是定义在万事万物上的一个因素。除了虚实之外还能找到以宇宙为定义域的因素吗?"身高"是因素,但只对能直立起来的动物有意义,对石头就没有意义。"重量"是因素,但只对物质有意义,在精神界就没有意义。我们能找到最普遍、最抽象的因素寥寥无几。在某种意义上看,甚至是唯一的。例如,"阴阳"也是最具普遍意义的一个因素,但和虚实可以相互转化。

虚实这个因素把宇宙划分成两个大类,零概念被分化为物质与精神两个概念。接下来可以有一系列的知增表达式:

物质: $D($生命性$) \rightarrow I($生命性$)=\{$生物,非生物$]$;

非生物: $D($有机?$) \rightarrow I($有机?$)=\{$无机物,有机物$\}$;

动物: $D($脊椎?$) \rightarrow I($脊椎?$)=\{$脊椎动物,非脊椎动物$\}$;

植物: $D($植物高度$) \rightarrow I($植物高度$)=\{$乔木,灌木,草,苔$\}$;

脊椎动物: $D($哺乳?$) \rightarrow I($哺乳?$)=\{$哺乳动物,非哺乳脊椎动物$\}$。

1.1.4　因素编码

因素最重要的作用就在于它是描写概念内涵的唯一神器。自然语言理解的关键在于挖掘文字的内涵,两个字是同义还是反义就看内涵是相同还是相反。国际语言是否标准就看它是否有准确的内涵。在因素空间产生以前,语言学家已经有因素的思维,他们试图用类似于因素的词素来对概念进行编码,但说不清,道不明,多半途而废。本小节就来构建因素编码。所谓"因素编码"就是用因素来对概念进行编码。因素编码与一般编码的不同之处在于:一般编码是非概念性的,编码与概念语义无关;因素编码却直接写出概念的内涵。其开发价值极为重大,它将是突破自然语言理解的关键。

1. 因素编码

内涵必须用因素来描述。α 的内涵因素 f 对外延 $[\alpha]$ 中的所有对象都必须取相同的相。亦即,对任意 $e,e'\in[\alpha]$,都有 $f(e)=f_i(e')=u\in I(f)$,这就是 f 在检验 e 是否属于 $[\alpha]$ 时所提出的一个必要条件。例如,颜色是概念"雪"的一个内涵因素,对象 e 要是雪,它的颜色必须是白的。这个条件是必要的,但不一定充分,白的东西不一定是雪,一个概念可能需要不止一个内涵因素来描述。

设内涵$\underline{\alpha}$是由多个内涵因素 $f_1\cdots f_n$ 来描述的,将描句"$f_i(e)=u_i$"简记为 $f^i_{(i)}$,足码(i)指示 u_i 在 $I(f_i)$ 中是第几个相,f^i 是因素 f_i 所变成的编码。其实,因素的作用就是要对纷繁变异的属性进行编码和检索,它本来就是一种编码,符号 f^i 与 f_i 并无本质区别。

定义 1.5 记

$$\underline{\alpha}=f^i_{(1)}\cdots f^n_{(n)} \tag{1.3}$$

其中:符号序列 $f^i_{(1)}\cdots f^n_{(n)}$ 叫作概念 α 的因素编码;符号 f^i 叫作码字或码名;足码(i)叫作码子或码值。

例如,设 $\alpha=$"雪",$f_1=$"颜色",$I(f_1)=\{黄,白,黑\}$,$(1)=2$,$f_2=$"来源",$I(f_2)=\{雨水,纸张\}$,$(2)=1$,则有

$$\underline{\alpha}=f^i_{(1)}f^2_{(2)}="f_1(e)=u_1"且"f_2(e)=u_2"="它的颜色是白的"且"它是雨水变的"。$$

因素编码的逻辑特征:若概念甲的因素编码是乙的一部分,则概念乙蕴涵甲。

知增表达式(1.2)给出了上、下位概念的划分过程,由此产生了相对内涵的概念。

定义 1.6 设因素 g 是由上位概念 α 按式(1.2)分化出下位概念 α_i 的内涵因素,它所描述的内涵叫作关于上位概念 α 的相对内涵。

例如,上位概念 α 是"猴子",因素 g 是"雌雄",下位概念 α_1 是"公猴子","性别为雄"就是"公猴"对"猴子"的相对内涵,相对于上位概念而言,这条内涵描述已经足够充分,但若离开猴子的范畴,则所面对的对象可以是一匹公马,描述就不充分了。

公理 1.1 下位概念的内涵等于上位概念的内涵与下位概念关于上位概念的

相对内涵的合取。

由此得到如下重要原理。

因素编码原理 设 $h_1 \cdots h_m$ 是下位概念 α_i 的内涵因素，则下位概念的因素编码等于上位概念 α 的因素编码接上 α_i 关于 α 的相对内涵编码：

$$\underline{\alpha_i} = \underline{\alpha} + h_{(1)}^1 \cdots h_{(m)}^m \qquad (1.4)$$

其中，加号表示码子序列的连接。当相对内涵只有一个因素 $h = h_1$ 的时候，记相对内涵的编码为 $h_{(1)}$。

例如，"宇宙"由因素"虚实"划分成"精神"与"物质"。按刚才的设计，"虚实"的码字是 a，相域 I(虚实)＝{物质，精神}＝{1,0}；目标因素是"求知"，码字是 B，相域 I(求知)＝{是，否}＝{1,0}。把目标因素写在前头，按照编码原理，便可分别写出概念"精神"与"物质"的因素编码：

$$\underline{\text{"精神"}} = B_1 a_0 \qquad \underline{\text{"物质"}} = B_1 a_1 \qquad (1.5)$$

2. 根因素和派生因素

编码原理在理论上指出了因素编码的可行性：只要知道了上位概念的因素编码，下位概念就是在它后面接上划分因素对下位概念的码值。这样可以自上而下地对分化出来的所有概念进行因素编码。但是在实际操作上，首先就面临这样一个困难：因素是数不清的，因素码名也数不清。一个好的编码应该是用少数码名就编出满足需要的码值，因素编码能做到这一点吗？

回答是正面的。因素虽然多不胜数，但归根结底，只有为数不多的一群因素，由它们能生出众多的因素。例如，f＝"形态"，它在对象的层次结构中会产生众多的派生因素。当其论域是 D＝[人体]时，相是头、身和四肢的尺寸比例。当 D＝[面貌]时，相是耳、眉、眼、鼻、口等五官的搭配。当 D＝[眼]时，相是眼形、单双眼皮、眼神等方面的组态。于是，"人体形态""面貌形态"和"眼部形态"便因相域不同而形成三个不同的因素。我们把"形态"叫作根因素，把"人体形态""面貌形态"和"眼部形态"叫作派生因素。

派生因素都可写成 $[\alpha]g$ 的形式，g 是根因素，其定义域被派指到另一概念的定义域 $[\alpha]$ 上，α 叫作派生概念。一般来说，派生都是限制型的，$[\alpha]$ 是根因素定义域的子集，叫作限制域；但偶尔也需要用扩张型，$[\alpha]$ 以根因素定义域为子集，叫作扩张域。例如，根因素 g＝"有无思维"，它的定义域是[生物]，派生因素（[物质]g）就是扩张型，扩张以后的因素就是"有无拟思维"。

派生可以再派生。限制型派生因素的外延依次缩小。辈分逐次降低。

按照机制主义人工智能理论，因素分目标、形式和效用三类。形式因素描述眼、耳、鼻、色、身对事物的形式反映，主要的根因素是：a 虚实，b 形态，c 结构，d 动静，e 官感，f 思维，g 人造，h 可能性，$\cdots$目标和效用的共用根因素是：A 求生供需，B 求知供需，D 求智供需，E 求德供需，F 求美供需，G 社政供需，H 环境供需，I 必要性，J 功效，…求生因素导引出产业，如服装、食品、建筑、交通、航空、水利、防灾等产业，求知因素导引出各类学科及交叉学科的分划，求德因素导引精神文明建设，求美因素导引美丽生活家园，社政因素导引国家政权建设和社区发展，环境因素导引人对地球的回报。这些根因素是作者初步设计出来的，很不周全，在应用中可以不断增补。26 个英文字母如果不够，可以用双字母或三字母下加横线来表示一个新字母，26^3 个根因素已经够用了。

形式根因素的码名用小写英文字母表示，目标效用根因素的码名用大写英文字母表示。

3. 派生因素的因素编码

派生因素编码原理如下。

按编码原理(1.4)有

$$([a]g)_{(1)} = a + g_{((1)}) \tag{1.6}$$

例如，"物质"被划分成"生物"和"死物"这两个子概念，这个划分因素是什么呢？它是从物质形态上来进行划分的，其根因素是"形态"，码字是 b，其派生限制域是[物质]，派生因素的码字是([物质]b)，具有相域 $I([物质]b) = \{生物,死物\} = \{1,0\}$。根据派生因素的编码原理，下位概念的因素编码就分别是

$$"生物" = B_1 a_1([物质]b)_1$$
$$"死物" = B_1 a_1([物质]b)_0$$

注意，这两个编码序列中派生因素的限制域是[物质]，而写在限制域的前面的就是它自己的因素编码 $B_1 a_1$。

继续下去，因素"动静"的码字是 d，它在"生物"限制下的派生码字是([生物]d)，具有相域 $I(动静) = \{植物,动物\} = \{0,1\}$，便有

$$"植物" = "生物" + ([生物]d)_0 = B_1 a_1([物质]b)_1([生物]d)_0$$
$$"动物" = "生物" + ([生物]d)_1 = B_1 a_1([物质]b)_1([生物]d)_1$$

因素"结构"（字码是 c）在效用因素"求知"（字码是 B）的配合下起着按结构分科的作用。c 在"精神"限制下的派生码字是([精神]c)，具有相域 $I([精神]c) = \{文科,理科\} = \{0,1\}$，便有

$$"文科" = "精神" + ([精神]c)_0 = B_1 a_0([精神]c)_0$$
$$"理科" = "精神" + ([精神]c)_1 = B_1 a_0([精神]c)_1$$

"结构"c 在"理科"限制下的派生码字是([理科]c)，具有相域 $I([理科]c) = \{数学,物理,化学\} = \{1,2,3\}$，便有

$$"数学" = "理科" + ([理科]c)_1 = B_1 a_0([精神]c)_1([理科]c)_1$$
$$"物理" = "理科" + ([理科]c)_2 = B_1 a_0([精神]c)_1([理科]c)_2$$
$$"化学" = "理科" + ([理科]c)_3 = B_1 a_0([精神]c)_1([理科]c)_3$$

"结构"c 在"数学"限制下的派生码字是([数学]c)，具有相域 $I([数学]c) =$

{几何,代数,分析}={1,2,3},便有

"几何"="数学"+([数学]c)$_1$=$B_1 a_1$([精神]c)$_1$([理科]c)$_1$([数学]c)$_1$

"代数"="数学"+([数学]c)$_2$=$B_1 a_0$([精神]c)$_1$([理科]c)$_1$([数学]c)$_2$

"分析"="数学"+([数学]c)$_3$=$B_1 a_0$([精神]c)$_1$([理科]c)$_1$([数学]c)$_3$

概括地说,因素编码是序贯运用派生因素编码原理的自由扩展。码子序列中所出现的形式因素,除首个以外都是派生的,其限制域就是它前段编码所表达的概念的外延。限制概念的编码就写在限制域的前面。

4. 因素简码及其解读

为了简便,我们把所有派生因素的限制域省略掉,但每个省略方括号所跟随的码字必须带一个圆括号,以便复原。这样的编码叫作因素简码。例如,

"死物"=$B_1 a_1$([物质]b)0   →$B_1 a_1$(b)$_0$

"生物"=$B_1 a_1$([物质]b)$_1$ →$B_1 a_1$(b)$_1$

"植物"=$B_1 a_1$([物质]b)$_1$([生物]d)$_0$ →$B_1 a_1$(b)$_1$(d)$_0$

"动物"=$B_1 a_1$([物质]b)$_1$([生物]d)$_1$ →$B_1 a_1$(b)$_1$(d)$_1$

"文科"=$B_1 a_0$([精神]c)$_0$ →$B_1 a_0$(c)$_0$

"理科"=$B_1 a_0$([精神]c)$_1$ →$B_1 a_0$(c)$_1$

"数学"=$B_1 a_0$([精神]c)$_1$([理科]c)$_1$ →$B_1 a_0$(c)$_1$(c)$_1$

"物理"=$B_1 a_0$([精神]c)$_1$([理科]c)$_2$ →$B_1 a_0$(c)$_1$(c)$_2$

"化学"=$B_1 a_0$([精神]c)$_1$([理科]c)$_3$ →$B_1 a_0$(c)$_1$(c)$_3$

"几何"=$B_1 a_0$([精神]c)$_1$([理科]c)$_1$([数学]c)$_1$ →$B_1 a_0$((c)$_1$(c)$_1$(c)$_1$

"代数"=$B_1 a_0$([精神]c)$_1$([理科]c)$_1$([数学]c)$_2$ →$B_1 a_0$((c)$_1$(c)$_1$(c)$_2$

"分析"=$B_1 a_0$([精神]c)$_1$([理科]c)$_1$([数学]c)$_3$ →$B_1 a_0$((c)$_1$(c)$_1$(c)$_3$

简码屏蔽了汉字,大大缩短了编码的长度,而且前面已经强调过:派生因素的限制概念已经被它前段的编码所表达,所以从简码可以恢复原码。

例如,写出简码 $B_1 a_0$(c)$_1$(c)$_1$(c)$_1$,怎样恢复它的原码呢?办法如下。

从左到右:第一个圆括号是(c),这里省略了一个限制域。限制概念是谁呢?按此圆括号前的编码 $B_1 a_0$ 往前查找,在(1.5)中发现"精神"=$B_1 a_0$,便将第一个圆括号还原成([精神]c);再看,第二个圆括号是(c),按此圆括号前的编码 $B_1 a_0$([精神]c)$_1$=$B_1 a_0$([精神]c)$_1$ 往前查找,发现"数学"=$B_1 a_0$([精神]c)$_1$([理科]c)$_1$,便将第二个圆括号还原成([理科]c);再看,第三个圆括号是(c),按此圆括号前的编码 $B_1 a_0$(c)$_1$(c)$_1$=$B_1 a_0$([精神]c)$_1$([理科]c)$_1$ 往前查找,发现"几何"=$B_1 a_0$([精神]c)$_1$([理科]c)$_1$([数学]c)$_1$,便将第三个圆括号还原成([数学]c)。最后,得到原因素编码是"几何"=$B_1 a_0$([精神]c)$_1$([理科]c)$_1$([数学]c)$_1$。

不同的两个概念不可能有相同的因素简码,这使得简码具有可鉴别性;简码简单,易于查询,这是因素简码的优点。

当然,要从简码写出一个概念的非相对内涵(即全内涵)并非易事,但生活中真

正有用的是相对内涵描述。我们定义"猴子",只需从"动物"而不需从"宇宙"说起。所以,从简码复原全概念的困难不是运用不便的理由,相反地,这种困难有利于庇护隐私,可使因素简码成为当前去中心化信息系统的难得构建工具。

5. 非单调限制域的因素编码

因素编码的一个要诀就是限制域必须单调收缩。但我们会遇到非单调的情况。例如,概念"机器智能"这一概念的编码。先说"机器",它的上位概念是"人造物",再上一位就是"物质"。从"物质"分出"人造物"的因素是"人造?",码字是 g,其派生因素([物质]g)具有相域 $I([物质]g)=\{自然物,改造物,人造物\}=\{1,2,3\}$,故得因素编码"<u>人造物</u>"$=B_1a_1([物质]g)_3$;从"人造物"分出"机器"的因素是"功效",码字是 J,其派生因素([人造物]J)具有相域 $I([人造物]J)=\{机器,产品\}=\{0,1\}$,故得因素编码"<u>机器</u>"$=B_1a_1([物质]g)_3([人造物]J)_0$。

再说"机器思维",沿着以前的思路就行不通了。因为,只有对生物才能问"能否思维"的问题,对死物谈思维是没有意义的,而机器是死物。此时,必须先对根因素"思维"(码字是 f)寻找扩张型的派生因素。这就是([物质]f),这个因素把思维的定义域扩大到所有物质,对死物也问能否思维,这实际上是把概念"思维"放宽为"泛思维":如果机器能做一些人脑通过思维才能做出的事情,便被视为一种"泛智能"具有相域 $I([物质]f)=\{有泛思维物质,无泛思维物质\}=\{1,0\}$,然后,再把"泛思维"的定义域从[物质]限制到[机器],得到派生因素([机器]([物质]f)),我们把这双重圆括号看成一个圆括号(无视内部的圆括号),这个派生因素的限制域是[机器],它具有相域 $I([机器]([物质]f))=\{有泛思维机器,无泛思维机器\}=\{1,0\}$我们就可以按单调限制域的老路走下去,得到因素编码:

$$"机器思维"="机器"+([机器]([物质]f))_1$$
$$=B_1a_1([物质]g)_3([人造物]J)_0([机器]([物质]f))_1$$

"机器思维"的因素简码是:$B_1a_1(g)_3(J)_0((f))_1$

简码复原时,双重圆括号$((f))_1$要先解内部圆括号:将(f)还原成[物质]f,再解外部圆括号,得到$((f))=([机器]([物质]f))$。

因素编码的解读离不开因素的定义,主要是因素相域的定义。编码者可以自由地给出定义,只要存档在案随时可查,就可保证编码的有效使用。

因素编码相同的两个概念,内涵必定相同,一个编码不会对应两个不同的概念,因素编码具有明确的鉴别性。但是,一个概念可以有多个不同的编码。

初始因素编码是树状生成,前后呈祖裔关系,一个概念编码中码字的个数代表概念的辈分。这是相对于一定的编纂目标而定的。不同的目标会产生不同的树,形成林状结构,一个概念有多种编码,辈分也被局部地打乱。这并不是坏事。图书馆给我们编制了几种不同的图书目录,只会给读者的借阅带来方便。

因素编码的好处多,其实现需要付出代价:对每一个因素 f,无论是根因素还是派生因素,都要把它的相域 $I(f)$ 详尽地定义出来,例如:

$$I(\text{身高}) = \{\text{低},\text{中},\text{高}\}$$
$$= \{<1.6,[1.6,1.75],>1.75\}(\text{米}) \quad (\text{南方男子})$$
$$= \{<1.5,[1.5,1.65],>1.65\}(\text{米}) \quad (\text{南方女子})$$
$$= \{<1.65,[1.65,1.8],>1.8\}(\text{米}) \quad (\text{北方男子})$$
$$= \{<1.6,[1.6,1.7],>1.7\}(\text{米}) \quad (\text{北方女子})$$
$$= \{<1.9,[1.9,2.1],>2.1\}(\text{米}) \quad (\text{男子篮球})$$

这些说明要作为附件存放在第一次出现此因素的库表中。必要的时候,数据总库要建立因素字典。更必要的时候,要编纂跨项目、跨行业的因素辞典。

若把 V-9 域名留一小部分空间,用因素简码(加密或不加密)来定义域名,这样来建立一个因素谱系网站(factorial spectrum Web),每个地址都是一个公开或隐蔽的概念,其中存放着以此概念命名的一组信息表格,形成一个实时配置的数据库,其功效将是不可估量的。

1.1.5　因素谱系和全信息谱系

1. 因素谱系

因素的定义域 $D(f)$ 往往被取为一个概念 α 的外延,这样的因素叫作谱系因素。概念 α 叫作因素 f 的被分概念;因素 f 叫作 α 的被定义因素;$I(f)$ 中的概念叫作因素 f 的生出概念;因素 f 叫作它们的导出因素。

由于单一对象也可以被视为概念,所以关系因素都是谱系因素。

每个知增表达式都是一个多支图的图基元,它的一个边可以连接不止一个后节点。由此形成的多支图谱叫作因素谱系。

例 1.1 中 7 条概念划分语句所形成的因素谱系如图 1.1 所示。图中,每个图基元的边上都加一个菱形,用来标注因素的名称,以突显因素的地位,同时也想显示因素起着程序判别器的作用。

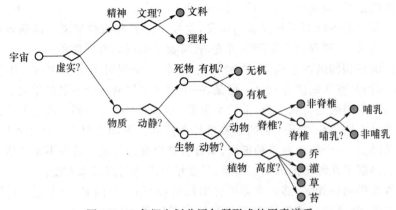

图 1.1　7 条概念划分语句所形成的因素谱系

因素谱系是用因素来分割概念的谱系。因素在划分概念的过程中,也塑造出自己的形象结构。因素被定义域所制约,在定义域之外,因素会失去意义。于是,在因素与因素之间出现了生与被生的关系:没有因素"虚实"的划分,就没有"物质"的概念,没有物质的外延,就没有因素"生命性"的定义域,"生命性"就失去了生存的土壤。所以,因素"虚实"生出了因素"生命性"。

定义 1.7 如果因素 f 的定义域 $D(f)$ 真包含(包含而不相等)因素 g 的定义域 $D(g)$,即 $D(f) \supset D(g)$,则称 f 是 g 的祖先,称 g 是 f 的后裔,f 对 g 形成祖裔关系。

利用祖裔关系可以画出因素谱系图。给定一组因素 $f_1, \cdots, f_n$,怎样确定它们的因素谱系呢?先写出一个 0-1 方阵 C,$c_{ij}=1$ 当且仅当因素 f_i 是因素 f_j 的祖因素;否则为 0。我们称 C 为 $f_1, \cdots, f_n$ 的祖裔矩阵。

显然,祖裔关系具有传递性,让我们来构建 C 的传递闭包 $[C]$:记 $C_2 = C \times C$,这里,$C \times C$ 是矩阵的模糊乘积,它仿照 C 与 C 的普通矩阵乘法,只不过把数的加法改成取大,乘法改成取小就行了。如果 $C_2 = C$,则说明 C 是自己的传递闭包,得到 $[C] = C$;否则,计算 $C_4 = C_2 \times C_2$,若 $C_4 = C_2$,则 C_2 就是 C 的传递闭包,记为 $[C] = C_2$。如此继续下去,总可以得到 C 的传递闭包 $[C]$。

对传递闭包 $[C]$ 中的每个非零元素进行甄别:设 $c_{ij}=1$,若存在 k,使有 $c_{ik}=1$ 且 $c_{kj}=1$,则改令 $c_{ij}=0$。记改后的矩阵为 C^*:$c_{ij}=1$ 意味着 f_i 对 f_j 形成父子关系,矩阵 C^* 叫作父子因素矩阵。根据父子因素矩阵,有父子关系的节点就从父到子画箭头,直接地画出这组概念的因素谱系图。

表 1.1 中所有带"×"的格子都显示行因素是列因素的祖先。带"×"的格子就是父子格子,以父子为边连接父与子,就画出因素谱系图 1.1。

表 1.1 因素的祖裔表

	虚实?	生命?	动物?	脊椎?	哺乳?	高度?	有机?	文理?
虚实?		<u>×</u>	×	×	×	×	×	×
生命?			<u>×</u>	×	×	×	<u>×</u>	<u>×</u>
动物?				<u>×</u>	×	<u>×</u>		
脊椎?					<u>×</u>			
哺乳?								
高度?								
有机?								
文理?								

2. 因素谱系的嵌入结构

因素谱系可以通过嵌入的方式展开。如果一张因素图谱的始祖节点是另一张因素图谱的一个末节点,那么我们就可以把前一张图整个地移植到此末节点上而形成一个更大的图。这一过程叫作嵌入。嵌入的反过程叫作关闭。嵌入和关闭的这个节点叫作一个窗口。这是现行网站不可缺少的特性。

例 1.2 在图 1.1 中,概念"理科"是一个末节点。现以它为始祖概念,引入两个知增表达式:

$$理科:D(理科结构) \rightarrow I(理科结构) = \{数学,物理,化学\};$$
$$数学:D(数学结构) \rightarrow I(数学结构) = \{几何,代数,分析\}。$$

图 1.2 就是这 2 条概念划分语句所形成的因素谱系图。

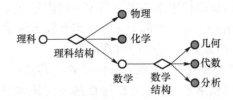

图 1.2　2 条概念划分语句所形成的因素谱系

现在,把因素谱系图 1.2 嵌入因素谱系图 1.1,得到如图 1.3 所示因素谱系,节点"理科"就是一个可开闭的窗口。

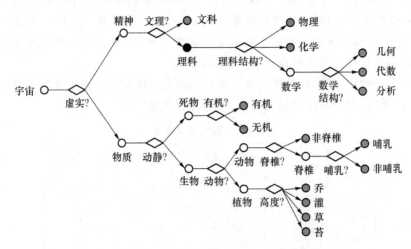

图 1.3　7+2 条概念划分语句所形成的因素谱系

3. 全信息谱系

智能生成机制是目标驱动下形式与效用相结合的双因素匹配。在知增表达式中的 $f = g \wedge h$ 是形式因素 g 和效用因素 h 的合成,像这样形式和效用因素同时出现的因素谱系叫作全信息谱系。全信息谱系更适于表现知识图谱,更反映概念团粒的实际细化过程,图基元的边就是反向的逻辑蕴涵,所以全信息谱系也叫作知识本体。

知增表达式的多支图基元的末端,不一定要把下位概念全都列入。例如,以婴儿的生存为目标,婴儿最需要的是认识谁是给他喂奶的妈妈。在此目标下,形式因素 $g=$"人的形态",效用因素 $h=$"供奶?",由 $f=g \wedge h$ 所引出的概念划分是

$$宇宙:D(f)\rightarrow I(f):\{妈妈,非妈妈\}$$

但我们关心的是妈妈这个概念,每个婴儿的妈妈是由妈妈的声音、笑貌和喂奶所组成的概念。至于非妈妈这个概念是没有存在价值的。在全信息谱系中,相应的图基元是

$$宇宙:D(f)\rightarrow I(f)=\{妈妈\}$$

尽管全信息谱系强调效用因素的出现,但生活中,无目的的思绪也可以归结为有目的,这就是求知。例 1.1 中的那些知增表达式,没有显现目标,其实,背后的目标就是求知。在求知目标下,全信息谱系就是各种学科的谱系,包括文科、理科和交叉学科。

1.1.6 智能孵化

1. 数字化、自动化和智能化

解放人的体力劳动要靠机器,解放人的智力劳动,也需要一种机器,笔者称之为智能孵化器。智能孵化器是由软件和硬件组成的进行智能孵化的平台。所谓智能孵化,就是将机制主义的智能生成机制落实到某个知识领域,用机器部分地取代人的智力劳动。智能孵化的过程叫作智能化。现有的物质产业和文化产业,凡是涉及智力劳动的环节都需要进行智能孵化。

智能孵化有三部曲:第一步是要实现数字化。机器作用的对象是物质的原材料,智能孵化器作用的对象是信息的载体——数据,数字化的主要任务是实时地把关键数据信息转化为数字信息。没有数字化,就很难实现智能孵化。数字化是我国各行各业正在开展的一项伟大工程,规模巨大,数字化的特点是任务琐碎而繁重,离开了因素空间的指引,就会晕头转向。第二步是要部分地实现自动化。因素空间是对主客观事物进行因果分析的数学,它所导出的数字因果链就是函数关系。如果整个求解的流程都有确定的函数表达,那在计算机上便实现了自动化;否则,不确定性必在某些环节上出现,这时就转向了第三步。第三步是智能化。不确定性环节必须要人来处理,要把人的智能传给机器,这就要智能孵化。因素空间可以有效地把机制主义的智能生成机制落实到位,完成这三部曲。数字化、自动化和智能化是智能孵化的三部曲。

数字化的难点不在于如何把非数字信息转化为数字信息,这是各行业专家所做的事情。专家们难以应付的是怎样把因素众多、表格混乱的信息整理成显示本

体结构的简明知识。数字化的这种普遍性困难甚至出现在本来就已经是数字信息的系统中。例如,在金融系统中,货币本身就是数字,但我国大多数银行还正将进入艰苦的数字化阶段。

2. 智造银行初探

辽宁工程技术大学智能工程与数学研究院在配合北京泛鹏天地科技有限公司构建智造银行的过程中受益匪浅,本节的图表和论述观点都来自郑宏杰总工的探索总结。

金融行业所面临的挑战可以用 4 个字来概括。

- 广:银行业务范围广,问题多元化,难以抓住主因。
- 难:风险收益的平衡没有简明有效的组合管理数学模型,靠的是决策者的经验和判断,多目标相互影响,难以统筹管理。
- 慢:系统配置复杂,精细化计算慢,管理粒度粗,容易错失良机。
- 高:需要大量懂金融、懂经营、懂建模、懂系统的高级人才,这些高级人才从事着烦琐疲劳的劳动,存在着人才的浪费。

基础的机制主义人工智能理论也可用四个字来概括:。

- 准:因素思维从广阔视野中聚焦到主要矛盾,能抓住主因。
- 易:因素空间理论立足深,看得透,能化难为易。
- 快:因素空间能给数据挖掘带来更快捷的算法。
- 省:用因素空间可以增进机器学习的广度和深度,更好地学习专家经验,节省他们的智力劳动。

智能孵化在银行服务和管理方面的目标是实现数字化、自动化和智能化,银行要为经济社会发展提供优质服务,使利润和风险达到预期的安全边界。

$$净利息收入\ NII = AX_i \times AR_i - LX_i \times LR_i$$

其中,AX_i 是第 i 笔资产业务的流入金额,LX_i 是第 i 笔负债业务的流出金额,AR_i 是第 i 笔资产业务的流入利率,LA_i 是第 i 笔负债业务的流出利率。NII 越大,银行的实际盈利就越大,它是银行通常追求的主要目标变量。

(1)端正目标

银行的目标因素有:①利润的大小;②风险的高低;③社会担当和民众信誉。

现行的金融理论把利润最大化当作矛盾的主要方面,注重对利润的追逐、攀比和倾轧,忽视社会效益,回避义重利微的任务,容易陷入不能持续发展的短期化思维。要想适应新的时代,银行当把第三目标放在首位。在可预见的将来,没有民众信誉的银行是不可能生存的。

银行系统的几个核心因素是:①资金流量;②风险指标;③信用评价。

(2)按照机制主义智能理论,在目标指引下建立形式与效用相结合的指标体系

对于金融系统而言,这些指标体系是现成的:

$$LCR＝优质流动性资产/30 天的资金净流出$$

其中,LCR 是银行在资金流动性方面的信号,是测量流动性的效用因素。

$$错配比＝(\Sigma AX_j \times AT_j/\Sigma AX_j)/(\Sigma LX_j \times LT_j/\Sigma LX_j)$$

其中,AT_j 是进入第 j 科目的持有时间,LX_j 是流出第 j 科目的有效时间,分子表示生息资产加权平均期限,分母表示付息负债加权平均期限。错配比是银行资金流动性缺口风险的预警信号,也是测量流动性风险的重要效用因素。

（3）明确系统与环境结构

银行可分为:非商业银行(如国家开发银行,非商业银行有政策性特征);商业银行(商业银行又有国有银行、股份制银行之分)。每个银行内部又有很多业务条线和分支行。银行所面向的环境有客户(包括个人、中微企业、大型企业),还有证券投资市场、同业银行、政府监管部门等。货币在所有这些节点之间来回流动,构成一个货币流通图。

（4）数字化

尽管银行系统中流通的货币本身就是数字,但并不等于已经数字化了。衡量银行是否实现了数字化的标准,就是看该行能否实现银行收入和支出的实时跟踪?能否实时跟踪的关键在于银行所属经营单位是否有统一的报表?有了统一的报表,是否实时线上运营?对尚未统一之前的历史数据是否作了必要的整理?对于不必要保留的数据是否规定了删除机制?

（5）智能孵化

在数字化了的银行系统中,实时跟踪银行的收支过程,就是一个半自动化的过程。这个"半"字指明银行系统是不可能完全自动化的。自动化要求没有不确定性的存在。但金融系统充满了不确定性。在不确定性环境中决策是人脑特有的本事,这就需要进行智能孵化。但是,智能孵化器不能完全取代人。机器在把围棋高手的思维模式学到了以后,凭借机器在运算速度、记忆容量和强度上的优势可以战胜棋手,这一点都不值得惊恐。起重机是模仿人的手臂设计制造出来的,它能吊起一座大楼,不是远远超过了人的手臂吗?谁会为此感到惊恐呢?如果机器不超过人脑,我们为何要研制它呢?智能孵化器也一样,它可能比专家反应得更快,照顾的因素更多,处理得更为周到,但是,机器不能产生新的模式。人的思维模式是灵动的,在复杂、隐晦的情况下,人脑会变换模式,这是机器学不到的。所以,机器的决策只能供参考,最后必须由人来拍板。

3. 智能孵化的要点

用模糊聚类方法提取根因素。金融系统的形式因素成百上千,多不胜数,它们都是现成的,常叫作标签、指标或属性等,其实都是因素。我们要先把少数的根因素找出来。

① 对所有因素名称(标签、指标、变量等)进行清理：去掉非因素名称；把因素省略名称写全；把含义相同的因素名称合并。

② 按照两个因素名称的相同字数的归一化来定义相似度：

$$s'_{ij} = 第\ i\ 与第\ j\ 两个因素名称中相同字的个数$$

$$s_{ij} = s'_{ij} / \Sigma_{uv} s'_{uv} \tag{1.7}$$

③ 用模糊聚类方法(假定读者已知)，取适当的分类门槛，将所有因素归为少数类别。写出根因素与派生因素。所分出的大类共有字根就是先辈根因素，小类共有字根就是晚辈根因素，当然，也有例外，需要专家再审核一下。

找出各层的根因素不仅把大量因素缩小到一定范围，更可以按照辈分写出因素谱系，构建知识本体。

寻找主要因素。郑宏杰对因素提出了灵敏度的概念，用因素空间的决定度理论，从大量因素中寻找对目标有显著影响的主要因素。

保持常态，不轻易干预，发现异动，果断出手。因素空间提出的线性熵理论可以从变动中发现异动，发出预警。

综合决策推理器。郑宏杰利用因素空间的因果决策理论处理多目标决策方法，他提出了策略二维标注的学习方法。他考虑了 6 个条件因素和 3 个目标因素(NII、LCR 和错配比)，表有 8 行，分别对 6 个条件因素做了安排，每一行都是他根据经验设计出的一个策略组合。这些策略组合所取得的效果分别显示在表的后 3 列，它们在三维空间中标注出 8 个点，这些组合策略的优劣可以通过这些点的位置直观地显示出来。

建立自动问答。智能孵化的银行应当能像人脑一样回答银行服务和管理过程中是什么、为什么和怎么办的问题。

4. 智能孵化的步骤

智能化始于数据挖掘。数据挖掘出来的知识和推理都是以样本为本位的东西，对小样本而言，它们的可靠性是值得关注的主要数学问题。大数据提供的是大样本，足够大的样本就近似于母体，大数据处理以母体为本位，绕开了这一问题，新的挑战是如何提高大样本的智能挖掘速度。以因素空间为理论的智能孵化理论可以有效地解决这一问题。

要构建全社会的物流网，要把各行业各地区物资调运都连在一起，如何把碎片的信息当作统一的操作，碎片信息能作为分布式处理的入口吗？这是智能孵化要面对的另一个数学问题。因素空间可以妥善地解决这一问题。

智能孵化不是另起炉灶，它是对现有产业系统的一种改造和提升。智能孵化首先在那些正在或已经进行数字化的系统上工作，其主要步骤如下：

① 任何一个产业系统都因素众多，可能出现的概念多且杂，知识挖掘无从下手。智能孵化的第一个任务就是要抓住目标，查问效用，从众多形式因素中提取为

数不多的主要因素,通过根因素的层次,绘制有关知识领域的全信息谱系图,确立本体结构。

②　量化目标因素,提出目标变量及其相关联的变量,发现它们之间的函数关系,绘制流向图,尽可能地实现局部生产流程的自动化。

③　针对流程中的各个智力劳动环节,对它们进行智能孵化。

④　对智能孵化出的新概念,由专家进行再过滤,选择那些人能理解并需要的概念,用自然语言对它们命名,并用因素编码;对孵化出的新推理策略,由专家摘要翻译成自然语言归档。

5. 智能孵化的内容

如果一个数字化系统的所有环节都是确定的,这个系统就实现了自动化;非自动化的环节必出现不确定性。只有出现不确定性,才需要人参与,才需要智力劳动,才需要智能孵化。在数字化系统中智能孵化的内容主要有以下几个方面。

(1) 监测

监测就是要解决需不需要干预的问题。司令在战场上以不变应万变,对战情波动时时进行走势分析,一旦发现异常,瞬间做出决策,发出号令。因素空间提出了线性熵的算法,可以从常态中监测出异态。

(2) 预测

在干预前,首先要考虑如果采取行动方案甲,会产生什么连锁反应,如果采取行动方案乙会产生什么连锁反应,再选择最好的方案。

(3) 决策

人怎样干预是一个决策的过程,是在因果分析中的优化过程。

(4) 博弈

如果人是主持几个博弈系统中的一方,人的思考主要是摸清各方的目标和策略,进行判断、预测和决策。敌方要伪装自己,就要摸清对方主持人的策略偏好和习惯,防止敌人的伪装。

(5) 线下学习

孵化器的品质好坏在于学习能力。学习能力强,解决问题的能力就强。学习不能在线上学习而只能在线下。

孵化器进步的快慢在于自我评价。评价是驱动力,好的评价机制决定智能系统的命运。评价机制适用于机器,不适用于人。现行的人工评价机制没有一处是成功的。教师的评价机制束缚了灵魂工程师的灵动性,科研人员的评价机制限制了思想探索的自由,干部的评价机制使干部忙于形式主义和面子工程。干部的考核最好还是凭上司的眼力和老百姓的口碑,比什么数学模型都管用。机器评价人只适用于下级对上级的监督,反之不适用。

智能孵化器必须带库,新的数据库也必须能进行智能孵化。智能孵化器与智能数据库是两位一体的东西。这就是下一节所要讲的内容。

1.1.7 机制主义记忆库

1. 机制主义记忆库

数据的最早定义是对事实所观察的数值结果,如气象站观察员每日按时观测的风向、气压等观测值。这说明数据最早是数值型的,是对事物数值信息的一种记载和存储。后来,数据被扩展成为一般信息的载体,其形式不仅可以是数字,也可以是视图、音频或文本。既然数据需要存储,就自然要成库,叫作数据库。

"机制主义记忆库"是钟义信教授所建议的名称。笔者原来所使用的名称曾先后是"人机认知体""因素智网"和"智能孵化平台",它们都不是"库",现在改称"库",是要提升"库"的地位。现存的数据库多是记录型而非智能生成型的。火车售票、银行取款、工资发放、超市发票等数据库,这些系统能做智能生成的工作吗?现有库都因实用需要而建立,并成定格,只能停留在单纯记录而无法生智的水平,这是我们所面临的一个普遍性问题。但历史必将指引知识图谱向数据库生智型的智能库演变,人脑记忆不仅是知识的存储系统,更是智能的产生系统。我们把智能孵化平台改称为"机制主义记忆库",就是要在实质上提高数据库的地位,让它与人脑的记忆库同构。

那么,什么是机制主义记忆库呢?

定义 1.8 机制主义记忆库 $P = (P, G(Q))$ 是为完成特定项目 $P = [E]f^*$ 而设置的以全信息谱系 Q 为指标集的知识图谱群 $G(Q)$。

这个定义需要仔细解释一下:记忆库是为特定的项目 P 而设立的。P 有目标因素 f,如"智能化程度"。P 工作的对象是一个复杂系统 E,如"银行",它限制目标而得到派生因素 $[E]f =$ "银行的智能化程度",P 的项目名称是 $[E]f^*$,它是 $[E]f$ 的名称化(注意,$[E]f$ 是因素而不是概念)。

记忆库承袭了现有数据库或知识图谱所具有的存储功能,设置了三种类型的图表 G。第一类是类型表,其中存放的是一组同类型的由知元表达式(1.1)记述的事实,由于同类型,类型表有主题,有表名。第二类是因果分析表,它是关系数据库信息决策表的承袭,不仅是存储事实的有效形式,每个格子代表一个知元描述,而且是进行智能孵化的作业表。因果分析表有主题,有表名。第三类是关系图,它存储的图基元,前后节点都是概念,边是关系因素,关系图记录概念之间的各种关系,有主题,有图名。这三类中的每一张图表都叫作一个子库。

与现有数据库或知识图谱不同的是,记忆库设置了全信息谱系 Q,用它描述项目 P 所涉及的知识本体,同时又用它作为指标体系而将所有子库有机地组织起来形成嵌套式的库族 $G(Q)$。这里,符号 $G(Q)$ 的意义是:图 Q 中的每一个节点都是库族中某一个子库的库名,Q 是库族的目录。当不需要用某个子库的时候,Q 中的对应节点处于关闭状态,一旦要调用,把该节点当作电钮,一按就打开一个窗口。显现的就是所要的子库。当 Q 是树状结构时,所有子库按辈分排列,层次分明。由于因素谱系具有嵌入性,Q 本身也不用画全,它的起始点是 E,画到某个节点就终止,再需要时,一按电钮,就嵌入一段以该终止点为起始点的子谱系图。使这个系统变得像人脑一样灵活。

为了检索便利或加密,Q 中的概念节点要编码。值得寻味的是,记忆库采用因素编码,或再加密。因素编码的 $G(Q)$ 将有难以想象的优势,它会拉近记忆库与人脑记忆系统的距离。但是,与其说因素编码能促进记忆库的功能,不如说记忆库能促进因素编码的实现。利用 $G(Q)$ 能施行因素编码的层层负责制。每个子库名要与父库的窗口节点名同生死同变更,每个子库要负责对所有本库节点进行因素编码和调整。因素编码的意义大过记忆库的构建,因素编码的原则已经确立了,难在调整实践中所出现的各种意想不到的疙瘩。假如根因素"人造?"的字码不想用 f,改成 h 怎么样?按层层负责制,及时调整,不成问题。

机制主义记忆库具有五大特点:

① 它既是现成知识的记录库,又是运用知识解决问题的弹药库。

② 它按谱系突破了领域知识的局限,统一地构建出各领域知识的本体结构,普适性地将智能生成机制付诸实践而形成智能孵化平台。

③ 它将众多子库有机融合而形成一个庞大的嵌入式系统。

④ 它用因素空间的理论可以实现识别、推理、预测、评价、决策、控制等一系列智能孵化的工作,使数据库生智而成为孵化器。

⑤ 基于因素空间的背景理论,记忆库可以在网上实时地工作,它可以吞吐网上数据,进行大幅度压缩而通过小数据操作快速反应,成为大数据的克星。

1.1.8　简短的结论

因素是智能数学的元词,由此元词,数学就从对物质科学的描述转向对信息和智能科学的描述。因素空间的战略高位是国际任何数学分支都望其项背的。因素空间对知识图谱指引方向,离开这种指引,失之毫厘谬以千里。

中美在人工智能方面的差距甚大,不应盲目跟进。两军阵前,只有寻人之短,才能出奇制胜。用整体观和辩证方法论从范式上闹革命,是突破的正确方向。因素空间与泛逻辑相结合,可以把钟义信教授的智能生成机制落实到各行各业,进行智能孵化的全民工程。本书就如何进行智能孵化提出了框架性的设想。不仅有数学构思,而且设计了新的数据库语言,具有实践性;涉足无人区,具有颠覆性。

学者们、老师们、同学们奋发起来,打一场硬仗!

1.2 因素空间研究成果综述

因素空间理论是汪培庄教授提出的,该理论思想的最早形成时间可追溯到1982 年,具体的过程见 1.1 节。这里主要对因素空间发展过程中的研究成果和文献进行综述。对研究成果以中文形式进行总结,通过中国知识网以因素空间为题目关键词进行查询和适当筛选,得到约 87 篇文献。按照发表时间对这些文献进行统计,如图 1.4 所示。

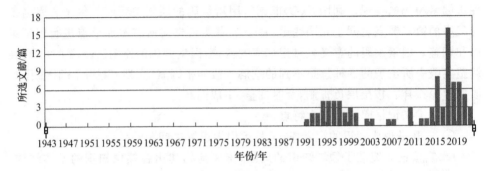

图 1.4 因素空间文献的发表时间分布

因素空间的发展阶段可分为如下四部分。

一是 1982 年到 1990 年,该阶段是汪培庄教授对因素空间理论思想的形成期,相关概念、定义、理论和方法都在形成过程中,并没有以成熟的论文等形式体现。

二是 1991 年到 2000 年,该阶段汪培庄教授形成了基本的因素空间理论,也是因素空间理论基础的形成阶段,出现了大量的学术论文。这些成果除汪教授发表外,主要为李洪兴、袁学海、何清的成果。其中李洪兴教授对理论的发展有巨大贡献。

三是 2001 年到 2012 年,该阶段关于因素空间理论的发展基本处于停滞状态,相关研究成果较少,理论的学术影响力下降,只有少数科研人员在使用因素空间理论解决实际问题。

四是 2013 年至今,由于汪培庄教授到辽宁工程技术大学任特聘教授,在汪教授本人、学校及其师门的共同努力下因素空间理论研究和应用开始活跃起来。除汪教授本人外,包研科、汪华东、崔铁军、何平、曾繁慧、刘海涛、曲国华、吕金辉、陈万景、李兴森、李辉等都在各自领域对因素空间及其应用进行了深入研究,并取得了大量科研成果和应用案例。理论空前蓬勃发展。

由于笔者的经历和知识所限,不能整理关于因素空间的全部中外论文,仅对部分论文的摘要部分进行综述。

本章参考文献[1]:罗承忠等通过对因素空间概念的介绍,分析了概念在因素上的表现、因素对概念的相关度、充分度的分析,确定了新统计方法在诊断模型上的可行性印证。

本章参考文献[2]:汪培庄等提出了因素空间理论,它为概念描述提供了一般的数学框架,列出了有关的基本数学命题和结论。

本章参考文献[3]:任平等综合应用因素空间、信息系统和重于关系的方法,讨论了概念的内涵表示及其他有关问题。特别是,对在描述概念问题中不同于内涵和外延的第三种方法,即典型示范表示,做了进一步分析。

本章参考文献[4]:王靳辉等根据因素空间理论对模糊现象的解释,给出了模糊集隶属函数的一种简便、客观、有效的统计方法,给出了因素对概念的相关度及充分度的定义,提出了诊断型专家系统的一个简便、实用的改进模型。

本章参考文献[5]:袁学海等从理论上刻画因素空间,提出了因素空间的谱表示、模表示、拓扑表示等;并进一步与现代数学中的层论、范畴论联系起来。

本章参考文献[6]:李洪兴等以汪培庄的因素空间理论为知识表示的框架,对其公理稍加补充之后提出反馈外延的概念;基于反馈外延,建立了一种直接面向目标的决策方法。

本章参考文献[7]:李洪兴等研究了概念是如何在因素空间中由随机集的落影来表现的,介绍了因素空间的基本思想,讨论了概念在因素空间中的表现,给出了表现外延的落影表示,以及模糊算子的确定方法。

本章参考文献[8]:李洪兴等以因素空间为知识表示的框架,提出反馈外延的概念,基于反馈外延,建立了一种直接面向目标的决策方法,它既适用于模期的决策系统,也可用于普通的决策过程。

本章参考文献[9]:李洪兴等使用因素空间的基本思想以及模糊概念在因素空间中的表示,引入了描述架作为概念表达的操作台并且定义了充分性测度,然后提出反馈外延的概念,这是刻画概念的新工具并且可以提供直接的操作方法。特别对于概念的内涵,给出了表示方法。

本章参考文献[10]:袁学海等讨论了几种模糊范畴的 Topos 性质,把集丛理论、范畴理论应用到因素空间的研究之中,建立了同一因素集上和不同因素集上的因素空间之间的关系,并给出了子因素空间的概念和子因素空间的布尔运算。

本章参考文献[11]:李洪兴等研究了因素空间理论及其在知识表示中的应用,讨论了多重目标的综合决策问题,建立了它的一般性模型。

本章参考文献[12]:李洪兴等研究了变权综合问题,从确定变权的经验公式入手引出了变权原理,给出了变权的公理化定义,讨论了与之有关的均衡函数及其梯度向量。

本章参考文献[13]:李洪兴等研究了因素空间理论及其在知识表示中的应用;研究了均衡函数的构造,并且引入了激励型均衡函数和混合型均衡函数。特别地,从混合型变权出发,得到了与 Weber-Fechner 定律一致的综合函数。

本章参考文献[14]:李洪兴等引入了反馈外延这一表达概念的新工具,为表达概念提供了直接的操作方法;设计了反馈外延的包络,是对概念外延的一种逼近;讨论了因素关于概念的重合性并且给出了重合性测度的公理化定义。

本章参考文献[15]:李洪兴等研究了基于因素空间的神经元模型;讨论了因素空间的神经元机理,讨论了几种典型的神经元模型;提出了基于 Weber-Fechner 法则的神经元模型以及基于变权的神经元模型。

本章参考文献[16]:李洪兴等研究了因素空间理论及其在知识表示中的应用,修改了原有的因素空间的公理化定义,提出了表达概念的基本工具——描述架,为建立知识表示的数学框架奠定了基础。

本章参考文献[17]:李洪兴等提出了因素空间藤的基本概念,叙述了因素空间藤的相互思想,讨论了两种不同形式的因素空间藤。在研究开关因素与因素的滋生关系后,讨论了类别以及类别概念的表达方法。

本章参考文献[18]:李洪兴等研究了描述架中概念的结构,涉及模糊关系的内投影及其性质,模糊关系诱导的内变换、逆内变换以及它们的性质。

本章参考文献[19]:李洪兴等研究了因素空间理论及其在知识表示中的应用。此文献介绍了因素的投影和柱体扩张;讨论了因素在表达概念时的充分性并给出刻画因素充分性的等价条件;基于因素的充分性定义了概念的秩,是表达概念的一种内在的量,在知识表示中起基础性作用。

本章参考文献[20]:李洪兴等研究了因素空间理论及其在知识表示中的应用。此文献讨论了反馈外延的精细化问题,介绍了两种提高精度的方法(剖分法和三角模法);研究了概念内涵的表达,给出了概念外延与概念内涵的相互转化方法。

本章参考文献[21]:李洪兴等研究了因素空间理论及其在知识表示中的应用。此文献介绍了最大隶属原则,讨论了基于反馈外延的决策,即 DFE 决策,研究了因素状态的合成方法;指出了在很多情况下使用加权求和公式是不合理的,比如模糊控制中清晰化环节使用的加权求和公式或重心法就是不合理的。

本章参考文献[22]:李洪兴等研究了描述架中概念的结构;内容涉及概念内涵与外延的转换、清晰关系的内投影与内变换、概念的结构以及有关问题的注记。

本章参考文献[23]:李洪兴等讨论了 ASMm-func 的性质和生成及其在模糊决策中的直接应用,给出综合决策的一般模型,并且用一个数字的例子来说明该模型的使用方法。

　　本章参考文献[24]:于福生等利用汪培庄教授提出的因素空间理论,为诊断问题下了一个新的数学定义,以此为基础,给出了故障诊断的数学模型,讨论了故障诊断专家系统的构建方法及其应用。

　　本章参考文献[25]:何清等基于知识表示的因素空间理论和模糊聚类的最优模糊等价矩阵法,提出了一种概念形成的新方法;同时给出了一种新的聚类评价函数。他们提出的方法在理论上有可靠保证,在机器学习与决策等人工智能领域有广泛的应用前景。

　　本章参考文献[26]:石岩等基于因素空间理论,建立了一种多传感器多目标识别的方法,根据多传感器探测与控制网络系统的决策特性提出了传感器模糊决策矩阵的建立方法,根据对概念的反馈外延计算提出多目标识别的方法,多传感器多目标决策融合的工程方法为其决策融合方法的建立提供了一条新的途径。

　　本章参考文献[27]:刘玉铭等在因素空间理论基础上,定义了因素空间的连续性,将论域上的模糊测度扩展到因素空间上,提出了分离度和 m-识别因素的概念,证明了其若干性质,为模式识别中的特征抽取问题提供了一种有效方法。

　　本章参考文献[28]:柴杰等针对工业过程中故障诊断问题的特点提出了基于因素空间理论的故障诊断方法:根据工业过程的特点定义了故障在因素空间的隶属函数,采用了基于因素空间的变权方法求得被诊断问题的解。仿真结果表明,该故障诊断的方法能较准确地判断故障的发生,且简单实用。

　　本章参考文献[29]:米洪海等为解决复杂系统的诊断识别问题,给出了多层诊断识别问题的数学模型及模型的具体建立方法,该模型对诊断识别问题有一定的通用性。

　　本章参考文献[30]:陈团强等从数学理论和超分子化学背景出发,以资源统一建模、关系拓扑建模为突破口,以动态选取自主元素的封装对象为落脚点,研究基于因素空间理论的资源建模与自组装方法。在因素空间理论的基础上,以抽象资源参数为因素轴,建立了资源统一描述框架。

　　本章参考文献[31]:王宇辉等以因素空间理论为基础,构建一种学科概念的描述方式,对其不确定性进行合理解释。在已有学科体系的基础上,构建一种动态学科结构,并给出此结构的一种刻画方式,进而提出一种创新性交叉学科的识别和归类方法,对学科体系的动态更新进行了讨论。

　　本章参考文献[32]:胡凯等综合函数作为因素状态合成的工具,这一方法在多准则 Fuzzy 决策、综合程度估计以及多因素 Fuzzy 决策中都得到了成功的应用。

　　本章参考文献[33]:岳磊等为解决在开发生产调度仿真系统时所遇到的复合调度规则仿真和复合规则决策问题,提出了一种引入决策者偏好信息的生产调度决策模型。在模型中,采用了基于因素空间的知识表示方法,并在此基础上提出了一种基于变权综合函数的调度决策方法,使得该模型不但可以表达模糊调度规则中的模糊概念,而且适用于复杂调度环境下的复合规则决策过程。

本章参考文献[34]:王兰成等研究了3个核心问题:一是模糊逻辑知识表示方法;二是将因素空间理论应用于与具体资源相关领域中的知识表示,实现统一的知识表示方法;三是对基于因素空间理论的知识表示方法进行运用,基于这种表示方法实现真值流知识推理机制,为实现语法层面的知识集成提供理论基础。

本章参考文献[35]:张敏等针对开关控制策略的决策问题,研究因素空间变权理论在开关控制中的应用。利用变权均衡原理确定开关控制策略,控制精度高且简单实用。对基于因素空间变权理论的开关控制和基于 PID 控制算法的开关控制进行了仿真对比。

本章参考文献[36]:汪培庄等针对现有信息系统理论和形式概念分析在数据库中应用的背景,在因素空间理论基础上提出了一种新的数据库即因素库,介绍了因素库对属性划分及概念格提取的特有过程,给出了对于概念分析表的概念格提取的多项式算法。

本章参考文献[37]:汪华东等针对概念外延的近似表示问题,从概念及其对立概念角度出发,提出了基于单因素反馈外延和多因素反馈外延包络两种类型的概念外延上、下近似表示,证明了其与粗糙集中的上下近似的一致性关系,给出了该近似的相关性质。针对因素库中概念表示和概念格生成问题,分别给出了因素背景片和概念分析表的概念的形式化定义,讨论了各自的相关数学性质及其概念格生成算法。

本章参考文献[38]:汪培庄等为提高因素库的智能水平,需要对条件因素与结果因素进行因果分析。按照因素空间的理论框架,在离散情形下定义了条件因素对结果的决定度及决定域,依次从决定域上提取出相应的推理知识,得到一种新算法-因素分析法。与数据挖掘最流行的决策树方法相比,因素分析法使用起来更简洁、贴切。

本章参考文献[39]:包研科等为提高多因素分类算法的准确性,根据集合包含与概念推理之间的内在联系,提出了有别于决策树算法的一种新的知识挖掘算法。他们引进了因素的"或"操作、"与"操作,"或"操作背景空间,因素的决定域、决定度,优势因素等概念,给出了基于上述原理与概念的知识挖掘算法的数学描述,研究了算法的训练和测试问题。

本章参考文献[40]:汪华东等提出了因素空间中概念外延的两种近似方法,即反馈外延外包络和反馈外延内包络。从概念及其对立概念出发定义了这两种外延近似,讨论了其与粗糙集的上、下近似的关系,得出它们之间具有一致性的结论,并以此给出了两种包络之间的相关性质。随后,讨论了反馈外延包络对概念外延逼近精度问题,给出了四种改善方法。

本章参考文献[41]:汪培庄等为解决粗糙集和形式概念分析在数据库中所施展的无母体论的样本操作问题,提出了以因素空间为母体的关系数据库样本理论。在因素空间的基础上建立的样本理论与传统的概率统计理论有本质的区别,样本不仅是分析的根据,更是培植的对象;对于凸背景关系,面对大数据流,数据分析师只需把握住为数不多的样本基点,随时按规则调整这组基点,便可获得母体完整的信息。

本章参考文献[42]:汪华东等为进一步提高因素空间中因素分析法的运行速度和对样本信息的利用,对因素分析算法进行了改进。在继承原算法优点的基础上,将逐列推进改成逐类推进,这种改进不但降低了算法的计算量,而且提高了样本信息的利用率。

本章参考文献[43]:张旭等依据煤矿危险源辨识的相关理论,应用系统工程理论分析煤矿危险源所具有的多层递阶逻辑结构特征,并且基于该逻辑结构特征将具有层级隶属关系的煤矿危险源自上而下地划分为顶层、系统层、工序层、主控危险因素层和底层五大递阶层级,建立了煤矿危险源多层递阶模型。

本章参考文献[44]:崔铁军等为了使汪培庄先生提出的因素空间理论便于应用,为了基于该理论对多域值属性影响对象集合进行聚类分析,提出了以研究对象为中心的图形化域值属性表示方法,即属性圆。属性圆可以表示无穷多个域属性对对象的影响。基于属性圆概念进行对象的相似性分析,将图形定义转化为数值相似性定义,研究了对象集合的聚类分析方法。实施的聚类原则为:严格遵照相似与不相似划分,参考模糊相似划分。

本章参考文献[45]:崔铁军等根据目前煤矿安全分析大多采用定性论述的现状,对煤矿的安全情况论述使用概念分析表进行了推理和化简,以降低安全性论述中冗余信息对定性安全评价的影响,得到简洁准确的安全性概念,从而对不同煤矿企业的安全情况进行区分。在研究对象集合和因素集合不变的情况下,按照不同的因素排序进行划分得到的概念格是不一样的;初始的安全性描述可以通过合理安排因素排序和去掉虚分得到较为简化的概念格,而得到相应简化的安全性描述;使用因素空间与因素库的概念,对安全性概念进行推理并化简是可行的,可用于区分多个煤矿的安全情况的差别,并进行分级和对比。

本章参考文献[46]:郑莉等针对定量样本培育问题,利用样本数据在背景空间中的几何构型,提出了一种背景基外长方体轮廓提取算法,通过轮转坐标轴的方向确定样本数据的外长方体轮廓,逐步取交收缩,获得近似背景基。

本章参考文献[47]:崔铁军等从模糊语义群中挖掘出决策规则并判定其正确性,基于空间故障树理论提取语义群中提到的影响决策规则的关键因素,使用在因素空间理论下定义的属性圆对这些因素进行表示。将对象之间的相似性用图形表示，考虑三种图形覆盖方式，最后得到相似性的解析解，以便数值计算。

本章参考文献[48]：包研科等针对因素空间定义中逻辑运算符"∧"和"∨"的意义同 Boole 代数的经典描述相悖的问题展开讨论，将运算符"∧"和"∨"的意义回归 Boole 代数的经典用法，从认知本体论的视角讨论因素空间的性质。关于因素的认知能力，他们发现因素空间的定义显化了解析力，隐化了概括力，因素的解析力主导了因素空间的性质。

本章参考文献[49]：李兆钧等利用因素空间及其知识表示的理论，分别建立了基于因素空间的文本分类算法与基于因素空间的文本聚类算法。从基于因素分析表的文本表示开始，使用基于遗传算法优化的因素特征提取算法进行文本特征选择，使用因素分析法进行文本分类规则的学习，最后使用改进的因素分析法推理模型进行文本分类。

本章参考文献[50]：何平等为网络犯罪研究提供了一种定量分析方法，同时，还为网络行为分析的数学理论研究提供了新的研究方向。运用模糊介尺度这一新的测度建立了网络行为因素空间理论，提出了犯罪因素发现概念并相应建立了网络犯罪因素集合、微观与宏观犯罪因素背景空间。从数学角度为网络犯罪因素库的建立提供了基本理论与方法。将因素空间理论、模糊介尺度运用到网络犯罪分析与防范策略研究中，为公安部门提供有指导意义的决策支持和问题解决方案。

本章参考文献[51]：曾繁慧等针对决策树 C4.5 算法在处理数值型因素时比较复杂和分类精度不高等问题，在数据预处理过程中采用云变换进行连续因素离散化，给出了连续属性离散化的具体算法。利用因素空间理论给出了一种构造决策树算法的新启发式函数——分辨度，分析了算法的时间复杂度，证明了其为多项式算法。研究结果表明：改进算法的测试准确率和效率均优于决策树算法。

本章参考文献[52]：茹慧英等为讨论差转计算在多因素决策问题中对因素系统的约简性能，通过理论分析与实证检验，在算法原理与机制的基础上深入讨论了算法的因素约简能力，并与基于差别矩阵的粗糙集因素约简算法进行比较。

本章参考文献[53]：刘海涛等为将因素空间理论与形式概念分析及粗糙集理论进行比较，采用了对比分析的方法。围绕数据分析、知识表示和基于广义数据的规则提取等方面，详尽地介绍了因素分析的三个重要算法；将因素分析法与形式概念分析及粗糙集方法进行了系统的比较。因素空间理论作为知识表示的数学理论，优于形式概念分析及粗糙集，是数据科学的重要理论基础。

本章参考文献[54]：张永超等针对现有因素空间理论和形式概念分析其在数据库中的应用背景，从因素分析表出发，利用描述子对对象集的划分关系引出因素划分的粗细，进而定义运算，形成基于因素分析表的因素空间，然后利用描述子和其支持集之间的关系找到所有的原子概念,结合形式背景中概念的形成方式,给出了一种在因素空间中利用描述子生成概念的方法,并根据概念之间的父子关系形成概念格。

本章参考文献[55]:薛冰莹等给出了基于因素分析表的知识发现方法,并与现有的基于信息系统的等价关系划分法进行比较分析;定义了因素的运算并在此基础上定义了由因素分析表生成的因素空间;给出了基于因素空间的知识约减方法并运用信息熵把知识和信息联系在一起,用信息熵来给出因素约简的判定定理。

本章参考文献[56]:黎韬等基于因素空间理论,研究了模糊复杂网络的特征信息挖掘问题,形成了相应的模型与算法体系。从因素空间的公理化定义出发,分析了背景关系的应用,给出了概念树生成算法和推理树生成算法,并明确了因素空间藤上的开关因素意味着根节点论域的一个划分。

本章参考文献[57]:陈万景等为提高因素库的智能化,加快因素约简速度,解决静态因素约简不能适应动态变化的数据库的问题以及因素分析表中的因素动态变化的问题,分别提出基于因素空间的增加新对象的约简算法和增加新因素的约简算法。针对因素分析法和因素约简过程中出现的因素分岔的问题,给出了一种因素选择方法。这种方法可以降低得到的推理规则数,使规则的适应性更好。

本章参考文献[58]:曲国华等为区分函数寻找更合理的解释和运用,首先要对属性名之间的运算下定义,属性名与属性值不同,如果用属性值的运算来代替属性名的运算,就会在理解上出现混乱。为此用因素空间理论将属性名视为因素,用因素之间的运算来定义属性名的运算,使区分函数有了明确的定义。

本章参考文献[59]:吕金辉等用因素空间处理大数据的核心思想,是把数据库设置成为背景关系的样本,数据的培植目标是使样本的闭包逼近背景关系,这样就能对数据进行概念生成、规则归纳和逻辑推理等认知加工。

本章参考文献[60]:曲国华等为了适应人工智能对处理不确定性信息的根本需要,针对随机性和模糊性的特点而提出因素空间的背景分布和模糊背景关系。背景分布是因素相空间中的概率分布,基于背景分布可以得到各个因素的边缘相分布和因素之间的条件相分布,对于事物因果分析提供了一种概率推理的方法。模糊背景关系的引入更对事物的因果分析提供了一种模糊推理的方法。

本章参考文献[61]:郭君等为实现问题在线智能分析和解答以及适应网络时代的大发展,智联网必须与因素空间的数学理论紧密结合,用因素空间的知识表示框架辅助智联网的需求制定,以因素空间思维定式算法、组织问题求解的程序与策略帮助构建智联网中的信息处理模型。他们提出了从搭配关系中提取因素藤的具体算法。

本章参考文献[62]:包研科等基于多因素轮廓分析,建立了多元数据集合到一维数据集合无信息损失的非线性投影方法。他们定义了集合的稀疏特征和分布特征,建立了一维数据集合优势关系的比对算法。他们在比对矩阵的基础上给出了多元数据集合间的排序模型。

本章参考文献[63]:李春华等从因素空间的角度给决策评价理论以一个简明的梳理,帮助我们保持清醒,抓住主流,更好地向前发展。

本章参考文献[64]:曲卫华等提出多标准因果分析算法,因果分析是从多个条件因素到一个结果因素的分析,多标准因果分析则研究从多个条件因素到多个结果因素的因果分析。

本章参考文献[65]:刘海涛等为适应信息革命和大数据时代的需要,模糊数学要更多地切入智能数据的领域。因素空间是信息描述的普适框架,能简明地表达智能问题并提供快捷的算法,因素库以认知包为单元,在网上吞吐数据,在运用数据的过程中培植数据,培养出以背景关系为核心的知识基,它决定包内的一切推理句;它对大数据吐故纳新并始终保持自己的低维度;它不涉及隐私又与同类知识包并行处理,它按因素藤进行连接,形成人机认知体,引领大数据的时代潮流。

本章参考文献[66]:汪培庄将具体的形式信息(即语法信息)与效用信息(即语用信息)关联起来,提升为抽象的语义信息,为机制主义人工智能的信息转化第一定律提供一个简明的数学架构。

本章参考文献[67]:李晋在因素分析表的基础上,定义了因素之间的运算,并形成因素空间。在因素空间定义了极大描述子,并证明极大描述子与其支持集有对合性。将基础概念层化形成类似树或藤的结构,每个基础概念都联挂一个描述该基础概念外延中对象的因素空间。从因素分析表到因素空间藤的提取达到了提取知识并推广的目的。

本章参考文献[68]:包研科等梳理了由认知本体论原理构造出的因素空间的基本概念与核心命题,为基于因素空间的知识发现理论与技术的研究提供了一种新思想框架。他们提出了格上的交错自同构变换与回旋格的概念,证明了因素空间的对偶回旋定理,揭示出因素空间数学结构的几何表象是一个麦乌比斯环,为阐释人类思维与概念形成过程的动力学机制提供了一个新的数学模型。

本章参考文献[69]:肖俊伟形成了因素空间中的决策理论。他对于因素空间中的不可定义集,采用了近似的方法进行描述,并给出了内集、外集和边界集的定义;基于决策分析表,定义了决策规则,给出了两种保持相对内集不变的决策规则的约简方法;提出了基于因素空间的三支决策模型及序贯过程,进一步改进并完善了因素空间中的决策方法。

本章参考文献[70]:陈万景针对因素分析表中的因素实时变化的问题,利用因素空间决定度,给出了动态的因素约简算法。该算法分析了增加因素的决定度与原静态因素约简后因素的决定度之间的大小关系,有效利用原因素分析表静态因素约简的结果;实现了对新增加因素后的因素分析表的动态因素约简。

本章参考文献[71]:吕子锋提出了结合数据离散化方法和基于择近原则的因素分析法,提出了基于因素空间的图像分类识别方法。

本章参考文献[72]:吕金辉针对因素空间上概念的区间集表示方法,给出了一种基于结构元的区间数的比较与排序方法,根据概念的区间集表示给出了一种群决策方法。

本章参考文献[73]:李兴森建立了"基元-因素空间"模型,以可拓学基元理论、因素空间理论和智能知识管理理论为基础,交叉研究从互联网海量信息资源中抽取对象、属性和量值,重组互联网信息,自动构建领域基元的方法及从领域信息中挖掘特定问题的因素空间以获取领域知识的智能算法。

本章参考文献[74]:李辉等针对影响尾矿坝稳定性的因素众多、各因素之间彼此耦合且存在大量未确知信息的问题,将尾矿坝稳定性视为结果因素,构建了尾矿坝稳定性属性识别系统的因素空间;将未确知数学理论引入因素空间,构建了"因素空间-未确知测度"模型,并讨论了该模型的求解方法。

本章参考文献[75]:吕金辉将不确定决策信息表达与决策分析方法引入因素空间,重点研究了如何利用因素空间理论与思想完成群决策环境下决策要素的获取与决策目标的实现。

本章参考文献[76]:崔铁军等将空间故障树理论与因素空间理论、云模型、模糊数学及系统稳定性等相结合,使其具有智能分析和故障大数据处理能力,以满足未来技术环境下的分析要求;论述了空间故障树和因素空间的发展史及主要理论与功能,以及两种理论结合,描述和分析系统演化过程的可行性。

本章参考文献[77]:刘海涛为提高煤与瓦斯突出预测的准确度,根据因素空间理论提出影响煤与瓦斯突出的优势因素提取方法。他采用决定度描述条件因素对结果因素影响的强弱、大小和排序,提取最大决定度对应的优势因素,并将其归入优势因素集,再从条件因素的论域中去除已选优势因素的决定域,逐渐缩小论域,直至论域为空。该方法将典型矿井的实测数据作为样本,计算结果符合实际情况,且算法简单,可减少人为干扰。

本章参考文献[78]:张艳妮等为适应大数据的随机性,在因素空间中的背景分布基础上,研究了因素空间的可测性,得到可测因素、可测因素空间;进而将随机性引入因素空间,给出了因素随机过程、因素 Markov 过程理论、性质及应用。他们融合了 Markov 过程的随机性和因素空间的数据推理,拓展了因素空间理论的随机性领域,又从另一个角度解释了背景分布、随机过程、Markov 过程产生的原因为处理具有无后效性的因素随机过程提供新的预测方法。

本章参考文献[79]：尹安琪将因素空间应用于语义嵌入空间，使高层语义空间与底层图像特征空间保持一致，将数据特征和图像所表达的信息建立直接的联系。她根据语义之间的关系研究因素的合取与约简、因素空间的展开与收拢，并对现有的因素空间算法进行完善，根据机器学习相关算法对因素空间的算法进行改进，使新算法更适用于零样本图像分类技术。

本章参考文献[80]：李辉等提出了一种基于因素空间的综合评价模型，用于尾矿坝稳定性综合评价，并引入未确知数学理论，建立了"因素空间-未确知测度"模型；赋予尾矿坝稳定性影响因素变动的组合权重，通过因素合成实现因素空间降维。

本章参考文献[81]：蒲凌杰针对基点分类问题，构造了基于 IBBE 算法的线性可分基点分类（BPC）算法；并结合核函数思想，设计具有非线性分类的 KBPC 算法。其数值实验结果表明：BPC 算法与 KBPC 算法在实验数据集上表现出良好的分类效果。

本章参考文献[82]：赵静为解决差转计算关于连续型因素的经验知识的泛化有效性欠佳的问题，研究了基于因素空间理论的数据离散化算法及其与差转计算算法的融合。

本章参考文献[83]：蒲凌杰等提出了一种计算简单、初始化独立、基点数量小的改进的背景基提取算法。他利用改进的背景基提取算法构造出一种全新的数据分类算法——基点分类算法。基点分类算法以提取每一类样本的背景基为预测模型，再通过新定义的 λ-背景基，优化预测模型。

本章参考文献[84]：崔铁军等提出了一种人工智能样本选择策略。首先他们通过因素空间论证了莫拉维克悖论的证确定。其次他们论述了人的选择过程即是比较过程的论断。他们认为人选择样本需经过三次选择，分别为选择适合的因素、因素概念相和因素量化相，样本空间中样本在这三次选择中逐渐减少，最终唯一。最终为实现策略，划分了研究对象，建立了选择策略层次结构，从而建立了人工智能样本选择策略网络模型。

本章参考文献[85]：李辉等利用因素空间的概念提取功能及未确知数学理论处理不确定信息的优势，建立了"因素空间-未确知测度"模型。首先，利用定量因素和定性因素构建因素空间，将属性识别转化为概念提取；然后以区间数表述识别规则，利用分段函数构造测度函数；接着赋予因素变动的组合权重，通过因素合成实现因素空间降维；最后采用置信度准则识别 5 个工作面的围岩稳定性，验证模型可靠性及适用性。

本章参考文献[86]：吕金辉等以犹豫模糊集作为概念的反馈外延，给出了考虑犹豫度的犹豫模糊集间的关系与运算。基于此运算，他们定义了模糊概念的外延包络,并利用包络来集结多因素的偏好信息,给出了群决策步骤。

本章参考文献[87]:张佳为了解决复杂系统评价中影响因素众多且存在大量不确定性和模糊性的问题,利用条件因素构建可代替复杂系统的因素空间;以区间数表述评价规则,运用分段函数和二型模糊集分别构造定量因素和定性因素的隶属函数,将其作为主隶属函数,高斯函数作为次隶属函数,得出以高斯模糊数为元素的单因素隶属度矩阵;再利用主观权重和客观权重的线性加权为条件因素赋予变动的组合权重,通过因素合成实现因素空间降维,生成合因素隶属度向量,以高斯模糊数表述评价结果;最后依据重心法解模糊化,按照最大隶属度原则完成复杂系统评价,并对因素在评价过程中所起的作用进行分析。

1.3　空间故障树发展史

在安全科学基础理论中,来源于系统工程的理论占有重要地位。这其中最为重要的是事故树理论。事故树有两种分析方式,从顶到基和从基到顶,无论哪种方法都是通过基本事件和树的结构关系表示顶上事件的发生概率。对于一个完成的系统,其结构一般不会改变,影响系统可靠性的决定因素就是基本元件的可靠性。经典事故树基本事件发生概率是定值,导致其所计算的系统故障概率、概率重要度和关键重要度等都为定值,这样构建的事故树只在某一特定条件下成立;同时传统事故树也无法分析这些基本事件的变化对系统的影响等。总之,传统事故树形成的系统结构是单一的、不变的、不易于对其转换为数学模型,进而使用数学方法进行分析。

实际上,就系统中基本事件发生而言,其影响因素是很多的。比如电器系统中的二极管,它的故障概率就与工作时间、工作温度、电流及电压等有直接关系。如果对该系统进行分析,各个元件的工作时间和工作适应的温度等可能都不一样,随着系统整体的工作时间和环境温度的改变,系统的故障概率也是不同的。

为研究系统运行环境因素对系统可靠性的影响,笔者在 2013 年提出了空间故障树理论。笔者认为系统工作于环境之中,由于组成系统的物理元件或事件特性随着因素的不同而不同,那么由这些元件或事件组成的系统,在不同因素影响下的可靠性变化更为复杂。这是空间故障树理论框架的第一部分,研究多因素影响下的系统可靠性变化特征。

在进一步的研究中,可靠性与影响因素关系确定的前提是对故障数据的有效处理。目前系统的故障数据量较大,传统方法难以适应大数据量级的故障数据处理;且数据处理方法也难以适合安全科学和系统工程领域对故障数据处理需要。

因素借助云模型、因素空间和系统稳定性理论进行了空间故障树的智能化改造,即智能化空间故障树理论,是空间故障树理论框架的第二部分,该工作从 2015 年开始。虽然使用智能和数据科学对可靠性和故障问题进行了一些研究,扩展了空间故障树理论。但一些研究仍未深入,如系统结构分析、系统可靠性的稳定性、可靠性的变化过程等,都有待进一步研究。

随着研究工作的扩展,系统可靠性和故障变化具有了复杂性和多样性,原有的空间故障树理论基础开始不适应后续研究。研究发现,无论是自然灾害还是人工系统故障都不是一蹴而就的,而是一种演化过程。在宏观上表现为众多事件遵从一定发生顺序的组合,在微观上表现为事件之间的相互作用,一般呈现为众多事件的网络连接形式。这里自然系统指尊崇自然规律,非人工建立的系统;其灾害指影响人们生产生活的自然灾害,如冲击地压、滑坡等。人工系统指按照一定目的尊崇自然规律的人造系统;其故障指影响人们生产生活的系统完成能力的下降或失效。由于影响因素、故障数据及演化过程的不同导致各类自然系统灾害和人工系统故障的系统故障演化过程具有多样性,但缺乏系统层面的普适过程抽象和分析方法,给研究和防治带来了巨大困难。为解决系统故障演化过程的描述、分析和干预问题,在前期研究基础上笔者提出了空间故障网络,作为空间故障树理论框架的第三部分,该工作从 2018 年开始。

由于在空间故障树理论中,系统可靠性或故障演化都不是静态的,而是不断变化的过程。如果将系统的可靠性或安全性变化抽象为系统的运动,那么如何研究系统的运动?这里系统的运动指受到刺激后,系统的形态、行为、结构、表现等的变化。那么在研究系统的运动之前,需要解决如下一些问题:如何描述系统的变化?什么是系统变化的动力?系统变化通过什么表现?系统变化如何度量?这些问题是研究系统运动的最基本问题,其解决涉及众多领域,包括安全科学、智能科学、大数据科学、系统科学和信息科学等。在借鉴汪培庄教授和钟义信教授分别提出的因素空间理论和信息生态方法论的基础上,结合笔者提出的空间故障树理论,初步地提出了系统运动的描述和度量理论和方法,即系统运动空间与系统映射论。作为空间故障树理论框架的第四部分,该工作从 2020 年左右开始。

空间故障树理论框架并不限于上述四部分,而且上述四部分都在并行发展之中。这些理论与技术也应用于矿业,特别是煤矿安全监测监控预警领域,形成了有效的系统、平台和解决方案;也应用于广泛的电气系统、机械系统等物理系统,物联网系统及人因系统等抽象系统等的故障和失效演化过程分析。

以下分别对空间故障树理论框架的四个主要部分研究的过程和结果进行综述。综述不尽详细,有兴趣的读者也可参考笔者发表的相关论文。

1.3.1　空间故障树理论基础

空间故障树理论基础主要用于分析系统故障演化过程中连续及离散灾害数据的表示，形成表示因素与灾害关系的特征函数，进而形成灾害发生概率分布，为各类因素耦合作用和演化过程累计作用提供基础分析方法。空间故障树理论基础是实现系统故障演化过程分析理论的数据处理基础，是多因素影响灾害演化分析技术的关键。以下列出空间故障树理论基础的相关理论研究内容。

①　给出空间故障树理论框架中，连续型空间故障树的理论、定义、公式和方法，以及应用这些方法的实例。定义了连续型空间故障树，基本事件影响因素，基本事件发生概率特征函数，基本事件发生概率空间分布，顶上事件发生概率空间分布，概率重要度空间分布，关键重要度空间分布，顶上事件发生概率空间分布趋势，事件更换周期，系统更换周期，基本事件及系统的径集域，割集域和域边界，因素重要度和因素联合重要度分布等概念。

②　研究元件和系统在不同因素影响下的故障概率变化趋势；系统最优更换周期方案及成本方案；系统故障概率的可接受因素域；因素对系统可靠性影响重要度；系统故障定位方法；系统维修率确定及优化；系统可靠性评估方法；系统和元件因素重要度等。

③　给出空间故障树理论框架中，离散型空间故障树的理论、定义、公式和方法，以及应用这些方法的实例。提出离散型空间故障树概念，并与连续型空间故障树进行了对比分析。给出在离散型空间故障树下求故障概率分布的方法，即因素投影法拟合法，并分析了该方法的不精确原因。进而提出了另一种更为精确的使用人工神经网络确定故障概率分布的方法，同时也使用人工神经网络求导得到了故障概率变化趋势。比较了使用连续型空间故障树、离散型空间故障树的因素投影法拟合法和离散型空间故障树的人工神经网络方法确定的故障概率分布的差异和特点。

④　研究系统结构反分析方法，提出了 01 型空间故障树来表示系统的物理结构和因素结构，以及表示方法（表法和图法）。提出了可用于系统元件及因素结构反分析的逐条分析法和分类推理法，并描述了分析过程和数学定义。

⑤　研究从实际监测数据记录中挖掘出适合于空间故障树处理的基础数据方法。因素空间是对事物存在形态的一种区分。空间故障树理论发展的目标也是通过区分因素了解系统本质的结构和特性。两者研究方向不同但基本立足点是相同的——因素，加之因素空间理论对于定性模糊数据的强有力分析能力，所以使用因素空间理论作为空间故障树的辅助。

⑥ 研究定性安全评价和监测记录的化简、区分及因果关系;在工作环境变化情况下的系统适应性改造成本;在环境因素影响下系统中元件重要性;系统可靠性决策规则发掘方法及其改进方法;不同对象分类和相似性及其改进方法。

空间故障树理论基础的简要发展过程如图 1.5 所示。

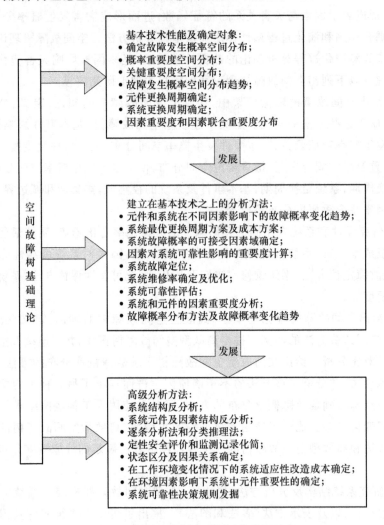

图 1.5　空间故障树理论基础的发展过程

1.3.2　智能化空间故障树理论

智能化空间故障树理论主要是进行影响因素与系统故障之间的逻辑关系分析,及分析故障大数据并提取故障概念,为系统故障演化过程中的事件与事件、因素与因素等的逻辑关系分析提供方法。智能化空间故障树理论是实现系统故障演化过程分析理论的逻辑基础,是形成智能化系统故障分析技术的关键。以下列出智能化空间故障树的相关理论研究内容。

① 引入云模型改造空间故障树。以故障概率衡量可靠性,云化空间故障树继承了空间故障网络分析多因素影响可靠性的能力,也继承了云模型表示数据不确定性的能力。从而使云化空间故障树适合于实际故障数据的分析处理。提出的云化概念包括:云化特征函数,云化元件和系统故障概率分布,云化元件和系统故障概率分布变化趋势,云化概率和关键重要度分布,云化因素和因素联合重要度分布,云化区域重要度,云化径集域和割集域,可靠性数据的不确定性分析。

② 给出了基于随机变量分解式的可靠性数据表示方法。提出了可分析影响因素和目标因素之间因果逻辑关系的状态吸收法和状态复现法。构建了针对空间故障网络中故障数据的因果概念分析方法。根据故障数据特点制定了故障及影响因素的背景关系分析法。根据因素空间中的信息增益法,制定了空间故障网络的影响因素降维方法。提出了基于内点定理的故障数据压缩方法,其适合空间故障网络的故障概率分布表示,特别是对离散故障数据处理。提出了可控因素和不可控因素的概念。

③ 系统功能结构分析方法。提出基于因素分析法的系统功能结构分析方法,指出因素空间能描述智能科学中的定性认知过程。基于因素逻辑具体地建立了系统功能结构分析公理体系,给出了定义、逻辑命题和证明过程。提出系统功能结构的极小化方法。简述了空间故障树理论中系统结构反分析方法,论述了其中分类推理法与因素空间的功能结构分析方法的关系。使用系统功能结构分析方法分别对信息完备和不完备情况的系统功能结构进行了分析。

④ 提出作用路径和作用历史的概念。前者描述系统或元件在不同工作状态变化过程中所经历状态的集合,是因素的函数。后者描述经历作用路径过程中的可积累状态量,是累积的结果。尝试使用运动系统稳定性理论描述可靠性系统的稳定性问题,将系统划分为功能子系统、容错子系统和阻碍子系统。对这三个子系统在可靠性系统中的作用进行了论述。根据微分方程解的 8 种稳定性,解释了其中 5 种对应系统的可靠性的含义。

⑤ 提出基于包络线的云模型相似度计算方法。适用于安全评价中表示不确定性数据特点的评价信息,对信息进行分析、合并,进而达到化简的目的。为使云模型能方便有效地进行多属性决策,对已有属性圆进行改造,使其适应上述数据特点,并能计算云模型特征参数。提出可考虑不同因素值变化对系统可靠性影响的模糊综合评价方法。利用云模型对专家评价数据的不确定性处理能力,将云模型嵌入层次分析法中,对层次分析法分析过程进行云模型改造。对原有 T-S 模糊故障树和 BN 的可靠性评估方法进行工作环境因素影响下的适应性改造。构建合作

博弈-云化层次分析法算法,根据专家对施工方式选择的自然思维过程的两个层面,在算法中使用了两次云化层次分析法模型。提出了云化网络层次分析模型及其步骤。

⑥ 提出空间故障网络中元件维修率确定方法,分析系统工作环境因素对元件维修率分布的影响。使用 Markov 状态转移链和空间故障网络特征函数,推导了串联系统和并联系统的元件维修率分布。针对不同类型元件组成的并联、串联和混联系统,实现了元件维修率分布计算并增加了限制条件。利用 Markov 状态转移矩阵计算得到的状态转移概率取极限得到最小值;利用维修率公式计算状态转移概率的最大值。通过限定不同元件故障率与维修率比值,将比值归结为同一参数,然后利用转移状态概率求解相关参数的方程,从而得到维修率表达式。

智能化空间故障树的简要发展过程如图 1.6 所示。

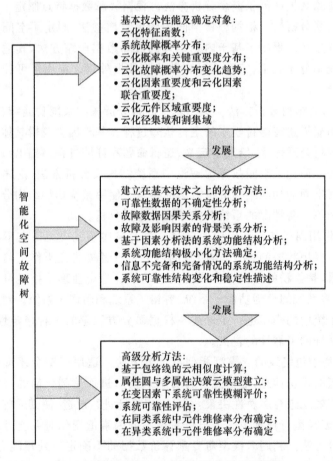

图 1.6　智能化矿山灾害分析技术的技术路线

1.3.3　空间故障网络理论

空间故障网络继承了空间故障树对多因素分析、故障大数据处理及因果逻辑关系的分析能力。空间故障网络理论实现了系统故障演化过程的网络化描述、多因素影响与系统故障演化关系研究、空间故障网络与空间故障树的转化机制确定、故障演化措施制定等。空间故障网络理论主要包括系统故障演化过程描述方法；系统故障演化过程的结构化表示方法；空间故障网络的事件重要性分析方法；空间故障网络的故障模式分析方法等。

1. 空间故障网络与系统故障演化过程研究

（1）空间故障网络及其转化

① 根据故障发展过程特点给出了 3 种故障网络形式，主要研究了含有单向环的多向环网络结构的表示和故障概率计算方法。一般网络结构和多向环网络结构的转化方法相同，即逆序转化。单向环结构的转化一部分与上述相同，循环部分转化与原因事件导致结果事件的逻辑关系有关。

② 给出了空间故障网络的模宽度和模跨度的确定方法。将最终事件概率表示为边缘事件发生概率和连接传递概率乘积的和。将空间故障树中事件在多因素影响下的发生概率特征函数引入空间故障网络，同时考虑传递概率受环境因素的影响，得到空间故障网络转化为空间故障树的最终事件概率计算方法。

③ 空间故障网络可处理具有网络结构的故障发生过程，这是空间故障树的泛化，可用于更一般和广泛的故障发生过程研究。

（2）系统故障演化过程描述

① 进一步细化了空间故障网络的组成。将空间故障网络基本要素确定为四项：对象、状态、连接和因素。解释了四项基本要素的物理意义，并补充了定义。指出在研究系统故障演化过程时必须先确定这四要素。给出了在空间故障网络框架内描述系统故障演化过程的两种方法，枚举法和实例法，及其优缺点。

② 论述了故障演化过程的机理。在已有研究基础上进一步对系统故障演化过程进行分类，分为总故障演化过程、目标故障演化过程、同阶故障演化过程、单元故障演化过程。单元故障演化过程又可分为增量故障演化过程和减量故障演化过程。给出了这些演化过程的意义，并结合这些类别的演化过程论述了演化机理。

（3）空间故障网络中的单向环

① 给出了空间故障网络中单向环的意义。认为环状结构是故障演化过程的叠加，每次循环都产生一定的最终事件发生概率，且每次循环的所有前期循环都是

它的条件事件。这与各原因事件导致结果事件发生的"与、或"关系不同,是一种有序的发生并叠加的过程。定义了环状结构及有序关系概念,并论述了物理意义。给出了3种基本环状结构的网络表示形式及符号意义。

② 重构了单向环与空间故障树的转化方法,为满足转化需要,给出了另一种空间故障树形式。虽然该类空间故障树与原空间故障树在符号、逻辑关系等方面存在不同,但也可借鉴原空间故障树的概念和方法。给出了无关系结构、或关系结构、与关系结构转化为空间故障树的形式。为保证转化后事件的逻辑关系,定义了同位符号,包括同位事件和同位连接,说明了它们的性质及作用。

③ 给出了事件发生概率计算方法。根据转化后的空间故障树中事件的逻辑关系计算得到了3种形式环状结构中最终事件发生概率的计算式。

(4) 全事件诱发的故障演化

① 论述了全事件诱发的故障演化过程含义。全事件指在系统故障演化过程中,除了最终事件外,边缘事件和过程事件都作为边缘事件,成为故障的发起者。全事件诱发的故障演化过程与一般故障演化过程,是针对故障发起对象而言的两种极限状态。前者的故障发起者是边缘事件和过程事件的对象;后者只有边缘事件的对象。前者各参与事件导致最终事件发生是平行关系;后者是递进关系。

② 单一路径最终事件发生概率研究。使用一般故障演化过程和全事件诱发故障演化过程两种方法计算最终事件发生概率,得到了发生概率的两种极端情况。最小值是一般情况计算得到的,最大值是全事件诱发计算得到的,因此任何可能的最终事件发生概率都在两者之间。给出了单一过程的最终事件发生概率计算式。

③ 网络结构最终事件发生概率研究。给出了计算步骤及过程,认为全事件诱发的故障演化过程的最终事件发生概率是边缘事件和过程事件作为边缘事件计算得到的最终事件发生概率的和,并给出了计算式和条件。由于边缘事件及数量、连接数量及各连接传递概率的不同,可对计算进行化简,主要考虑低阶且连接少的单元故障演化过程进行故障概率的求和计算。

(5) 事件重复性及时间特征

① 研究了事件的重复性,给出了边缘事件重复性的定义。重复性包括两类:一是同一边缘事件在两条路径中,其中之一发生则都发生且性质相同;二是同类事件非同次发生或多个同类事件发生,虽然性质相同但视为不同事件。这两类重复事件对最终事件发生概率的影响不同,因此计算方法也不同。

② 研究了事件的时间性,即系统故障演化过程的时间特征。演化经历的时间特征用事件和传递的发生时刻和持续时间表示。研究各事件和传递连接的发生时刻和持续时间的重叠情况,进而得到不同的"与、或"关系及两类重复事件情况下的

最终事件发生概率计算方法。

③ 根据事件的重复性和时间性给出了防止最终事件发生的几类措施。

2. 空间故障网络的结构化表示

（1）提出了一种基于因果结构矩阵的空间故障网络结构化表示分析方法

该方法不同于以往空间故障网络研究方法。空间故障网络不用转化为空间故障树，而是借助矩阵形式表示空间故障网络。因果结构矩阵是表示空间故障网络中所有原因事件和所有结果事件的关系。如果两个事件不存在因果关系，则矩阵对应位置为 0；如果存在因果关系，则为传递概率。基于建立的因果结构矩阵，以某一个边缘事件为起点，寻找该边缘事件可能导致的结果事件和最终事件。给出了以不同网络结构（一般网络、多向环网络、单向环网络）和诱发方式（边缘事件、全事件）得到的不同最终事件结构表达式。通过简单实例说明了算法的计算过程和有效性。

（2）结构化表示方法（Ⅱ）

① 论述了空间故障网络结构化表示方法Ⅰ的缺点。空间故障网络的结构化表示方法Ⅰ中，没有考虑多个原因事件以不同逻辑关系导致结果事件的情况。因此只能表示单纯的事件发生传递过程。但一般系统故障演化过程都是多原因引起的。所以需要进行事件间逻辑关系表示。

② 在方法Ⅰ基础上提出了结构化表示方法Ⅱ并建立了因果关系矩阵Ⅱ矩阵。主要是在因果关系矩阵Ⅰ矩阵中添加了关系事件。关系事件并不是真正的事件，而是根据原因事件导致结果事件的逻辑关系将原因事件分类。关系事件的存在扩展了因果关系矩阵Ⅰ形成了因果关系矩阵Ⅱ。增加了原因事件及结果事件与关系事件的对应关系，从而能描述多事件以不同逻辑关系导致结果事件的情况。给出了因果关系矩阵Ⅱ的计算模型及最终事件演化过程分析式，包括一般网络、多向环网络和单向环网络，边缘事件和全事件诱发，及最终事件是否在循环中的多种情况。

③ 通过实例分析得到了最终事件在循环中时的边缘事件诱发最终事件的过程分析式。由于最终事件在循环中，得到的分析式为递归式。

（3）空间故障网络的结构化表示和分析

结构化分析中需要处理原因事件以不同逻辑形式导致结果事件的情况。重点需要解决原因事件与结果事件的全部逻辑关系，及使用事件故障概率分布表示这些逻辑关系的等效方法。主要工作是将柔性逻辑处理模式与事件发生逻辑关系进行等效转化。考虑故障树经典"与、或"逻辑关系，设定柔性逻辑处理模式中"与、或"关系与系统故障演化过程中"与、或"关系对应。从而推导了 20 种逻辑在系统故障演化过程中的表达方式。通过实例说明了逻辑关系的使用和计算方法，为得到边缘事件与最终事件的演化过程分析式和演化过程计算式奠定逻辑基础，也为故障演化过程逻辑描述和空间故障网络结构化方法的计算机智能处理奠定基础。

3. 空间故障网络的事件重要性和故障模式分析

（1）边缘事件结构重要度

① 根据经典故障树基本事件结构重要度含义,建立了空间故障网络中边缘事件的结构重要度概念和方法。根据边缘事件状态,边缘事件结构重要度分为二态结构重要度和概率结构重要度。根据网络系统和各最终事件的研究对象,边缘事件结构重要度可进一步划分为边缘事件网络结构重要度和边缘事件最终事件结构重要度。

② 二态结构重要度认为边缘事件状态只有两个 0,1,且出现的概率相同,都为 1/2。进而通过一个边缘事件在空间故障网络转化为空间故障树的层次图中分析结构重要度,并给出计算方法。概率结构重要度认为边缘事件概率的变化由多种因素影响,且状态转换概率也是变化的。因此,引入事件故障概率分布计算边缘事件结构重要度,得到的结果也是由多因素构成的在多维度上的分布。

③ 通过一个例子研究了系统故障演化过程。将该过程表示为空间故障网络,进而转化为空间故障树分析边缘事件结构重要度。

④ 论述了目前几种主要的网络结构分析方法、这几种分析方法的优缺点及其不适合表示和分析系统故障演化过程的原因。虽然提出的空间故障网络目前正展开积极研究,仍存在不足,但其结构特别适合研究系统故障演化过程。

（2）基于场论的事件重要性

① 论述了场论中各参数与空间故障网络参数的等效关系。两质点间距离可等效为传递概率的倒数,传递概率越大,说明距离越短。根据事件角色不同,可用事件的入度和出度来衡量。

② 提出了基于角色的事件重要度相关概念和方法。为从事件角色研究事件重要性给出了一系列定义和方法,包括事件的入度、出度、入出度、传递概率、入度势、出度势、入出度势、综合入度势、综合出度势、综合入出度势及其对应的集合。综合入度势、综合出度势和综合入出度势是最终结果,并考虑了连接的不同逻辑关系。

③ 通过实例验证了算法的有效性。对简单的系统故障演化过程得到的空间故障网络进行了分析,得到了所有事件分别作为原因事件、结果事件和两者兼备时的事件重要度排序。这些排序差别较大,可用来确定不同角色下各事件重要性,为系统故障演化过程的原因预防和结果预测提供基本方法。

（3）故障发生模式分析

基于空间故障网络的结构化表示方法和随机网络思想,研究了系统故障演化过程中,各种故障模式的发生次数和可能性。论述了系统故障演化过程的定义和意义,给出了故障模式的含义和分析意义。基于空间故障网络结构化表示方法和随机网络思想提出了确定故障模式发生可能性的方法及其分析步骤和解释。研究过程表明,将空间故障网络表示为因果关系矩阵Ⅱ,并确定传递概率的情况下,可得到系统故障演化过程中各故障模式的发生可能性,是一种相对简便易行的方法。该方法为后继研究奠定了基础,同时发展了空间故障网络的结构化研究理论。

(4) 系统故障演化过程中事件重要性的分析方法

根据系统科学对网络中节点重要性分析思想,配合空间故障网络及其结构表示方法,提出了系统故障演化过程中事件重要性的分析方法。该方法可用 4 个指标衡量事件的重要性,包括致障率、复杂率、重要性和综合重要性。它们分别从故障模式数量变化、故障模式复杂性变化、故障模式数量占比和综合角度研究了抑制某事件对系统故障演化过程和故障模式的影响程度。通过实例进行研究,其结果表明,各事件致障率和复杂率排序变化较大。重要性与致障率排序相同,但意义和数值不同。综合重要性由于复杂率变化较小,与重要性排序相同。这些衡量指标可从不同侧面衡量系统故障演化过程中各事件对演化过程的影响,丰富了空间故障网络事件重要性的分析方法,也为后期基于系统思想进行进一步研究奠定了基础。

(5) 故障发生潜在可能性的分析方法

提出了一种基于空间故障网络研究系统故障演化过程中故障发生潜在可能性的分析方法。该方法的数据基础为系统运行过程中发生的事件及其逻辑关系,建立背景信息库。在此基础上使用空间故障网络相关方法,分析在某种工况中,在已发生一些事件情况下,获得系统目标故障事件潜在发生可能性。建立了分析方法,说明了步骤和概念。实例说明,在收集了一定的事件发生实例后,可确定一些事件发生后系统发生各类故障的故障模式,可确定这些模式发生的潜在可能性。该方法使用关系数据库形式存储故障数据,适合计算机智能分析处理,可为故障数据的智能分析提供一种有效方法。

(6) 研究了最终事件故障概率分布

① 研究对象分为"单元故障演化过程"和"全事件诱发＋最终事件过程"两种。"单元故障演化过程"是从边缘事件出发到最终事件的过程,是最终事件故障概率分布的最小值。"全事件诱发＋最终事件过程"将边缘事件、过程事件和最终事件自身都作为最终事件发生的原因,因此得到的最终事件故障概率分布是最大值。

② 分析方法分为比较形式方法和继承形式方法。比较形式方法同时考虑原因事件和传递概率,与结果事件概率的比较关系,确定最终事件故障概率分布。继承形式方法考虑原因事件和传递概率作为条件,确定结果事件概率,进而确定最终事件故障概率分布。

③ 故障概率分布处理方式分为最大值法和平均值法。最大值法适合于故障

模式中多个事件同时存在的情况；平均值法适合于多个事件之一存在的情况。

④ 总结了"单元故障演化过程"和"全事件诱发＋最终事件过程"、比较法和继承法、最大值法和平均值法的使用特征，并得到的各种最终事件故障概率分布特征显著程度。

4. 空间故障网络与量子力学和柔性逻辑

（1）基于量子博弈的系统故障状态表示和故障过程分析：基于不平衡报价和空间故障网络的系统故障预防成本模型研究、单一事件故障状态的量子博弈模型研究、事件故障状态的量子纠缠态博弈研究、事件故障状态量子博弈过程的参与者收益研究。

（2）基于集对分析和空间故障网络的系统故障模式识别与故障特征分析：基于特征函数和联系数的系统故障模式识别研究、多因素集对分析的系统故障模式识别方法研究、考虑多因素和联系度的动态故障模式识别方法研究、基于联系数和属性多边形的系统故障模式识别、基于集对分析的特征函数重构及性质研究、系统功能状态的确定性与不确定性表示方法。

（3）量子方法与系统安全分析：系统功能状态叠加及其量子博弈策略、双链量子遗传算法的系统故障概率分布确定、在 BQEA 及 QPSO 的多因素影响下系统故障概率变化范围研究。

（4）柔性逻辑与系统故障演化过程：空间故障网络结构化表示的事件间柔性逻辑处理模式研究、空间故障网络的柔性逻辑描述、不确定性系统故障演化过程的三值逻辑系统与三值状态划分、量子态叠加的事件发生柔性逻辑统一表达式研究、系统多功能状态表达式构建及其置信度研究。

5. 空间故障网络理论在矿山灾害分析中的应用

实现了露天矿灾害演化过程的空间故障网络描述方法，灾害演化过程的灾害模式分析方法，空间故障网络的边缘事件结构重要度、复杂度和可达度计算方法等；实现了冲击地压演化过程分析，包括不同深度冲击地压演化过程的空间故障网络描述方法、演化过程的最终灾害发生特征分析、演化过程中事件和传递条件重要性分析等。

具体研究内容如下。

（1）使用空间故障网络理论研究矿山灾害演化过程，应用于露天矿区区域风险分析。对露天矿不同区域灾害演化过程进行了研究。主要内容如下。

① 对露天矿区区域进行了划分。露天矿灾害演化过程具有多样性，大体上可根据地质条件、水文和环境等方面将该露天矿划分为 6 个区域，包括北帮、东北帮、西帮、西南帮、南帮和东南帮。它们的地质条件、水文和环境差异明显，导致发生的自然灾害类型也有较大的差别。论述了这些区域的灾害特点，并总结了以往发生

的灾害。

② 使用空间故障网络对露天矿不同区域的灾害演化过程进行了描述。按照空间故障网络构造方法建立了不同区域灾害演化过程的空间故障网络,确定了可能的事件之间的逻辑关系和演化顺序。

③ 研究了不同区域灾害演化过程的不同灾害模式。将不同区域灾害演化的空间故障网络根据空间故障网络与空间故障树的转化方法,转化为空间故障树。根据空间故障树的化简方法得到各种灾害模式(灾害演化过程)。灾害模式表达了各边缘事件、过程事件和最终事件之间的逻辑关系。得到了各灾害模式的灾害演化含义。

④ 提出了边缘事件导致最终事件可能性的度量指标。定义了边缘事件的结构重要度、结构复杂度和结构可达度。它们分别衡量了边缘事件状态变化导致最终事件状态变化的可能性;边缘事件在全部演化路径中所起的作用和引起最终事件原因的复杂性;边缘事件引起最终事件的过程难易性。

(2) 使用空间故障树描述了冲击地压演化过程,并根据不同深度的能量情况分析了 3 种不同冲击地压演化过程。主要内容如下。

① 基于能量变化对冲击地压演化过程进行描述和分析,包括岩体系统能量释放种类、各种释放能量形式的关系、不同深度能量释放过程和时间顺序。

② 研究了不同深度冲击地压演化过程及其空间故障网络描述。根据不同深度的冲击地压演化过程,将深度划分为 3 个阶段:$-320 \sim 0$ m,$-620 \sim -320$ m,$-820 \sim -620$ m。3 个阶段的冲击地压演化过程分别为:岩体表面凸出变形、岩体卸载面附近产生裂隙;岩体表面凸出变形、岩体卸载面附近产生裂隙、表面岩体分离产生飞石,形成新的岩体自由面;岩体表面凸出变形、岩体卸载面附近产生裂隙、表面岩体分离产生飞石,形成新的岩体自由面,循环上述过程直到形成大范围岩体松动,最终导致巷道破坏。

③ 分析了不同深度冲击地压演化过程中最终灾害的发生情况。利用空间故障网络对 3 种冲击地压演化过程进行分析,得到了最终事件概率解析式和最终事件演化表达式。最终事件概率解析式用于定量计算最终事件发生概率;最终事件演化表达式定性分析最终事件发生的故障模式和重要性。由于冲击地压演化过程基础数据限制,研究集中在最终事件演化表达式。得到了演化过程复杂性和演化原因复杂性的计算方法。

④ 研究了不同冲击地压演化过程中事件和最终事件的重要性。基于演化过程复杂性和演化原因复杂性,给出了事件重要度和传递条件重要度的计算方法,及它们对演化过程的重要度计算方法。

空间故障网络理论的简要发展过程如图 1.7 所示。

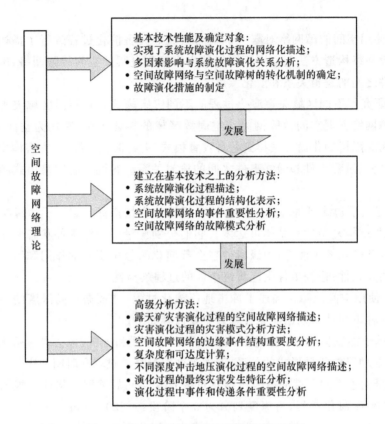

图 1.7 空间故障网络理论的简要发展过程

1.3.4 系统运动空间与系统映射论

① 从信息科学的信息生态系统方法论出发,结合智能科学数学基础的因素空间理论,最终将系统可靠性问题作为落脚点,研究三者融合的可能性。提出安全科学中的故障信息转换定律,即本体论故障信息-认识论故障信息-故障知识-智能安全策略-智能安全行为的故障信息转化定律。

② 结合信息生态方法论、因素空间和空间故障树,研究了系统运动的动力、表现和度量,最终落实于系统可靠性的研究。外部环境因素是系统运动的主要动力来源。分析了系统在自然环境下的运动规律。无论环境是否有利于系统向着目标发展,系统必将走向瓦解或消亡,只是系统瓦解的层次深度不同。人们感知系统的存在是通过系统运动过程中表现出来的数据及其变化诠释的。因此人们了解系统是源于对其散发的数据信息进行感知、捕获、分析,最终形成知识再作用于系统的过程。度量系统运动可使用空间故障树理论中的属性圆方法。

③ 给出了系统运动空间中的运动系统、系统运动空间、系统球、平面、投影等定义。系统运动空间可表示一个系统与多个方面的关系和多个系统之间的关系。认为自然系统是因素全集到数据全集的映射。而人工系统是相关可测数据信息到可调节相关已知因素的映射。人工系统得到的实验数据永远与自然系统相同状态下得到的数据存在误差；人工系统的功能只是想要模仿的自然系统功能的一部分；人工系统只能无限趋近于自然系统而无法达到。

④ 在系统运动空间内进行了系统结构的定性定量识别。论述了定性识别的基本原理。通过设置因素状态和对应数据状态的改变情况结合系统功能极小化原理，得到了数据与因素的定性关系式。这种关系可能只是功能相同的等效最简结构。使用属性圆方法进行定量识别。对因素进行定量调节，同时得到了数据的相应变化量。借此通过参数反演得到待定系数，确定数据与因素关系定量表达式。根据定性定量分析结果，绘制人工系统结构图，并给出了整个方法的分析流程。

空间故障树理论框架从基于数据解析的过程逐渐发展到以因素为核心的智能系统故障分析理论，虽然取得了一些成绩，但需要研究的问题也逐渐增加。希望有兴趣的读者加入因素空间与空间故障树理论的研究行列，为智能科学发展，特别是智能科学理论在安全领域的应用贡献智慧。

对于上述提到的所有研究内容，均在笔者发表的论文中有所体现，也可见本书的主题内容，因此本节不列出具体参考文献。

1.4 因素空间在安全领域的应用

从本质上来说，因素空间理论和空间故障树理论的着眼点是一致的——因素。空间故障树中所述空间是将系统工作环境因素作为维度所形成的空间。当各维度上因素的某一值确定后，系统的可靠性就确定了。所以空间故障树研究问题的基础就是形成与环境因素数量相等的维度的空间曲面，曲面作为因变量表示系统可靠性，而环境因素在空间维度上的值就是自变量。

这正符合汪先生所提因素空间基本思想及其处理方式，即："当所考虑的因素足够充分时，钱币落出的面向便可以确定，否则必存在某种有影响的因素没有被考虑到。把它发掘出来并添加进去，在这样一个以诸因素为轴的坐标空间里，钱币的朝向便可以被划分成正、反两个确定的子集，必然性便战胜了偶然性。"由此可见，两种理论看待问题和解决问题的基础是一致的。

两种理论解决问题的方式是不同的。因素空间实质上也是对于事物存在形态的一种区分，通过因素的不同来区分事物。空间故障树理论也是通过区分因素来了解系统的结构和特性。前者从数据分析的推理角度出发进行研究，后者从系统工程的结构化角度出发进行研究。"

所以,通过因素空间的方法对于大数据下的安全监测记录数据进行分析,其结果本身就可以适应空间故障树对基础数据的要求。实际上,在深入了解汪先生的因素空间理论后,笔者认为空间故障树完全可以作为因素空间理论的一个分支存在。

进一步地,由于空间故障树理论是研究系统可靠性、失效性和系统故障的通用方法,因此可广泛应用于各类系统的安全分析,下面列出因素空间理论在安全领域的理论发展和方法应用研究,内容选自相关文献的摘要,并进行了适当修改。

本章参考文献[24]:于福生等以汪培庄教授的因素空间理论为基础,给出了故障诊断的数学模型,讨论了故障诊断专家系统的构建方法及其应用。诊断新定义包涵了旧定义,因而是旧定义的拓广,在诊断问题定义中引入了因素空间,从而为建立新的故障诊断数学模型提供了条件,故障诊断模型应用于试卷难度评估和某军用设备故障诊断,取得了良好效果。

本章参考文献[28]:柴杰等针对工业过程中故障诊断问题的特点提出基于因素空间理论的故障诊断方法:首先根据工业过程特点定义了故障在因素空间的隶属函数,然后采用基于因素空间的变权方法求得被诊断问题的解,为解决复杂工业过程的故障诊断问题提供了一条新的途径。

本章参考文献[88]:郭春霞等定义了一种基于因素空间的网络攻击知识模型(FSAKM)。对攻击中的各种因素综合考虑和分析,采用因素模糊空间搜索算法获取攻击条件和功能集映射的测度,将其与攻击单元和目标集的映射结果比较,根据人员操作能力提取与之相称的对应手段,通过实验验证了模型与算法效果。

本章参考文献[89]:杨巨文等论述了因素空间和因素分析法的基本特点及目前定性安全评价中的问题。应用因素分析法得到了举例中各因素的决定度。解决了从定性安全分析中得到灾害因素与安全因素之间的因果关系,并得到了七个关系推理句。

本章参考文献[43]:张旭建立了煤矿危险源多层递阶模型和煤矿危险源三维多粒度及分解模型,对煤矿危险源空间结构进行了逻辑表示,便于危险源信息的归类和筛选,进而依据因素空间理论提出了煤矿危险源因素空间的定义和实现机理。基于煤矿危险源因素空间和多层递阶模型建立了煤矿动态系统安全状态评价指标体系模型,通过对工序层指标量化,应用熵权法和灰色关联分析法建立了煤矿危险源多层递阶系统安全评价模型。

本章参考文献[45]:崔铁军等对煤矿的安全情况论述使用概念分析表进行了推理和化简,以降低安全性论述中冗余信息对定性安全评价的影响,得到简洁准确的安全性概念,从而对不同煤矿企业的安全情况进行区分。

本章参考文献[47]:崔铁军等研究从模糊语义群中挖掘出决策规则并判定其

正确性,基于空间故障树理论提取语义群中影响决策规则的关键因素,使用属性圆对这些因素进行表示,将对象之间的相似性用图形表示。考虑三种图形覆盖方式,最后得到相似性的解析解以便数值计算。将因素空间对象的属性表示方法进行了改进,讨论并给出了不同重叠形式对相似度的计算公式。

本章参考文献[90]:刘忠铁等研究了两个易受恐怖分子攻击的目标间的防御竞争问题,首次将空间范围因素纳入进来,并基于 Hotelling 模型求得了最优防御范围,对两个相互竞争目标间同时博弈和顺序博弈两种博弈类型分别进行了模型分析。

本章参考文献[91]:赵梦辉提出了基于因素空间的因素分析法,首先分析油气 SCADA 系统信息安全的具体含义,其次通过具有指导意义的工控系统信息安全标准、规范,明确了评价对象、了解要求,并进一步挖掘出评价指标(条件)因素。然后用因素空间理论对油气 SCADA 系统信息安全的评价进行理论建模、并对模型形式化描述,实现了因素分析法和推理功能。

本章参考文献[92]:崔铁军等建立了系统因素结构反分析框架并定义了其中的 01 型空间故障树,引入了人机认知体的概念。结合系统因素结构反分析的特点提出了基于表法的 01SFT 的表示方法,定义和描述了逐条分析法和分类推理法。

本章参考文献[50]:何平运用模糊介尺度这一新的测度建立了网络行为因素空间理论。首先,提出了犯罪因素发现概念并相应建立了网络犯罪因素集合、微观与宏观犯罪因素背景空间。其次,从数学角度为网络犯罪因素库的建立提供了基本理论与方法。最后,将因素空间理论、模糊介尺度运用到网络犯罪分析与防范策略研究中。

本章参考文献[93]:刘海涛等针对影响因素之间存在复杂的非线性关系,提出了基于因素空间下因素分析法的煤与瓦突出预测方法,对预测推理规则进行验证,较好地利用了煤与瓦斯突出的实测数据,避免预测中主观性强的缺点。

本章参考文献[74]:李辉等构建了尾矿坝稳定性属性识别系统的因素空间。将未确知数学理论引入因素空间,构建了因素空间-未确知测度模型,讨论了该模型的求解方法。运用层次分析法和信息熵理论,计算了条件因素的主观权重(常权)和客观权重(变权),采用线性加权方法,计算了条件因素的组合权重,为条件因素赋予了变权。采用合因素代替因素空间中的条件因素集,将 n 维因素空间转化为一维合因素轴,将确定结果因素属性的高维度问题通过因素合成实现了降维,得到了合因素测度识别向量,依据置信度识别准则,对结果因素的属性进行了识别。

本章参考文献[77]:刘海涛以因素空间理论中的条件因素对结果因素的决定度为基础,提出了在因素空间下优势因素的提取方法,并以煤与瓦斯突出的实测数据为计算依据提取影响煤与瓦斯突出的优势因素。

本章参考文献[74]:李辉等提出了一种基于因素空间的综合评价模型,构建用于尾矿坝稳定性综合评价的因素空间,并引入未确知数学理论,建立因素空间-未确知测度模型;赋予尾矿坝稳定性影响因素变动的组合权重,通过因素合成实现因素空间降维;以某尾矿坝为例,采用置信度准则综合评价尾矿坝稳定性,验证模型可行性与适用性。

本章参考文献[94]:崔铁军等研究了智能的机制主义及数学原理与安全信息处理相融合的可能性,在空间故障树框架内重新诠释了信息转换定律,提出了安全科学中的故障信息转化定律。

本章参考文献[95]:崔铁军等提出了系统故障熵的概念。基于线性熵的线性均匀度特性,推导了多因素相被划分为两状态时的线性熵模型。进而研究了系统故障熵的时变特征。对连续时间间隔内的不同因素状态叠加下系统故障进行统计,得到系统故障概率分布,绘制系统故障熵时变曲线,定义了系统故障熵和线性熵,对系统故障熵进行了时变分析。

本章参考文献[96]:崔铁军等提出了系统故障因果关系分析思想,论述了通过数理统计方法分析系统故障数据存在的问题,研究了系统故障的相关性和关联性,将系统故障分析的智能系统划分为 4 个层次,即数据驱动层次、因素驱动层次、数据-因素驱动层次、数据-因素-假设驱动层次。

本章参考文献[97]:崔铁军等提出了系统运动空间和系统映射论,并以系统可靠性作为实现平台。以信息生态思想作为方法论,以因素空间理论作为智能分析的数学基础,以空间故障树理论作为研究系统可靠性的平台,建立了一种新的研究框架。

1.5 研究的目的和意义

本书内容研究的目的和意义主要有三方面,发展人工智能基础理论、建立安全科学中的人工智能方法和应用于具体行业的安全领域解决实际问题,如下进行具体说明。

1. 发展人工智能基础理论

汪培庄教授在本章参考文献[66]中提出因素空间是机制主义人工智能的数学基础,下面摘抄汪教授在该论文中的论述。

一场重大的科技革命必以一门新学科作为标志,这门新学科又必须以一支新数学分支作为支撑。工业革命以牛顿力学为标志,以微积分作为数学支撑。信息革命以信息科学作为标志,机制主义人工智能理论[98,99]是把结构主义、功能主义和行为主义这三大流派有机统一起来的以柔性逻辑[100]包容的通用人工智能理论,是信息科学的重要发展。该过程中信息科学的数学支撑是因素空间理论,它是机制主义人工智能理论的数学基础,是为迎接人工智能的深刻革命而做的数学准备。

信息科学与物质科学的根本差别是有没有认识主体的参与。客体是离开认识主体的存在,认识主体按其目标需求从客体信息提取语义信息,再将语义信息转化为知识,提高智能,改造主、客观世界,这是信息科学的主要内容。因素是信息提取的导向标,是信息向知识转化的分析与融合器。信息生态机制是以因素为导向,并关注客体的形式与效用两方面。用目标需求从后往前倒推,用储备的知识从前往后疏通,前后夹逼得到的语义信息就是形式与效用相统一的全信息。客体状态千变万化,必须用因素来进行分析与综合,如形状、大小、颜色、质量等,统称为状态因素,状态因素使人形成对事物外形的知觉。事物的内在属性也要用因素来梳理,不同的目标需求按效用来观察事物的内在属性,属性因素揭示事物的内在效用。状态因素与属性因素之间的结合衍生出特定的概念;因素之间的相互关联决定事物的因果,提供逻辑推理以进行决策。基于因素空间理论所建立的数据库以培植数据的方式来实现数据生态与知识生态之间的同构,用因素来组织数据,运用知识把传统的搜索技术提到一个新的高度,这些都是机制主义人工智能所需要的数学理论和方法。

2012年以后,汪培庄教授将因素空间的研究重点转向数据智能化的数学理论,与形式概念分析及粗糙集结缘。现有关系数据库所面临的大数据挑战是因素空间所要迎头解决的首要问题。因素空间对形式信息的处理对象囊括了非结构化数据。以因素空间为基础的机制主义人工智能是数据智能化的灵魂,它不俯首听命于大数据的摆布,而是要设计、制造、运用和培育数据,用数据来营造信息生态和知识生态,建立信息、知识与神经结构的同构体。它要改变当今世界人工智能自下而上的手工式格局,代之以自上而下与自下而上相结合的发展理念。

因此因素空间的理论研究对人工智能基础理论的发展是十分必要的。本书的第一部分是智能科学与因素思维,内容为第2章至第5章,主要论述因素思维在智能科学中的决定作用。强调因素是智能科学发展的主要方向,凸显研究因素在智能科学思维中的关键作用。

2. 建立安全科学中的人工智能方法

安全科学是运用人类已经掌握的科学理论、方法以及相关的知识体系和实践经验,研究、分析、预知人类在社会活动(经济活动、生产活动、科研活动)过程中的危险、危害和威胁;限制、控制或消除这种危险、危害和威胁,以过程安全和环境无害为研究方向的理论体系。这是网络上的解释,笔者认为是较为全面地对安全科学的界定,但这些定义更偏重于现场技术和应用。

在理论上,安全科学基础理论主要来源于系统工程理论,而系统工程理论主要关注于系统的可靠性和安全性。虽然系统可靠与系统安全存在差异,但大体上归结为相同的目标。可靠性更偏重于系统,研究系统在规定时间内规定条件下完成预定功能的能力,安全性则是通过多种手段保障系统运行而不出现伤亡、事故和损失。在某些情况下保障系统可靠的行为可能导致系统不安全,而保障系统安全的行为也可能导致系统不可靠。

目前,系统可靠性研究存在如下需要解决的问题。

① 在研究过程中过分关注系统内部结构和元件自身可靠性,竭力从提高元件自身可靠性和优化系统结构来保证系统的可靠性。元件由物理材料组成,在不同的环境下其物理学性质是变化的。执行某项功能的元件功能性在元件制成后主要取决于工作环境。在不同的工作环境下,元件材料的基础属性可能是不同的,而在设计时相关参数是固定的。这导致在变化的环境中工作时随着基础属性的改变,元件的执行能力(可靠性)也发生变化。即使一个简单的、执行单一功能的系统也要由若干个元件组成,那么该系统随工作环境变化其可靠性变化就相当复杂了。上述多因素对可靠性影响的现象是存在的,且不应被忽略。

② 系统可靠性分析的基础数据不再是有限非变化数据,而是不断变化更新的大数据。系统在变化环境下日积月累的运行,在不同时间和因素作用下系统可靠性变化不同,可靠性数据的量级指数增长。特别是工业及军事设备等进行的可靠性研究和测试过程中会累积大量的可靠性数据。使用传统的可靠性分析方法难以体现这些故障原数据信息的特征性和整体性。因此系统可靠性分析方法对大数据的适应能力是安全科学发展面临的主要问题之一。

③ 可靠性研究的主要议题是系统如何失效,如何发生故障,什么引起了故障。目前研究成果较多反映了故障发生概率与影响因素之间的定量函数关系。但故障发生受较多因素影响,显性和隐性因素并存,且难以区分因素间的关联性。从实际而来的现场故障数据一般数据量较大,且存在冗余和缺失。现有安全系统工程方法难以解决,特别是针对故障大数据的计算机推理因果分析方法在安全系统工程领域尚未出现,分析可靠性与影响因素之间的因果关系困难。

④ 系统设计阶段不能全面考虑使用阶段可能遇到的不同环境,设计出的系统在使用期间会遇到一些问题。特别是航天、深海和地下等工程系统会遇到极端工作环境。所以单纯地在设计角度从系统内部研究整个系统的可靠性是不稳妥的。该问题为系统可靠性结构分析问题。即知道系统基本单元可靠性特征和系统所表现出的可靠性特征,推断系统内部可靠性结构。该内部结构是一个等效结构,可能不是真正的物理结构。

除了这些问题以外,当然还有安全科学和系统可靠性研究面临的其他问题,但总结出来都是围绕人、机、环和管四个子系统展开的,以保障系统安全和可靠性,关注于四个子系统的协调一致保障目标实现。实现这个目标的有效途径就是建立安全科学理论中的智能分析理论和方法。这部分的研究内容体现在书的第二和第三部分。第二部分是因素思维与智能系统故障分析理论,内容为第6章至第11章,主要论述了以因素空间和空间故障树理论基础上的系统安全和故障分析方法和原理;第三部分基于因素的思想研究系统功能特征,主要论述了空间故障网络的化简方法,系统功能状态的不确定性和系统安全变化,内容为第12章至第15章。

当然将智能科学理论因素应用于安全科学中的工作尚处于起步阶段,在安全科学中建立智能分析方法也需要进行大量的工作。但无论是对安全科学还是对智能科学,建立安全科学中的人工智能方法是有积极意义的。

3. 应用于具体行业的安全领域解决实际问题

运用智能科学相关理论或使用在安全科学中建立的智能分析方法解决安全领域的实际问题是必要的且有意义的。基本上各行各业都涉及安全或可靠性问题,虽然针对各行业安全的智能方法逐渐增加,但大体上缺乏通用性。需要在系统层面对安全性和可靠性问题进行研究,即在系统层面上提出能解决和应用于安全领域的理论体系,如作者提出的空间故障树理论体系。

针对作者的行业背景,特别关注于智能理论方法在矿业安全方面的发展和应用。下面论述智能科学带来的矿业生产系统变革[101]。将煤矿井工开采作为一个系统,该系统包括人-机-环-管四个主要子系统,如图1.8所示。

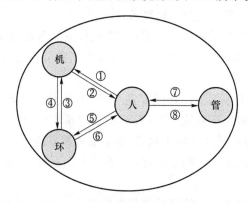

图1.8　传统矿业生产系统

图1.8表示了传统矿业生产系统中人-机-环-管各部分之间的关系。将这些关系归纳为8类:①人作用于机器;②机器作用于人;③环境作用于机器;④机器作用于环境;⑤人作用于环境;⑥环境作用于人;⑦管理作用于人;⑧人作用于管理。关于这些关系的具体含义这里不做论述,见本章参考文献[101]。这里重点论述智能科学对传统矿业生产系统的影响。

关系①,人作用于机械。当智能科学中的人工智能和大数据技术进一步发展,井下作业环境中直接需要人参与的工作几乎消失。这时人对机械的作用包括两部分:一是机械故障后的维修,可通过替换故障机械或使用维修机器人实现;二是人对井下生产机械的远程控制,以协助具有一定自主能力的开采机械完成复杂开采任务。那么在这种情况下,就人作用于机械而言,人将从矿业生产的人-机-环-管系统中分离出来。这将从本质上保证生产过程中人的安全,也避免了由于人的不安全行为造成的机械故障和事故。

关系②,机械作用于人。井下生产系统主要包括采掘系统、运输系统、支持系统和通风系统。当人不在整个生产系统中时,采掘系统、运输系统、支持系统和通风系统将发生巨大改变。不考虑人的因素,巷道断面尺寸可只考虑运输系统;缩小的断面可使用更为有效的支持系统;通风系统将不考虑生产作业人员的生理需要,只需保证机械生产需要。因此,运输系统和支持系统将有较大改变,其可靠性和安全性可以降低,而不影响生产。通风系统也会由于不考虑人的因素,变为只满足机械生产环境的通风系统。这些系统在不考虑人时,相应的安全装置、传感器和可靠性要求都可以降低。完全取消由于考虑人而设置的各种装置,可在提高生产效率的同时降低成本。

关系③,环境作用于机械。在智能技术融入机械系统后,机械系统会根据环境的变化调整生产活动,会自动调动传感系统和通风系统,以保证机械的工作环境。因此在不考虑人的情况下,即可自主调整环境。虽然环境仍然影响开采机械,但只需保证机械生产,而非满足人的生理要求。

关系④,机械作用于环境。同上所述,智能机械与智能传感和通风系统互联,机械可根据自身需要调整环境,而不考虑人的工作要求。这将更为高效、快捷、安全地进行矿业生产活动。

关系⑤,人作用于环境。在传统矿业生产中,人作用于环境是通过机械实现的,如通风。但对智能生产系统而言,人不在生产系统中,而环境的调节是智能机械的自发行为。一般不需要人的干预,除非紧急故障状态。

关系⑥,环境作用于人。同上所述,人不在生产系统中,因此环境作用于人的关系消失。

关系⑦,管理作用于人。管理的主要对象是人,且大部分管理规程用于井下操作人员的行为规范。那么在智能化后,人不在生产系统中,这类管理将消失。管理将作用于生产异常状态下的需要人干预的修复和判断过程。这些过程也可由智能辅助修复和决策系统进行。那么这将从本质上减小人的伤亡,也减小了人的不安全行为和失误。

关系⑧,人作用于管理。同上所述,人在制定管理过程时将不用考虑人在井下的作业情况。这将大大简化管理制度和流程制定过程。

综上,智能矿业生产系统结构如图1.9所示。

对比图1.8传统矿业生产系统,智能生产系统的最大变化在于人从生产系统中分离出来。进而与人相关的管理系统也从生产系统中分离。这时机械和环境对

人的作用关系消失。其余关系得到了极大优化,同时也保证了更为高效和安全的
生产过程。

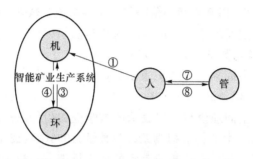

图 1.9 智能矿业生产系统

使用人工智能的理论和方法可解决各行业的具体实际问题,并不限于矿业
领域。

综上,本书研究的目的和意义可总结为:发展人工智能基础理论、建立安全科
学中的人工智能方法和应用于具体行业的安全领域解决实际问题。从智能理论到
安全科学的智能方法,到最终应用于行业解决实际问题,这是逐层递进的关系。书
中内容集中于前两项,第三项内容请读者参考相关文献。

本章参考文献

[1] 罗承忠,王靳辉,孔少文.因素空间与诊断型专家系统[C].//中国中南地区
    模糊数学与系统分会.模糊数学和系统成果会论文集,1991:15-17.
[2] 汪培庄.因素空间与概念描述[J].软件学报,1992(1):30-40.
[3] 任平.因素空间与概念内涵的表示[J].模糊系统与数学,1992(2):64-67,76.
[4] 王靳辉.因素空间与诊断型专家系统[J].解放军测绘学院学报,1993(1):
    71-74.
[5] 袁学海,汪培庄.因素空间中的一些数学结构[J].模糊系统与数学,1993(1):
    44-54.
[6] 李洪兴.因素空间与模糊决策[J].北京师范大学学报(自然科学版),1994
    (1):41-46.
[7] 李洪兴,汪培庄.概念在因素空间中的落影表现[J].烟台大学学报(自然科学
    与工程版),1994(2):15-22.
[8] 李洪兴,汪培庄,VincentYen.基于因素空间的决策方法[J].阴山学刊(自然
    科学版),1994(1):1-13.

[9] 李洪兴,张振良.模糊概念在因素空间中的描述(一)[J].昆明工学院学报, 1995(2):16-24.

[10] 袁学海,汪培庄.因素空间和范畴[J].模糊系统与数学,1995(2):25-33.

[11] 李洪兴.因素空间理论与知识表示的数学框架(Ⅶ)——多重目标综合决策 [J].模糊系统与数学,1995(2):16-24,10.

[12] 李洪兴.因素空间理论与知识表示的数学框架(Ⅷ)——变权综合原理[J]. 模糊系统与数学,1995(3):1-9.

[13] 李洪兴.因素空间理论与知识表示的数学框架(Ⅸ)——均衡函数的构造与 Weber-Fechner 特性[J].模糊系统与数学,1996(3):12-17,19.

[14] 李洪兴.因素空间理论与知识表示的数学框架——概念的反馈外延与因素 的重合性[J].系统工程学报,1996(4):12-21.

[15] 李洪兴.因素空间理论与知识表示的数学框架(Ⅹ)——基于因素空间的神 经元模型[J].模糊系统与数学,1996(4):10-18.

[16] 李洪兴.因素空间理论与知识表示的数学框架(Ⅰ)——因素空间的公理化 定义与描述架[J].北京师范大学学报(自然科学版),1996(4):470-475.

[17] 李洪兴.因素空间理论与知识表示的数学框架(Ⅺ)——因素空间藤的基本 概念[J].模糊系统与数学,1997(1):3-11.

[18] 李洪兴.因素空间理论与知识表示的数学框架(Ⅻ)——描述架中概念的结 构(1)[J].模糊系统与数学,1997(2):3-11.

[19] 李洪兴.因素空间理论与知识表示的数学框架(Ⅱ)——因素的充分性与概 念的秩[J].北京师范大学学报(自然科学版),1997(2):151-157.

[20] 李洪兴.因素空间理论与知识表示的数学框架(续)——反馈外延的精细化 与概念内涵的表达[J].系统工程学报,1997(4):32-40.

[21] 李洪兴.因素空间理论与知识表示的数学框架(续)——DFE 决策与因素状 态的合成[J].系统工程学报,1998(1):14-22.

[22] 李洪兴.因素空间理论与知识表示的数学框架(XⅢ)——描述架中概念的 结构(2)[J].模糊系统与数学,1998(1):0-9.

[23] 李洪兴.因素空间理论与知识表示的数学框架(Ⅵ)——ASM_m-func 的生 成与综合决策的一般模型[J].系统工程学报,1999(1):3-10.

[24] 于福生,罗承忠.基于因素空间理论的故障诊断数学模型及其应用[J].模糊 系统与数学,1999(1):49-55.

[25] 何清,童占梅.基于因素空间和模糊聚类的概念形成方法[J].系统工程理论 与实践,1999(8):100-105.

[26] 石岩,马宝华,谭惠民.基于因素空间的多传感器决策融合方法[J].北京理 工大学学报,2000(1):85-89.

[27]　刘玉铭.因素空间与分类的特征抽取[J].北京师范大学学报(自然科学版)，
　　　　2000(2):172-177.

[28]　柴杰,江青茵,曹志凯,等.基于因素空间变权理论的工业故障诊断[J].厦门
　　　　大学学报(自然科学版),2002(4):448-452.

[29]　米洪海,闫广霞,于新凯,等.基于因素空间的多层诊断识别问题的数学模型
　　　　[J].河北工业大学学报,2003(2):77-80.

[30]　陈团强.基于因素空间理论的 Internet 资源建模与自组装方法研究[D].长
　　　　沙:国防科学技术大学,2006.

[31]　王宇辉.基于因素空间的学科分类研究[D].成都:西南交通大学,2007.

[32]　胡凯.因素空间理论与知识表示的数学框架——突变型标准综合函数的性
　　　　质与构造[J].计算机工程与应用,2010,46(8):25-28.

[33]　岳磊,孙永刚,史海波,等.基于因素空间的规则调度决策模型[J].信息与控
　　　　制,2010,39(3):302-307.

[34]　王兰成,宋容,曾琼.基于因素空间理论的领域知识表示及推理[J].情报理
　　　　论与实践,2010,33(11):109-111,82.

[35]　张敏,宋衍博,江青茵,等.基于因素空间变权理论的开关控制仿真研究[J].
　　　　厦门大学学报(自然科学版),2012,51(4):671-675.

[36]　汪培庄.因素空间与因素库[J].辽宁工程技术大学学报(自然科学版),
　　　　2013,32(10):1297-1304.

[37]　汪华东,郭嗣琮.基于因素空间反馈外延外包络的 DFE 决策[J].计算机工
　　　　程与应用,2015,51(15):148-152,156.

[38]　汪培庄,郭嗣琮,包研科,等.因素空间中的因素分析法[J].辽宁工程技术大
　　　　学学报(自然科学版),2014,33(7):865-870.

[39]　包研科,茹慧英,金圣军.因素空间中知识挖掘的一种新算法[J].辽宁工程
　　　　技术大学学报(自然科学版),2014,33(8):1141-1144.

[40]　汪华东,郭嗣琮.因素空间反馈外延包络及其改善[J].模糊系统与数学,
　　　　2015,29(1):83-90.

[41]　汪培庄.因素空间与数据科学[J].辽宁工程技术大学学报(自然科学版),
　　　　2015,34(2):273-280.

[42]　汪华东,汪培庄,郭嗣琮.因素空间中改进的因素分析法[J].辽宁工程技术
　　　　大学学报(自然科学版),2015,34(4):539-544.

[43]　张旭.基于因素空间的煤矿危险源多层递阶模型[D].西安:西安科技大
　　　　学,2015.

[44]　崔铁军,马云东.因素空间的属性圆定义及其在对象分类中的应用[J].计算
　　　　机工程与科学,2015,37(11):2169-2174.

[45] 崔铁军,马云东.基于因素空间的煤矿安全情况区分方法的研究[J].系统工程理论与实践,2015,35(11):2891-2897.

[46] 郑莉.因素空间的因素库样本培育理论研究[D].阜新:辽宁工程技术大学,2016.

[47] 崔铁军,马云东.基于因素空间中属性圆对象分类的相似度研究及应用[J].模糊系统与数学,2015,29(6):56-63.

[48] 包研科.认知本体论视角下因素空间的性质与对偶空间[J].模糊系统与数学,2016,30(2):127-136.

[49] 李兆钧.因素空间理论在文本挖掘中的应用[D].广州:广州大学,2016.

[50] 何平.基于因素空间的网络犯罪数学研究[J].辽宁警察学院学报,2017,19(1):1-8.

[51] 曾繁慧,李艺.因素空间理论的决策树C4.5算法改进[J].辽宁工程技术大学学报(自然科学版),2017,36(1):109-112.

[52] 茹慧英,包研科.因素空间理论的因素约简算法[J].辽宁工程技术大学学报(自然科学版),2017,36(2):219-224.

[53] 刘海涛,郭嗣琮,戴宁,等.因素空间与形式概念分析及粗糙集的比较[J].辽宁工程技术大学学报(自然科学版),2017,36(3):324-330.

[54] 张永超.因素空间中的概念提取[D].郑州:郑州大学,2017.

[55] 薛冰莹.因素空间上的知识发现与因素约简[D].郑州:郑州大学,2017.

[56] 黎韬.基于因素空间的模糊复杂网络特征信息挖掘与应用[D].广州:广州大学,2017.

[57] 陈万景.基于因素空间理论的增量式因素约简算法研究[D].阜新:辽宁工程技术大学,2017.

[58] 曲国华,李春华,张强.因素空间中属性约简的区分函数[J].智能系统学报,2017,12(6):889-893.

[59] 吕金辉,刘海涛,郭芳芳,等.因素空间背景基的信息压缩算法[J].模糊系统与数学,2017,31(6):82-86.

[60] 曲国华,曾繁慧,刘增良,等.因素空间中的背景分布与模糊背景关系[J].模糊系统与数学,2017,31(6):66-73.

[61] 郭君,汪培庄,黄崇福.因素空间与因素藤在智联网中的应用[J].模糊系统与数学,2017,31(6):59-65.

[62] 包研科,金圣军.一种基于因素空间理论的群体整体优势的投影评价模型与实证[J].模糊系统与数学,2017,31(6):94-101.

[63] 李春华,曲国华,张振华,等.基于因素空间的决策和评价理论[J].模糊系统与数学,2017,31(6):87-93.

［64］　曲卫华,刘海涛,郭嗣琮.因素空间中的多标准因果分析方法［J］.模糊系统
　　　　与数学,2017,31(6):74-81.

［65］　刘海涛,郭嗣琮,刘增良,等.因素空间发展评述［J］.模糊系统与数学,2017,
　　　　31(6):39-58.

［66］　汪培庄.因素空间理论——机制主义人工智能理论的数学基础［J］.智能系
　　　　统学报,2018,13(1):37-54.

［67］　李晋.因素分析表中因素空间藤的提取［D］.郑州:郑州大学,2018.

［68］　包研科,汪培庄,郭嗣琮.因素空间的结构与对偶回旋定理［J］.智能系统学
　　　　报,2018,13(4):656-664.

［69］　肖俊伟.因素空间上的知识发现与决策分析［D］.郑州:郑州大学,2018.

［70］　陈万景,曾繁慧.基于因素空间决定度的动态因素约简算法［J］.辽宁工程技
　　　　术大学学报(自然科学版),2018,37(2):430-433.

［71］　吕子锋.基于因素空间的图像分类识别方法的应用研究［D］.广州:广州大
　　　　学,2018.

［72］　吕金辉,郭嗣琮.因素空间上概念的区间集表达及其在决策中的应用［J］.模
　　　　糊系统与数学,2018,32(5):143-150.

［73］　李兴森,许立波,刘海涛.面向问题智能处理的基元-因素空间模型研究［J］.
　　　　广东工业大学学报,2019,36(1):1-9.

［74］　李辉,易富,张佳,杜常博.尾矿坝稳定性属性识别的因素空间-未确知测度
　　　　模型［J］.金属矿山,2019(3):161-167.

［75］　吕金辉.基于因素空间的不确定性群决策研究［D］.阜新:辽宁工程技术大
　　　　学,2019.

［76］　崔铁军,汪培庄.空间故障树与因素空间融合的智能可靠性分析方法［J］.智
　　　　能系统学报,2019,14(5):853-864.

［77］　刘海涛.因素空间下影响煤与瓦斯突出的优势因素提取方法［J］.黑龙江科
　　　　技大学学报,2019,29(3):267-271.

［78］　张艳妮,曾繁慧,郭嗣琮.因素空间理论的因素 Markov 过程［J］.辽宁工程
　　　　技术大学学报(自然科学版),2019,38(4):385-389.

［79］　尹安琪.基于因素空间的零样本图像分类技术研究［D］.沈阳:沈阳理工大
　　　　学,2020.

［80］　李辉,易富,张佳.基于因素空间的尾矿坝稳定性综合评价［J］.中国安全科
　　　　学学报,2019,29(12):28-34.

［81］　蒲凌杰.因素空间理论下背景基算法研究［D］.阜新:辽宁工程技术大
　　　　学,2020.

［82］　赵静.基于因素空间理论的数据离散化方法和差转计算的融合［D］.阜新:

辽宁工程技术大学,2020.

[83] 蒲凌杰,曾繁慧,汪培庄.因素空间理论下基点分类算法研究[J].智能系统学报,2020,15(3):528-536.

[84] 崔铁军,李莎莎.基于因素空间的人工智能样本选择策略[J].智能系统学报,2021,16(2):346-352.

[85] 李辉,易富,郑学欣,杜常博,葛丽娜.因素空间-未确知测度多重识别模型的构建及应用[J].应用基础与工程科学学报,2020,28(5):1134-1144.

[86] 吕金辉,郭嗣琮.基于因素空间理论的犹豫模糊群决策[J].运筹与管理,2021,30(3):71-75.

[87] 张佳.基于因素空间的二型模糊多因素评价模型及应用[J].模糊系统与数学,2021,35(3):145-154.

[88] 郭春霞,刘增良,张智南,陶源.网络攻击知识因素空间模型[J].电讯技术,2009,49(10):11-14.

[89] 杨巨文,何峰,崔铁军,白润才,于永江,宋红梅.基于因素分析法的煤矿灾害安全性分析[J].中国安全生产科学技术,2015,11(4):84-89.

[90] 刘忠轶,翟昕,高岩,张福松.考虑空间因素的反恐防御竞争分析[J].系统工程理论与实践,2016,36(1):136-144.

[91] 赵梦辉.基于因素空间的油气 SCADA 系统信息安全评价方法研究[D].成都:西南石油大学,2016.

[92] 崔铁军,汪培庄,马云东.01SFT 中的系统因素结构反分析方法研究[J].系统工程理论与实践,2016,36(8):2152-2160.

[93] 刘海涛,郝传波,傅贵.因素空间下的煤与瓦斯突出预测方法[J].黑龙江科技大学学报,2017,27(4):354-358.

[94] 崔铁军,李莎莎.安全科学中的故障信息转换定律[J].智能系统学报,2020,15(2):360-366.

[95] 崔铁军,李莎莎.线性熵的系统故障熵模型及其时变研究[J/OL].智能系统学报:1-7[2021-08-21].http://kns.cnki.net/kcms/detail/23.1538.TP.20201106.0947.002.html.

[96] 崔铁军,李莎莎.系统故障因果关系分析的智能驱动方式研究[J].智能系统学报,2021,16(1):92-97.

[97] 崔铁军,李莎莎.以系统可靠性为目标的系统运动动力、表现与度量研究[J].安全与环境学报,2021,21(2):529-533.

[98] 钟义信.高等人工智能原理:观念·方法·模型·理论[M].北京:科学出版社,2014.

[99] 钟义信.信息科学与技术导论[M].3 版.北京:北京邮电大学出版社,2015.

[100] 何华灿.泛逻辑学原理[M].北京:科学出版社,2001.

[101] 崔铁军,李莎莎.智能科学带来的矿业生产系统变革——智能矿业生产系统[J].兰州文理学院学报(自然科学版),2019,33(5):51-55.

第 2 章　因素驱动与东方思维

智能科学理论成为当代各国为维护战略利益所必须争夺的重点领域之一。从思维层面对人工智能理解可分为西方思维和东方思维,前者是整分合的机械还原方法论,后者是万物互联的哲学思想。笔者在研究空间故障树理论框架过程中发现了一些值得研究的问题。空间故障树理论的发展是科学理论发展的缩影,是从解析到推理、从数据到因素、从具体科学到哲学的过程。笔者认为智能科学应是因素驱动的,而非数据驱动的科学。因素驱动的思想在中国传统哲学中是极为重要的,符合东方思维特征,也适用于智能科学基础理论。因此中国原创的智能科学基础理论是独具特色的,面对的机遇大于挑战。这从根本上保证了东方思维在东、西方智能科学基础理论研究的博弈中将最终胜出。

2.1　从空间故障树理论说起

空间故障树(space fault tree,SFT)理论是作者提出的用于研究系统可靠性与影响因素关系的方法体系。目前,该理论的研究可分为四个阶段:空间故障树基础理论阶段、智能化空间故障树阶段、空间故障网络阶段、系统运动空间与系统映射论阶段。

1. 第一阶段:空间故障树基础理论

空间故障树基础理论认为,各种边缘事件(基本原因事件)发生故障后,经过事件间逻辑关系发展到的最终结果,即为系统故障。因此确定系统故障状态就需确定事件故障状态及其逻辑关系。事件逻辑关系往往是比较清晰的,但确定事件故障状态则较为困难。事件故障状态受到多因素影响,这些因素的变化将导致事件故障状态的变化,因此需确定它们的关系。在多因素影响下,每个因素影响事件故障状态的变化程度不同,单一因素变化与事件故障状态变化的关系可表示为特征函数。那么 n 个因素就有 n 个特征函数,将这些特征函数以"或"逻辑叠加即可得到该事件的故障概率分布。该分布有 $n+1$ 维,表示 n 维因素及 1 维事件故障概率,可分析该事件故障状态的特征,进而根据事件组成系统的结构确定系统故障概率分布。

　　上述过程是理论体系研究的初期,强调事件故障状态影响因素及影响过程中的数据,将变化关系组成特征函数,因此该阶段是解析方法为主。这是较为原始的分析方法,利用机械还原论分隔系统,在完成各部分功能后根据结构组合成系统,进而确定系统故障状态。这时研究的驱动源于确定的数据与因素关系。但在很多情况下这种关系难以甚至不能表示为明确的解析关系,特别是在数据量较大时。

2. 第二阶段:智能化空间故障树阶段

　　此阶段研究了系统故障状态与事件故障状态及因素变化的逻辑关系,使 SFT 理论适合逻辑推理和故障大数据分析。智能化空间故障树使用了模糊数学、云模型、因素空间等理论和思想与 SFT 理论相融合。通过对故障数据的处理,试图使用数据波动变化代表因素波动变化,从数据寻找相关因素进而推理故障状态与因素的关系。

　　智能化空间故障树引入了一些智能分析方法,但这种智能主要体现在数据特征分析上,智能化空间故障树试图从数据层面意义表征因素层面意义。智能化空间故障树是结合数据的系统故障推理方法,较上一阶段有所发展。智能化空间故障树基本摆脱了纯数值解析手段,转向基于数据的推理。智能化空间故障树更适合于大数据和智能环境,接触到了问题的模糊性、离散性和随机性,即不确定性。这种不确定性实际是混杂在一起的确定但不可描述的各种事件和各种因素的相互作用,这些作用具有层次性和网状结构。

3. 第三阶段:空间故障网络理论阶段

　　空间故障网络理论(space fault network,SFN)用于表示系统故障演化过程(system fault evolution process,SFEP)中各事件、逻辑关系和影响因素的作用。SFN 不但考虑了事件和影响因素的作用,还考虑了事件之间的逻辑关系。因此,SFN 的基础是事件逻辑关系和事件故障状态。SFN 扩展了研究领域。例如,事件间逻辑关系可参考何华灿教授的泛逻辑[12];事件故障状态的多态分析使用三值逻辑[13];SFEP 是可靠与故障的相互作用可参考博弈论[14];故障状态的多样性在测定之前可使用量子态表示[15]等。因此,系统是否出现故障取决于基本事件的故障状态、基本事件的逻辑关系和基本事件的影响因素。实际上,SFEP 与故障数据无关,但是 SFEP 存在多样性,不同的 SFEP 表现出来的故障数据不同。该方法强调事件间的普遍联系和相互作用,与传统机械还原论有区别,近似于钟义信教授的信息生态方法论[16]。

　　虽然可采用一些方法研究 SFEP,笔者也提出了 SFN 来描述和研究 SFEP,但终究都是在数据基础上进行的。SFEP 描述了自然和人为系统的故障过程,即系统状态在可靠和故障之间的转换过程。从该过程数据的变化来研究系统状态的变化是滞后的,甚至是错误的。

4. 第四阶段:系统运动空间与系统映射论阶段

系统运动空间与系统映射论主要研究系统状态变化,即系统运动的度量,及系统状态变化过程中因素流与数据流的关系。系统受到一些因素刺激后,其形式、结构、组成、行为和表象发生变化,统称为系统运动。系统运动空间是将系统的运动投影到属性圆中,通过比较属性圆变化来度量系统变化,这里不展开论述,如图 2.1 所示。

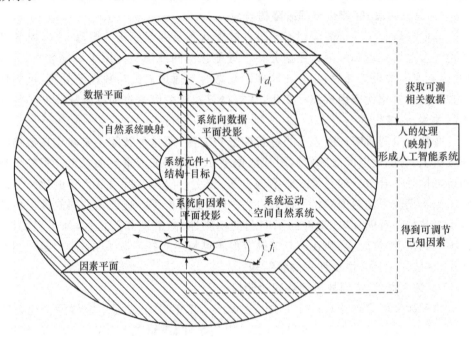

图 2.1　系统运动空间

图 2.1 中的系统可分解为元件(事件)、结构和目标(如系统可靠性)。图 2.1 中阴影区域称为自然系统,指 SFEP 的自然状态,这时所有因素和数据是全知的。如果人们想了解、控制、甚至仿造该系统,首先要确定目标,然后得到系统内部对该目标的结构。例如,将系统可靠性作为目标,需了解影响该系统可靠性的因素,何种数据能表现系统可靠性的变化。可以说因素是系统运动的动力,而数据只是系统运动的表象,数据变化滞后于因素变化。因为需要系统内部的结构机制进行处理,该机制是因素到数据的映射,因此称为系统映射论。系统在外界看来是将因素转化为数据的结构,即映射,也代表了系统的工作机制。以上系统指自然系统,是人们认识的目标。自然系统是从因素到数据的映射关系。不幸的是,目前智能和大数据方法只能先分析数据后得到因素。得到结论一:人类建立的系统映射方向

与自然系统映射方向相反。

　　图 2.2 给出了图 2.1 中因素流和数据流的特征,显示了自然系统散发的数据由于各种原因,只有与目标相关的可测数据信息可到达人(或智能系统),而人从数据分析得到的多种因素中只有可调节相关已知因素可作用于自然系统。问题在于自然系统内部是全因素到全数据的映射,而人得到的映射只是相关可测数据到可调节相关已知因素的映射。过程中数据和因素都有很大损失,甚至只有极小部分参与了人的系统映射(人工智能系统)。得到结论二和结论三:人工系统得到的实验数据永远与自然系统相同状态下得到的数据存在误差;人工系统的功能只能模仿自然系统功能的一部分。

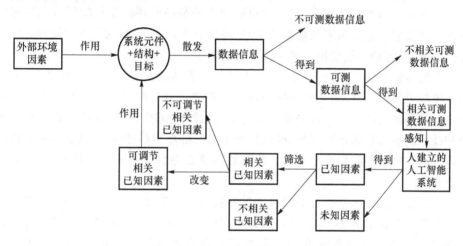

图 2.2　因素流与数据流关系

　　进一步地,人对系统的了解必将是逐层深入的。当系统某层次的因素流和数据流被人充分掌握后,将出现下一层次的因素流和数据流。得到结论四:人工系统只能无限趋近于自然系统而无法完全达到自然系统。

　　上述过程是 SFT 理论体系的四个阶段,经历了通过数据和因素的解析法,基于数据表征因素的逻辑推理法,研究事件间作用关系的非机械还原论方法,研究因素流和数据流相互作用的系统映射论。这四个阶段是当代理论发展的缩影,可对应于智能科学发展过程。第一阶段原始的机械还原论基于数据和因素的解析;第二阶段尚未摆脱机械还原论的智能方法和信息处理方法的耦合推理;第三阶段机械还原论到信息生态方法论过渡且突出普遍联系性;第四阶段建立克服或部分克服上述四条结论的人工智能系统。

　　目前,所谓人工智能方法基本停留在中间两个阶段。由于无法摆脱机械还原论的束缚,很难完成第三阶段,更难以达到第四阶段。

2.2 智能科学是数据驱动还是因素驱动

2.1 节介绍了 SFT 理论的发展经历及其对智能科学发展过程的启示。智能科学的目的是建立可以完成预定目标的智能系统,进而辅助和替代人的工作。智能系统是人通过数据流到因素流的映射得到的系统结构,反映了人对自然系统的认识。那么决定这种认识的关键是映射,而映射的关键是因素流和数据流是否全面和映射方向的问题。结论二和结论三是因素流和数据流缺失造成的,只能通过相关的技术和理论发展解决,当然也可通过人的顿悟解决。重点问题是人工智能系统的结构建立是从因素到数据的映射,还是数据到因素的映射,显然前者更接近自然系统,后者是人们模拟自然系统建立的系统。

从因素到数据的映射是真正实现人工智能系统的关键。从该角度讲,人工智能系统应该是因素驱动,而非数据驱动。因素驱动可解决系统结构确定时四个结论中的最基础的结论一。首先要确定与系统相关的全因素和全数据。由于相关理论和技术的缺失目前难以实现,研究只处于第二阶段和第三阶段,这也是智能科学难以发展到第四阶段的根本原因。因此数据驱动在哲学理论上是行不通的,只是权宜之计。

人工智能是对人认识世界和改造世界的模拟和学习。那么人是如何了解世界的呢? 概念是建立人类思维的核心,这方面的研究可参见钟义信教授的信息转换定理[16]。概念是外延和内涵的联系,外延是客观世界存在的事物,内涵是人脑中分配的检索标签。概念把客观事物贴上标签,以便人脑进一步调用形成概念网络,类似于第一节的 SFN,或因素空间的背景关系集。可以说人脑或人工智能的不断完善是建立在概念的完备性基础上的。概念的外延是对事物的描述,人脑更善于因素区分,而对于因素具体的相(特别是数值相)的记录是不擅长的。笔者也在相关论文中指出:人首先关注于因素,随后是因素的定性相,最后才是因素的定量相。当人脑建立了足够的概念关系,就可基于这些概念关系进行发散联想,这就形成了人的智慧。

由于目前基础理论的限制,只能使用数据驱动的智能技术和系统。与因素驱动相比,数据驱动存在一些缺点。首先数据驱动得到的映射方向与因素驱动是相反的,这也是目前智能系统的最大缺点。海量数据不易于存储和处理。绝大多数数据都可归纳为具有定性区间的因素相的形式,从而与因素及其概念对应。人脑分析问题的关键在于数据归类而非数据本身。基于因素的分析是全面的逻辑层面的分析,而数据虽然多但可能缺少某种逻辑。因素分析一般不会出现冗余和错误,因为是基于较完备的概念网络;而数据分析一般存在这些现象。

汪培庄教授认为:人工智能是数据驱动还是因素驱动的问题非常重要。数据是实践活动中留下的信息,因素是人脑思维的引线。数据与因素的关系是实践与思维的关系。应当是思维掌控数据而不是数据控制思维。因此,人工智能系统使用因素驱动较数据驱动在系统层面上更有优势,但限于目前水平只能先从数据驱动开始,逐渐过渡到因素驱动。

2.3　发展中国原创智能科学基础理论的重要性

近代工业文明及其科学技术源于西方,而不在当时最强大的中国,这是一个历史学界的重要难题。当时中国各行业都很发达,各阶级民众相当富裕,属于自给自足的状态。这削弱了发展工业技术的动机,或者说对工业化产品需求不足;同时却在文化和艺术上不断成长,讲究阴阳五行相生相克的哲学研究,讲究修身养性与天人合一的状态。而当时的欧洲,各国之间战争不断,他们对资源的渴望正是由于缺少才如此强烈,这种渴望直到现在仍在持续。其单靠人力无法满足,于是开始出现批量的人工流水线,更进一步地发明了机械并配备动力,出现了第一次工业革命。人们逐渐依赖工业文明带来的成果,同时逐渐放弃了对天地人之间关系的思考,只想通过技术改变环境而不改变人本身。

任何系统变化的过程都是内外部事件相互广泛作用的结果。而工业文明以来,为了高效准确地定义和解决问题,形成了整分合的机械还原方法论。其特点在于将系统根据目标划分为子系统,实现子系统功能后组合形成系统。表面上前、后两个系统是相同的,但实际是不同的,因为没有考虑在目标范围之外的子系统间的相互作用。例如,美国科学院院士南希埃文森教授[17,18]指出,实际系统的故障要比我们设计过程中能够想象从而避免的故障多得多。她认为这是由于系统内部、外部相互作用导致意外的能量、物质和信息传递造成的。

目前的科学体系是一种打补丁的形式,遇到问题后拆解问题,逐个解决再组装起来。这对一般规模的系统是可行且简单的。但现在的系统越来越复杂,在解决问题的同时可能带来新问题,这就是不考虑系统内部、外部事件相关性的后果。例如,复杂的软件系统补丁、汽车缺陷的召回都是这种情况。这种情况继续下去可预见西方科技体系终将背负沉重包袱而难以发展。

面对大数据和智能时代,这种现象更为突出。为何使用大数据进行分析,因为在现有科技体系中,西方思想无法理解天人合一的世界观。由于系统过于复杂,他们无法确定影响因素,只能从系统散发的数据了解系统结构。这完全无法形成由数据到因素或从因素到数据的映射,在这种情况下建立的智能系统只是数据分析工具,缺乏基本的智能理解能力。

智能体现的理解能力应该基于完备的概念网络而不是大数据;从因素出发映射到数据变化;广泛联系自身和外部环境的相互作用;弱化低层的解析关系,强化顶层的逻辑关系。这样,人工智能系统才能更加接近自然系统。在解决人工智能问题上东方思维占有先天优势。在漫长的历史中,我们没有获得大数据支持而参透天地万物互联关系,所谓道生一,一生二,二生三,三生万物。万物负阴而抱阳,冲气以为和。人之所恶,唯孤、寡、不谷,而王公以为称。故物或损之而益,或益之而损。人之所教,我亦教之,即所谓道法自然。道即是万物互联关系(或作用关系),任其数据变化、环境多样也万变不离其宗。这就是人思维的特点,也是人工智能成功的必由之路。道源于中国,我们的人工智能思想必定优于现有西方思想的机械还原方法论。

西方世界一直致力于对我国尖端技术的封锁,这也给我国造成了发展障碍。但就方法论而言,工业革命前属于中国传统道的方法论,工业革命后转而发展了机械还原方法论。目前,我国科技工业体系大部分传承了机械还原方法论,在这种理论体系下很难摆脱西方限制。但智能科学发展到今天,原有机械还原论是难以胜任的,只有东方思维才能提出符合智能的方法论并最终实现。

2.4　中国智能科学的机遇大于挑战

这是机遇和挑战并存的时代,美国联合西方发达国家组成对我国的技术封锁联盟。国家是形式上的,经济是物质上的,方法论是精神上的。由于西方形成的机械还原方法论导致这些国家发展缓慢,社会矛盾激化,进而影响经济,最终导致国家危机。表面上显露的问题的原因往往是本质上的方法论的问题。

中国原创智能科学基础理论是中国古老哲学的方法论体现,这决定了在发展过程中,以开放的态度吸纳所有有益思想。例如:钟义信教授的信息生态方法论[16];汪培庄教授的因素空间理论[19];何华灿教授的泛逻辑学[12];蔡文教授的可拓理论[20];冯嘉礼教授的属性论[21];赵克勤教授的集对分析方法[22]等,都是我国传统哲学配合当代科学理论涌现出的方法。

综上,工业革命之前的中国是道的方法论,之后机械还原论在中国发展,信息革命中机械还原论仍发挥作用,但智能革命更应该以道的方法论作为统领。虽然我们也面临着各种外部挑战,只要发挥方法论上的优势,以开放的态度吸纳优秀思想,相信在智能革命的这场博弈中,中国原创智能科学基础理论和中国智能科学的发展必将机遇大于挑战,并最终推动智能革命的技术迭代,重返世界舞台中心。

本 章 小 结

① 空间故障树理论发展的四个阶段是理论发展的缩影,是从解析到推理、从数据到因素、从具体科学到哲学的过程。

② 智能科学应是因素驱动的,数据驱动只是权宜之计,必将向着因素驱动发展。

③ 中国原创智能科学基础理论是先进的,这与中国传统道的思想有关,讲究万物互联而非机械还原。

④ 中国智能科学的机遇大于挑战,因为东方思维模式具有天然优势,虽然这种优势不适合工业时代,但在智能时代是决定性的。

本章参考文献

[1]　崔铁军,李莎莎.安全科学中的故障信息转换定律[J/OL].智能系统学报:1-7 [2019-12-29]. http://kns. cnki. net/kcms/detail/23. 1538. TP. 20191205.1008.002.html.

[2]　李莎莎,崔铁军.基于空间故障网络的系统故障发生潜在可能性研究[J/OL].计算机应用研究:1-4[2020-05-29].https://doi.org/10.19734/j.issn. 1001-3695.2019.10.0592.

[3]　崔铁军,李莎莎.少故障数据条件下 SFEP 最终事件发生概率分布确定方法[J/OL]. 智能系统学报:1-8[2020-05-29]. http://kns. cnki. net/kcms/detail/23.1538.tp.20200325.1928.010.html.

[4]　崔铁军,李莎莎.系统运动空间与系统映射论的初步探讨[J/OL].智能系统学报:1-8[2020-05-29]. http://kns. cnki. net/kcms/detail/23.1538. TP. 20200323.1535.006.html.

[5]　崔铁军,汪培庄.空间故障树与因素空间融合的智能可靠性分析方法[J].智能系统学报,2019,14(5),853-864.

[6]　崔铁军,李莎莎.空间故障树与空间故障网络理论综述[J].安全与环境学报,2019,19(2):399-405.

[7]　崔铁军,李莎莎,朱宝岩.含有单向环的多向环网络结构及其故障概率计算[J].中国安全科学学报,2018,28(7):19-24.

[8]　崔铁军,马云东.基于因素空间中属性圆对象分类的相似度研究及应用[J].

模糊系统与数学,2015,29(6):56-64.

[9] 崔铁军,李莎莎,马云东,等. 不同元件构成系统中元件维修率分布确定[J].
系统科学与数学,2017,37(5):1309-1318.

[10] 崔铁军,马云东.DSFT 中因素投影拟合法的不精确原因分析[J]. 系统工程
理论与实践,2016,36(5):1340-1345.

[11] 崔铁军,马云东.多维空间故障树构建及应用研究[J].中国安全科学学报,
2013,23(4):32-37.

[12] HE HUACAN,LIU YONGHUAI,HE DAQIN,et al. Generalized logic in
experience thinking [J]. Science in China (Series E：Technological
Sciences),1996(3):225-234.

[13] Three-Valued Logic and Future Contingents[J]. The University of St.
Andrews,1953,3(13):317-326.

[14] EDWIN C KEMBLE. Reality,Measurement,and the State of the System
in Quantum Mechanics[J]. Williams and Wilkins Co. , 1951, 18 (4):
273-299.

[15] NIM. A Game with a Complete Mathematical Theory [J]. Harvard
University,1901,3(1/4):35-39.

[16] 钟义信.从"机械还原方法论"到"信息生态方法论"——人工智能理论源头
创新的成功路[J].哲学分析,2017,8(5):133-144,199.

[17] NANCY LEVESON. Moving Beyond Normal Accidents and High
Reliability Organizations：A Systems Approach to Safety in Complex
Systems[J]. Organization Studies,2009,30(2-3):227-249.

[18] NANCY LEVESON. A new accident model for engineering safer systems
[J]. Safety Science,2004,42(4):237-270.

[19] 汪培庄. 因素空间与概念描述[J].软件学报,1992(1):30-40.

[20] 蔡文,杨春燕. 可拓学的基础理论与方法体系[J].科学通报,2013,58(13):
1190-1199.

[21] 冯嘉礼,冯嘉仁,詹增修. 以属性为基础的知识库建库原则[J].计算机研究
与发展,1987(11):55-61.

[22] 赵克勤.集对分析与同异反决策[J].决策探索,1992(2):14-15.

第3章 数据-因素-算力-算法作用和关系

目前的研究认为人工智能的核心是数据、算法和算力,但因素在形成人工智能系统过程中是必不可少的。本章针对人工系统中的数据、因素、算力和算法的各自作用,及其相互关系进行了探讨和论证。本章从人工系统的内涵出发,描述了人工系统的发展过程。目前和今后的人工系统必将具有人工智能特征,而实现人工系统要充分考虑上述四个方面的相互作用。我们认为数据是人工系统辨识因素的基础,也是形成算法的基础;因素是人工系统控制自然系统的方法及算法所需变量;算法体现了因素与数据关系,可描述人工系统结构;算力是解算算法的能力,也需考虑数据和因素的特征。因此在人工系统建立过程中因素与数据、算法和算力具有相同的重要性。它们具有明显的作用关系,且普遍存在于各个学科,是形成各个学科理论基础体系的关键。

目前人工智能的研究正在迅速展开,也产生了众多的研究成果。笔者也将人工智能理论引入系统安全与故障演化过程的分析。在研究中,笔者提出了系统故障演化过程[1],描述系统故障过程;提出了空间故障网络描述系统故障演化过程[2-4],及相应的概念、数学模型和方法。空间故障网络理论可作为系统故障演化过程的智能分析方法。笔者进一步提出了系统运动空间和系统映射论[5],来研究人工系统和自然系统之间的数据流和因素流。人工系统是自然人发起建立的系统;自然系统是在自然状态下形成的系统。研究发现,除故障数据外,影响系统故障的因素起到了决定作用。这些因素由故障数据分析得来,而分析过程建立的算法则围绕这些因素和数据展开;同时由于算法的不同导致结果在相同算力下的时间成本差距很大。因此在研究空间故障网络理论过程中,数据、因素、算法和算力是相互制约的。而目前人工智能的三大要素是数据、算法和算力,这与实际情况有所差异,因素作用在人工智能形成过程中的作用可能被严重低估。

关于因素在人工智能领域的作用研究并不多见。这些研究包括人工智能企业颠覆性创新影响因素及其作用路径研究[6];因素驱动的东方思维人工智能理论研究[7];复杂环锻件生产动态扰动因素的智能管控技术[8];人工智能在银行业中对人的影响因素研究[9];基于结构方程模型的智能制造影响因素研究[10];不确定性因素下智能车路径规划研究[11];人工智能企业创新能力影响因素分析[12];集成人工智能和机器人的关键因素研究[13];基于因素空间的人工智能样本选择策略研究[14];智能挖掘机设计中的人机因素分析[15];机器学习和人工智能未来发展的因素研究[16];空间故障树与因素空间融合的智能可靠性分析[17];智能处理的基元-因素空间模型研究[18];机制主义人工智能理论的数学基础研究[19];智能制造发展影响因素研究[20]等。这些研究多数是分析具体问题中各种因素的作用,而未分析数据、因素、算法和算力作用,及其相互影响。这导致了因素在形成具有人工智能特征的人工系统过程中的作用难以被确认,进一步造成了将数据、算法和算力作为人工智能核心的既定事实。但由于缺乏对因素作用的认知,导致人工智能理论和方法目前只能围绕大数据分析展开,而难以寻找问题内在的联系和规则,导致人工智能的机械性,最终造成人工系统缺乏人的思维。

为研究因素在形成人工系统过程中的作用,研究数据、因素、算法和算力作用及相互关系,作者根据对系统故障演化过程的智能分析方法研究过程,论述了因素在形成空间故障网络(人工系统)过程中的作用。以建立人工系统为视角讨论了具有广泛意义的数据、因素、算法和算力关系。笔者认为因素在形成具有人工智能特征的人工系统过程中是必不可少的。

3.1　人工系统的内涵

任何事物的存在都表现为系统形式——存在即是系统。系统中各部分具有相关性,有能量、物质和信息的交换,不相关的事物即使在一起也无法组成系统。但现实世界中很难说一个事物和另一个事物无关,因为在一个系统中事物之间总是存在联系的,虽然形式可能不同,这是系统的相关性。系统由众多事物构成,又因为事物本身即为系统,因此一个系统也是由众多子系统构成的,这说明系统具有层次性。不同层次的系统结构、事物和关系可能都不相同,即使相同层次的子系统之间也是不同的。系统存在的根本原因是可完成预定的功能,即系统的目的性。正因为有目的,不同的事件由于外部作用组成系统完成目的。进一步地在目的性的基础上,系统内部各子系统和事物分工合作,系统外部统一实现功能,即为系统的整体性。由于系统内部的物质信息变化,如保持系统的功能不变,则必须改变系统内部结构和组成部分,即为系统的动态性。对应地,系统外部条件因素的变化也会作用于系统,导致系统功能改变,影响系统目的。因此系统必须具有环境适应性以抵抗环境条件的变化。因此可以总结目的性是系统存在的意义;整体性是系统存在的条件;相关性和层次性是系统内部机制;动态性和适应环境性是系统结构变化的动力。

从系统存在的目的性讨论,可将系统分为人工系统和自然系统。人工系统是自然人制造的,在规定条件下能完成预定功能的系统。人工系统从规划、设计、实施和运行都是由人完成的,如高铁、飞机、手机等,当然也包括关系系统、社会系统等系统。对应地,自然系统是根据自然规律,自然运行的系统。表象上难以了解这类系统的目的性,但它们是组成自然界的基本单元,如岩体系统、大气系统等。

我们主要关注人工系统的构建过程。人工系统是人类社会存在的标志。由人创造的任何具有目的性的事物都是人工系统。当然人工系统也随着人类的进步而进步。目前,人工系统普遍可以分为人、机、环、管四个子系统。人是人工系统的核心,是系统的建造者、使用者和受益者;机子系统是实现功能的工具;环子系统是人机工作的环境;管子系统主要规范人的行为。

进一步地,随着智能科学理论和大数据技术的发展,人工系统进入了具有人工智能特征的阶段,即人工智能系统。目前,以人工智能为代表的系统改变了原有人工系统结构。人的地位也发生了变化,人从人工系统的中心管控地位逐渐边缘化。当然人仍是人工系统的设计和受益者,但不再参与一般的生产活动;而只关注于异常情况的应急处理。机子系统成为人工智能系统的核心,包括硬件设备和软件部分。进一步地,我们将其细化为机子系统和智能子系统,前者负责实际工作,后者提供决策支持。环境子系统进一步弱化,因为不再需要考虑人对环境的敏感性,只需考虑环境对机子系统的作用;而机子系统通常对环境影响不敏感。管子系统可能消失,因为作为受约束主体的人子系统消失。因此,当代具有人工智能特征的人工系统至少应包括智能子系统和机子系统。再细化研究,机子系统负责实际工作,而如何工作,如何决策都由智能子系统控制。机子系统是完成预定功能的硬件设备,本身不属于智能科学范畴,因此当今和未来的人工系统的核心是智能子系统。人工智能系统的智能是模拟人对自然系统的响应,构建完善的响应机制就是实现人工智能的本质要求。

笔者认为,实现以人工智能为核心的人工系统,需要明确四个要素及其关系,即数据、因素、算力和算法。数据是目前人工智能的基础,由于人工智能的目的是代替人了解和控制自然系统,而自然系统存在的唯一标志是发散具有变化特征的数据[5],因此了解自然系统必然通过数据。算力是人工系统处理数据的运算能力,是解决问题的必要条件。算法是对人思维的抽象,是人对自然系统规律的理解。因素是自然系统变化的控制要素,是数据的标定,也是算法的基础。

图 3.1 给出了数据、因素、算力和算法的关系。笔者认为建立以人工智能为特征的人工系统,必须明确数据、因素、算力和算法的作用和关系,四者相辅相成,缺一不可。后继 3.4 节进行详细分析。人工系统的内涵是丰富的,下文在不引起歧义的情况下,将具有人工智能特征的人工系统中的智能子系统称为人工系统。因

为人工系统建立的核心是智能子系统。

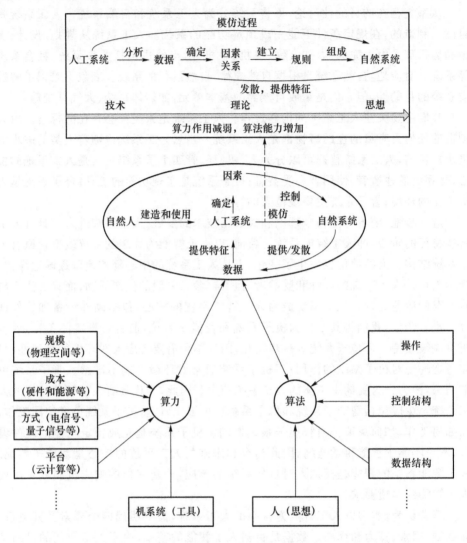

图 3.1 数据、因素、算力和算法的关系

3.2 数据的作用

数据是建立人工系统的核心。至少在目前以人工智能和大数据为代表的人工系统中处于核心地位。如图 3.1 中部,自然系统在因素变化的作用下发散出变化的数据。这些数据规模庞大,由于人的感知和处理手段限制,只能得到可以感知、

度量和处理的那部分数据。这部分可用数据可能只是原数据集的一小部分。

3.1 节提出，人工系统是代替自然人了解和控制自然系统的系统，因此人工系统必须了解自然系统的特征，这些特征都来源于数据。但可用数据不能完全提供自然系统特征，因此即使后期的算力和算法非常先进，也会由于数据的缺失导致分析错误。如果人工系统不能充分了解和控制自然系统，将导致人工系统难以完成自然系统功能或只能完成部分功能。

图 3.1 上部展示了人工系统模拟自然系统的过程。人工系统模拟自然系统首先从分析数据开始。数据的实质作用是确定自然系统的关系和因素。即通过数据变化来确定构成自然系统的因素和因素之间的关系。作者提出的空间故障网络[2-4]就是一种分析系统故障演化过程的智能方法。其目的在于了解系统故障过程，将故障过程抽象为网络结构。问题在于如何确定因素和因素之间的联系，及因素之间的逻辑关系。通过数据识别因素的方法是将因素的变化与数据的变化耦合，确定因素变化和数据变化是否有对应关系，且这些变化是否符合已有现象和规律。将因素按照一定规律变化，数据随之按照一定规律变化，期间其他因素不变，即可辨识该因素。确定了所有已知因素后，需进一步确定因素关系（也称因素的相关性），即确定所有因素的全集或子集或单一因素与其他子集或单一因素的关系。通过因素变化导致数据变化的一致性确定，如果一致，说明这些因素具有相关性。进而，可通过因素分析法[21,22]和系统功能结构分析法[23]来确定因素间的逻辑关系，这里不做论述。

可以说，在按照目前人工智能的现状建立人工系统的过程中，完备的数据是保障人工系统成功的关键。但相对于数据更为重要的是因素，数据的目的是识别因素。

3.3　因素的作用

因素和数据具有纠缠性。笔者针对人工系统与自然系统的因素流与数据流提出了系统运动空间与系统映射论[5]。前者用于测量系统的运动，后者用于分析因素流和数据流的关系。笔者认为系统运动的动力来源于因素改变，而系统发生运动的表象是系统发散数据的改变；数据变化是人能感知系统存在的条件，当然前提是数据可被感知。

因素流和数据流是两个重要概念，数据流从自然系统出发提供数据给人工系统；人工系统分析数据，确定因素，进一步选择可控因素对自然系统进行调控。这是自然系统与人工系统的物质、能量和信息的交换方式。如果数据流提供的数据能全部被人工系统感知、识别和解释，最终得到影响自然系统的全部因素，且人工系统能调控这些因素,那么人工系统将完全可以模拟自然系统。这种情况是理想状态,难以达到,除了数据不能完全之外,可控制的因素也少于全部因素。即使能全部识别数据,得到全部影响因素,以目前的水平也难以有效地控制这些因素作用于自然系统。由于数据感知和识别的问题,人工系统能分析的数据只是数据流的一小部分,这导致能识别的因素也只有很小一部分,能控制的因素更少。因此,人工系统无法实现自然系统的功能,或只能实现少部分功能。

图 3.1 上部过程展示了,通过数据确定因素和关系,因素和关系可建立规则,由这些规则组成了自然系统。由此可知,基础数据缺失导致因素辨识缺失,进一步导致关系识别困难,最终造成规则缺失。得到的规则可能只是自然系统规则的一小部分,且是近似规则,不能完全等效。这就是现在以人工智能为代表的人工系统难以代替人了解自然系统的本质原因。

因素对数据的影响是确定性的,优化的因素可以使数据清晰,去掉冗余和错误,且能降低数据维度。本质上将因素作为空间坐标轴,而数据是空间中的点,如果坐标轴正确,数据点的定位就是确定的。可以想象,因素和数据的对应关系是一个复杂的结构。自然系统是因素通过某一结构转化为数据的过程形式;而人工系统是数据通过另一结构转化为因素的过程形式,后者是人工智能和大数据分析的工作。这两个结构并不一样,因为它们的输入和输出是相反的,是映射关系且映射方向相反。这即是系统映射轮的基本思想。

3.4　算力的作用

如果人工智能系统作为核心的人工系统构建成功,那么另一个问题就是如何运行,其核心内容即为算力。与人工智能相比,人的思维能力明显更有优势,至少目前是。那么人工系统代替人的主要原因在于两个方面:一是该工作不适合人去做,适合由机子系统代替人去做;二是人的纯计算能力很低,由智能子系统代替更有优势。

目前大体上算力的发展有两个方向:一是资源集中化的算力;二是资源分散的算力。前者以云计算为代表,建立大型云计算中心,集中计算力量,将纯计算对各行业进行业务分析。通过云平台的建立,服务方更专业,运行成本减少,计算效率提高;客户则主要关注业务流程,通过租用云平台实现对数据的分析和业务决策,减少了硬件维护和软件开发成本。后者以边缘计算为代表,与物联网共同发展。边缘计算主要利用数量庞大的终端智能设备,且这些设备多种多样,可及时完成算力有限的任务。由于云计算资源集中,传输和使用受到限制,而边缘计算更为灵活但算力有限,因此两者的结合将是必然的。

实际上也有很多影响算力的因素。例如规模,因为保持算力的核心是硬件系统,硬件系统的规模往往是限制算力的关键,比如云计算和边缘计算就是硬件规模导致的应用场景差异。算力成本也是影响算力的因素,云计算的使用和维护成本明显高于边缘计算的终端智能设备。因此在水电充沛的贵州省,很多科技企业建立了云计算中心。成本是算力发挥作用的保证。算力方式是算力提高的有效途径。例如,信号的一位两状态表示方式和一位四状态表示方式,其算力将呈指数倍地增长。前者是传统的电信号状态,后者是量子信号状态,差别很大。平台是限制算力的因素。例如,云计算和边缘智能设备的算力差别是显而易见的。

算力是保障人工系统实现的基础,是机子系统,是工具。算力的提高往往依靠科技进步和大型科技企业的发展。但算力的发展与人工系统模拟自然系统的能力并不等同。人工系统的目的是完全模拟自然系统变化和反应,进而模拟和代替自然人的思维和工作。从图 3.1 的上部可知,在人工系统模拟自然系统的过程中,首先数据分析是需要最强算力的;由数据确定因素和关系虽需要算力,但也需要智能的因素分析算法;而其后的建立规则和组成自然系统的过程更多的是思维层面的算法。因此,在上述过程中,算力的作用逐渐减小。因此单纯依靠目前人工智能构建的人工系统难以进行高级的规则建立和自然系统构造,而只能是低层次的数据分析、因素辨识和关系确定。

3.5　算法的作用

与算力对应,算法的发展较为简单,限制更少。人工智能目前主要有三大流派:结构模拟流派,认为人工智能可通过构建与人脑结构相似的结构,通过输出和输入的对应关系实现学习固化结构来模拟人的思维,如神经网络[24-26];功能模拟流派,认为人工智能源于人脑逻辑,进而抽象为数学逻辑,将人的认知和思维以符号为基本单元进行表示,认知和思维过程等同于众多单元符号的运算过程,如物理符号系统[27-30];行为模拟流派,认为人类行为是有机体对外界环境变化进行的自主响应行为,并通过身体行为表现出来,可通过外界环境变化预测主体响应行为,从而达到人工智能的目的,如感知行为系统[31,32]。虽然这些人工智能的流派思想和具体实现方法不同,但它们都是基于一定思维的方法流程,将这些流程通过数学模型展示出来即形成算法。

与算力相区别,算法的发展多以个人为单位出现。算法是思想的形式化,思想源于个人,而且将思想转化为算法不受算力对规模、成本、方式和平台的限制。因此具有革命和创新的算法往往源于个人,也是目前人工智能研究最为广泛的领域。

算法是提高数据使用效率的关键,而算法的核心即为表达式和参数的设计。

对于人工系统和自然系统而言,自然系统可作为表达式的因变量;表达式中的参数是因素的具体值;而表达式本身就是人工系统模拟自然系统的结构,即上文提到的系统映射。因此,算法的优劣影响着算力的发挥,同时也受到因素和数据的影响。从图3.1的上部可知,在人工系统模仿自然系统的过程中,源于思维的算法作用越来越强,同时算力作用逐渐减弱,因为算法更能体现人的高级思维。

3.6 数据-因素-算力-算法的相互关系

上文论述了数据、因素、算力和算法之间的联系和相关性,它们有如图3.1所示的形式和作用关系。将人工系统和自然系统作为对象,对上述四个方面的关系进行梳理,可得图3.2。

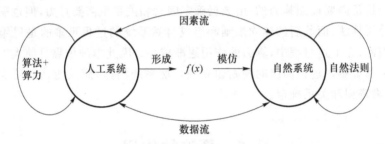

图 3.2 人工系统和自然系统与数据、因素、算力和算法的关系

算法和算力是对人工系统而言的,算力代表了人工系统形成数据流到因素流之间映射关系 $f(x)$ 的计算能力,主要取决于人工系统的硬件设置和物理特征;算法代表了人工系统形成映射关系 $f(x)$ 的方法论,目前主要来源于人的思维创新活动,是人工系统形成真正意义上人工智能的关键领域。算法和算力共同构成了人工系统,形成了映射 $f(x)$ 的基本能力,算力是基础,可通过巨量的枚举寻找适当的映射 $f(x)$;算法则是在算力基础上对计算过程的优化,压缩计算过程的时间和空间复杂性,进而等效为算力提高。由于算力受到硬件和物理性质限制,目前想通过基础方法提升算力较为困难,一般采用集成和叠加形式提高算力。而更有效的方式是设计优秀的算法来等效地提高算力,是人的创新思维活动,在面对复杂系统性问题时算法的作用优于算力。

因素和数据是人工系统通过算法和算力形成映射 $f(x)$ 的基础。数据流是人工系统从自然系统接收到的各种数据的集合,人工系统的重要任务是将这些数据分类,分类的结果就形成了因素。如果数据变化形成的数据流通过映射 $f(x)$ 得到稳定的因素分类,形成因素流,则该映射关系 $f(x)$ 是成功的。因素和数据之间对于人工系统存在着明显的关系,该关系是实现人工系统功能等效于自然系统功能的关键。

自然系统按照自然法则运行,人工系统模仿自然系统的首要任务就是确定这种法则。对于人工系统,自然系统的数据流是基础,人工系统通过因素流控制自然系统,期间形成的映射 $f(x)$ 就是描述自然法则的核心。具体的 $f(x)$ 就是我们通过大量实验得到的自然科学中各门类学科的各种公式,及描述系统的各类逻辑表达式,这些公式和表达式是对自然系统在不同侧面的描述。人工系统需要形成映射 $f(x)$,再通过映射 $f(x)$ 来模仿自然系统。如果将映射 $y=f(x)$ 比作函数,则 f 是该函数的结构,如加减乘除、积分微分、数理逻辑等;各种变量 x 代表了各种因素;x 在自然系统运行过程中的具体值的一系列变化成为数据流;y 代表了人工系统对自然系统在特定方面的模仿,是人工系统存在的目的。

$$f(x)=y=ax+b$$

该式是简单的线性映射函数,其中"$+$"代表了该映射的结构,x 代表了因素,y 代表了目标值。因此该式代表了人工系统模仿自然系统在 y 方面的规律,人工系统接收到 x 因素的数据,通过算法得到线性函数结构,以算力得到系数 a 和 b。所以各科学中的公式都是通过上述过程基于人工系统对自然系统的抽象,以使人工系统能模仿自然系统。面对更复杂的情况,进一步发展了结构模拟、功能模拟、行为模拟的人工智能三大流派,但实质上与该式的映射关系确定无异,只是采取的算法不同,也是由于算力在这些方面的效果不明显导致的。

综上,目前和今后以人工智能为代表的人工系统在模拟自然系统的过程中,应同时考虑数据、因素、算力和算法的相互作用。大体上,数据和因素是强作用关系,构成了因素流和数据流,前者从人工系统流向自然系统,后者从自然系统流向人工系统,相互耦合,建立了系统映射关系;算力和算法是强作用关系,算力主要在人工系统模拟自然系统的开始阶段发挥作用,算法则在后期起到主要作用。当然,我们的目的是建立具有人工智能特征的人工系统,从而模拟自然系统。更具体地可将该过程等效为函数映射,人工系统结构可具体化为函数解析式。算法体现了函数解析式的分析方式,因素则是函数中的变量,数据是函数中的因变量和自变量数值,算力是求解该函数的能力。可见,实现具有人工智能能力的人工系统必须同时考虑数据、因素、算力和算法,及其相互作用。

本 章 小 结

本章主要研究了构造具有人工智能特征的人工系统过程中,数据、因素、算法和算力的关系,主要结论如下:

① 论述了人工系统的内涵。人工系统是区别于自然系统的,由人设计、建造、

运行和维护的系统。人工系统是代替自然人了解和控制自然系统的系统。构建人工系统的关键是确定数据、因素、算法和算力的作用及其之间的关系。

② 论述了数据、因素、算法和算力的作用,并证明了它们之间具有相互联系和不可取少的性质。数据是自然系统散发出来的,是人工系统辨识因素的基础,也是形成算法的基础;因素是人工系统控制自然系统的方式,也是算法所需的变量;算法是体现因素与数据关系的、描述人工系统结构的方式;算力是解算算法的保障,同时需考虑数据和因素的特征。

③ 论述了数据、因素、算法和算力的相互关系。算力是人工系统形成映射关系的计算能力;算法是形成映射关系的方法论;数据是人工系统从自然系统接收到的各种数据的集合;因素是这些数据分类的结果。各科学的公式都是人工系统对自然系统的抽象,该抽象是通过数据、因素、算法和算力的相互关系实现的,最终形成映射,实现人工系统对自然系统在特定方面的模仿。

本章参考文献

[1]　TIEJUN CUI, SHASHA LI. Research on Complex Structures in Space Fault Network for Fault Data Mining in System Fault Evolution Process [J]. IEEE access,2019,7(1):121881-121896.

[2]　TIE-JUN CUI, SHA-SHA LI. Research on Basic Theory of Space Fault Network and System Fault Evolution Process [J]. Neural Computing and Applications,2020,32(6):1725-1744.

[3]　CUI TIEJUN, LI SHASHA. Research on Disaster Evolution Process in Open-pit Mining Area Based on Space Fault Network [J]. Neural Computing and Applications,2020,32(21):16737-16754.

[4]　SHASHA LI, TIEJUN CUI. Research on Analysis Method of Event Importance and Fault Model in Space Fault Network [J]. Computer communication,2020,159:289-298.

[5]　CUI TIEJUN, LI SHASHA. System Movement Space and System Mapping Theory for Reliability of IoT[J]. Future Generation Computer Systems, 2020,107:70-81.

[6]　欧春尧,刘贻新,戴海闻,等.人工智能企业颠覆性创新的影响因素及其作用路径研究[J/OL].软科学:1-10[2021-01-23].http://kns.cnki.net/kcms/detail/51.1268.G3.20210107.1744.020.html.

[7]　崔铁军,李莎莎.基于因素驱动的东方思维人工智能理论研究[J].广东工业

大学学报,2021,38(1):1-4.

[8]　周玉龙,袁梦,周永松,等.航空航天复杂环锻件生产动态扰动因素的智能管控技术[J].锻压技术,2020,45(12):7-14.

[9]　RIS KRUNOSLAV, STANKOVIC ZELJKO, AVRAMOVIC ZORAN. Implications of Implementation of Artificial Intelligence in the Banking Business with Correlation to the Human Factor[J]. Journal of Computer and Communications,2020,08(11):130-144

[10]　程媛,刘钒,向叙昭.基于结构方程模型的智能制造服务优化的影响因素研究[J].技术与创新管理,2020,41(6):548-555.

[11]　何滨兵,娄静涛,齐尧,等.不确定性因素下基于机会约束的智能车路径规划算法[J].军事交通学院学报,2020,22(10):81-89.

[12]　胡斌,吕建林,杨坤.人工智能企业创新策源能力影响因素分析[J].西安财经大学学报,2020,33(5):27-34.

[13]　UMAR BASHIR MIR,SWAPNIL SHARMA,ARPAN KUMAR KAR,et al. Critical success factors for integrating artificial intelligence and robotics[J]. Digital Policy, Regulation and Governance, 2020, 22(4): 307-331.

[14]　崔铁军,李莎莎.基于因素空间的人工智能样本选择策略研究[J/OL].智能系统学报:1-7[2021-01-23]. http://kns. cnki. net/kcms/detail/23. 1538. TP. 20200720.1730.006. html.

[15]　王维昌,王贵华,庞朝利,等.小型智能挖掘机设计中的人机因素分析研究[J].中国设备工程,2019(16):161-162.

[16]　王雄.影响大数据、机器学习和人工智能未来发展的 8 个因素[J].计算机与网络,2019,45(12):43.

[17]　崔铁军,汪培庄.空间故障树与因素空间融合的智能可靠性分析方法[J].智能系统学报,2019,14(5):853-864.

[18]　李兴森,许立波,刘海涛.面向问题智能处理的基元-因素空间模型研究[J].广东工业大学学报,2019,36(1):1-9.

[19]　汪培庄.因素空间理论——机制主义人工智能理论的数学基础[J].智能系统学报,2018,13(1):37-54.

[20]　孟凡生,赵刚.传统制造向智能制造发展影响因素研究[J].科技进步与对策,2018,35(1):66-72.

[21]　汪华东,汪培庄,郭嗣琮.因素空间中改进的因素分析法[J].辽宁工程技术大学学报(自然科学版),2015,34(4):539-544.

[22]　汪培庄,郭嗣琮,包研科,等.因素空间中的因素分析法[J].辽宁工程技术

大学学报(自然科学版),2014,33(7):865-870.

[23] 崔铁军,汪培庄,马云东. 01SFT 中的系统因素结构反分析方法研究[J]. 系统工程理论与实践,2016,36(8):2152-2160.

[24] MCCULLOCH W S,PITTS W. A logical calculus of the ideas immanent in nervous activity[J]. The bulletin of mathematical biophysics,1943,5 (4):115-133.

[25] ROSENBLATT F. The perception:a probabilistic model for information storage and organization in the brain[J]. Psychological review,1958,65 (6):386-408.

[26] HOPFIELD J J. Neural networks and physical systems with emergent collective computational abilities [J]. Proceedings of the national academy of sciences of the United States of America,1982,79(8):2554-2558.

[27] MCCARTHY J,MINSKY M L,ROCHESTER N,et al. Proposal for the Dartmouth summer research project on artificial intelligence [R]. Technology Report. Dartmouth:Dartmouth College,1955.

[28] SIMON H A. The sciences of the artificial[M]. Cambridge,MA,USA: MIT Press,1969.

[29] NEWELL A. Physical symbol systems[J]. Cognitive science,1980,4(2): 135-183.

[30] TURING A M. Computing machinery and intelligence[J]. MIND,1950, 59:433-460.

[31] BROOKS R A. Elephant cannot play chess[J]. Autonomous robert,1990, 6:3015.

[32] BROOKS R A. Engineering approach to building complete,intelligent beings[C]//Proceedings of the SPIE Intelligent Robots and Computer Vision VII. Boston,MA,United States,1989:618-625.

第4章 人和人工智能系统的概念形成

概念的形成是实现人工智能的基础,为研究人工智能系统中概念的形成过程,笔者从人对事物形成概念的过程出发进行了研究。人和人工智能系统的概念形成过程有如下区别:人的优势在于能自主地确定对象表象和对象功能中的各种特征和划分等,能在对象、描述性定义和功能性定义对应关系不完备的情况下通过思维和联想建立概念;人工智能系统的优势在于丰富的对象表象感知能力,对象的各种特征和划分的长期存储、运算和分析能力;而人工智能的概念形成过程存在的缺点基本与人的概念形成过程的优点对应。因此,笔者认为人工智能的概念形成过程必须关注因素的智能识别、功能的系统实践和人经验知识的有师学习。在缺乏人经验知识的情况下,人工智能系统不能自主建立概念和知识库,不能实现智能过程。

人工智能理论和技术不但是一个纵向科学门类,也是各领域都在积极研究的横向科学。人工智能是通过计算机的硬件和软件系统来模仿人的思维结构、能力和行为的综合性系统工程。人工智能的目标是具有自主性的智能分析,但无论是计算机的硬件还是软件系统都是人设计和制造的,那么人工智能必然受到人意识的局限,而脱离人的经验知识,人工智能系统本身将难以实现自主智能。那么在上述过程中人工智能系统如何实现智能是关键问题,而人的智能形成过程具有借鉴意义。智能在于思维、推理和决策等能力,而这些能力的根源是知识,这些知识存在于基本概念和这些概念的相关性之中,因此人工智能系统实现智能的前提是系统具有自主形成概念的能力。

关于人工智能系统的概念形成问题已有一些研究,包括江怡[1]对人工智能与自我意识区别的概念进行了研究;颜佳华等[2]对智能治理与智慧治理概念及其关系性进行了辨析;李国山[3]研究了人工智能与人类智能概念的关系;钟义信[4]研究了人工智能的概念、方法和机遇;许立波等[5]对知识智能涌现创新的概念、体系与路径进行了研究;郭伦众等[6]提出了一种基于最大满矩阵生成概念格的算法;侯小丰[7]对于形而上学的概念生成方式进行了研究;李进金等[8]研究了形式背景与协调决策形式背景的属性约简与概念格生成方法;田杰[9]研究了基于信息-知识-智能转化律的情报概念;王旭阳等[10]基于概念关联度对智能检索进行了研究;张家精等[11]使用云模型对隶属概念判定中阈值进行了确定;孙福振等[12]对概念语义生成与文本特征选择进行了研究;刘海生等[13]基于可拓智能体进行了概念设计。笔者也进行了一些相关研究,包括系统故障因果关系分析的智能驱动方式[14]、系统可靠-失效模型的哲学意义与智能实现[15]、文本因果关系提取[16]、人工智能系统故障分析原理[17]、人工智能样本选择策略[18]、空间故障网络的柔性逻辑描述[19]、安全科学中的故障信息转换定律[20]、空间故障树与因素空间融合的智能可靠性分析[21]等。目前多数研究是围绕大数据的智能分析方法展开的,从数据中了解因果关系及区分因素,虽然取得了良好效果,也得到了人本身难以理解但现实存在的概念和关系,却造成了概念和因素关系的不可解释性。实际上大数据分析提供了研究对象的因素特征,这在人工智能的概念形成过程中起到了因素智能识别的作用。但对于概念形成过程的其他方面而言大数据技术贡献较少,特别是在知识库尚未形成时,即对象、描述性定义和功能性定义未形成对应关系时人工智能系统本身不具备形成概念的能力,更不具备自主建立知识库的能力。

针对上述问题,笔者研究了人的概念形成过程,并与人工智能系统的概念形成过程进行对比。笔者认为人工智能系统与人的概念形成过程的优势和劣势形成互补,人工智能系统的概念形成特点在于超强的感知和存储计算能力,但缺乏不完备信息条件下的概念形成能力;人的概念形成特点在于有限的感知能力,及在较强的不完备信息条件下的抽象和思维能力。因此本书参考人的概念形成过程,研究了人工智能系统的概念形成过程中需要面对的问题和解决方法。

4.1 人的概念形成过程

人对于存在事物的理解是从人的感官开始的,终于人对事物具体功能的认知。我们将事物本身称为对象,对象的客观存在状态和作用对于人对对象的理解和概念形成并不起绝对作用,而只有落在人能感知和理解范围内的因素和功能才是形成人对对象的概念的关键,这是一个复杂的过程,如图4.1所示。

图4.1中所有过程的存在源于对象的存在,即客观存在的事物,该对象与人能感知并理解的对象并不相同,人能感知和理解的对象是客观对象的一部分。由客观对象出发,人可从两个方面对对象进行感知和理解:一条途径是对象的表象;另一条途径是对象的功能。

知识化概念(对象 A,(描述性定义对象(视觉(对象因素 1(因素特征 1(范围 1),因素特征 2(范围 3),…,因素特征 I(范围 2)),对象因素 2(…),…,对象因素 N(…),背景因素 1(…),…,背景因素 M(…)),听觉(…),味觉(…),触觉(…),…),(功能性定义对象(对象功能 1(功能特征 1(范围 3),功能特征 2(范围 2),…,功能特征 J(范围 4)),对象功能 2(…),…,对象功能 P(…))))

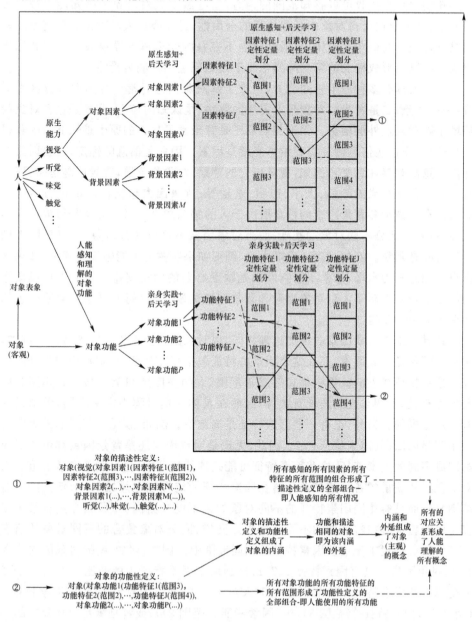

图 4.1　人的概念形成过程

　　对象的表象是对象存在的表现形式。例如,苹果存在的表象是以各种数据信息形式展现的,包括颜色、重量、形状等。在不借助其他设备的情况下,这些表象都是通过人的直观原生能力感知的,这种感知受限于人的先天条件。而这些人的原生感知能力只能接收可以感知范围的信息,这导致了人对对象的感知能力被严重限制了,这将影响所得对象内涵和外延的全面性,进而降低人对对象的理解程度得到具有片面性的概念甚至错误,最终建立不完备的知识体系导致人的认识和思维错误。所以人形成概念的第一障碍来源于人的原生感知能力受限。

　　尽管人具有多种原生感知能力,但在了解对象信息时都可分为两部分区别对待:一是对象;二是背景。对象是人关注的事物,是认知的核心;背景是包含对象的环境中除对象之外的信息。无论是对象还是背景都可从人的原生感知能力中获得各种信息,而这些信息的分类归纳基准就是因素。因素是信息的标定,失去因素的标定信息没有存在意义。例如,视觉感受的苹果,对象是苹果,背景可能是树,那么对象因素包括苹果的颜色、大小、形状、重量等;背景因素包括树的颜色、形状等。对象因素的数量和背景因素的数量取决于人的感知能力。对象因素是形成概念的主体,也是人区分不同对象的基础;而当对象因素不足以区分对象时,背景因素则可进行补充判断。例如,红色、巴掌大小、圆形如果在树上可能感知为苹果,如果在海里可能感知为水母,如果不能判断则是缺乏必要的因素支持。所以人形成概念的第二个障碍来源于人对对象因素和背景因素的缺乏,它们主要从人的原生感知和后天学习中获得。

　　背景因素与对象因素的形成机理相同,以对象因素为例说明因素特征。例如,苹果的颜色是对象因素,那么这个因素的特征包括亮度特征、色调特征和饱和度特征。这些特征在人的认识中都具有感知范围,人的亮度感知范围与人眼焦距和瞳孔尺寸有关,色调与光的波长有关等,虽然在具体应用过程中定义不同,但都是具有一定范围的。另外,也有一些因素特征是离散值。例如,视觉上苹果的外表面有两个明显内凹,其因素特征是2。因此,无论是对象因素还是背景因素都可能对应相同或不同的因素特征,这些因素特征可能是连续的范围,也可能是离散的值。人对对象感知获得的各种信息总是落在因素特征的定性和定量域(一个特征的所有范围)中,而具有相同因素特征的不同对象如果不能归为同类,那么必然有某个或多个因素特征落在特征域的不同范围内。同样,同类对象集合的不同对象的所有因素特征必将集中于这些因素特征的相同范围中。例如,对象 A 的对象因素为因素 1,对象因素 1 具有因素特征 1、2、I,分别落于因素特征 1 的范围 1、因素特征 2 的范围 3 和因素特征 I 的范围 2,这时人对于 A 的理解为对象因素 1(因素特征 1(范围 1),因素特征 2(范围 3),…,因素特征 I(范围 2)),或者是满足上述要求的是对象 A。如果对所有对象因素 1 的所有因素特征进行范围划分,那么得到的所有特征组合的数量是所有因素特征范围数量的乘积 O。如果考虑所有对象因素和背景因素,这时人对于 A 的理解为视觉(对象因素 1(因素特征 1(范围 1),因素特征 2(范围 3),$\cdots$,因素特征 I(范围 2)),对象因素 2($\cdots$),$\cdots$,对象因素 N($\cdots$),背景因素 1($\cdots$),$\cdots$,背景因素 M($\cdots$)),或者是满足上述要求的是对象 A,那么得到的所有特征组合的数量是 $O\times(N+M)$。如果考虑人的所有原生感知能力,这时人对于 A 的理解为对象(视觉(对象因素 1(因素特征 1(范围 1),因素特征 2(范围 3),$\cdots$,因素特征 I(范围 2)),对象因素 2($\cdots$),$\cdots$,对象因素 N($\cdots$),背景因素 1($\cdots$),$\cdots$,背景因素 M($\cdots$)),听觉($\cdots$),味觉($\cdots$),触觉($\cdots$),$\cdots$),或者是满足上述要求的是对象 A,那么得到的所有特征组合的数量是 $O\times(N+M)\times$ 原生感知种类的数量 Y。这样构建了因素及其划分组成的因素特征空间,将该空间划分为 $O\times(N+M)\times Y$ 个子空间,每个子空间对应了一类对象的表象描述,即每个特征域中必然有且只有一个范围存在于该描述中。例如,圆形红色是苹果,椭圆形黄色是梨,因素特征形状和颜色组成了对象的表象描述,圆形和椭圆形在因素特征形状的不同划分范围内,红色和黄色在因素特征颜色的不同划分范围内,这是由形状和颜色组成的因素特征子空间;也可能存在某个子空间没有对应的实际对象,例如三角形黑色不对应于任何水果。上述构建的空间是人感知所能得到的对象表象信息的全域,可总结为所有感知的所有因素的所有特征的所有范围的组合形成了描述性定义的全部组合,即人能感知的所有对象表象。上述过程需要通过人的原生感知和后天学习才能实现,而后天学习则是构建上述空间和划分的主要途径,因此人形成概念的第三个障碍来源于人的后天学习。

人对于客观存在的对象形成概念只通过对象表象形成的描述性对象定义是不够的,因为人了解存在的对象需要有动力和目的,这主要体现在对象的功能,而这些功能必须是人能感知和理解的。一个对象从不同角度可能具有很多功能,这些功能必须被人理解和使用,即只要人无法感知和理解的功能,则可认为它们不存在。对象功能一方面来源于人的后天学习,即获取先人已有经验;另一方面来源于人的亲身实践和尝试,因此人形成概念的第四个障碍来源于人的实践能力。

对象的功能也可看作是对象的特殊因素,其也具有多个功能特征。例如,苹果的对象功能是可以吃,功能特征是口味、水分等。与对象因素相同,每个对象功能的每个功能范围都可划分为多个子范围。例如,对象 A 的对象功能 1 具有三个功能特征,功能特征 1、功能特征 2 和功能特征 I,具体程度范围分别为范围 1、范围 2 和范围 4,那么对于 A 的理解为对象功能 1(功能特征 1(范围 3),功能特征 2(范围 2),$\cdots$,功能特征 J(范围 4)),或者是满足上述要求的是对象 A。如果考虑对象 A 的所有对象功能,那么 A 的理解为对象(对象功能 1(功能特征 1(范围 3),功能特征 2(范围 2),$\cdots$,功能特征 J(范围 4)),对象功能 2($\cdots$),$\cdots$,对象功能 P($\cdots$)),或者是满足上述要求的是对象 A。因此所有对象功能的所有功能特征的所有范围形成了功能性定义的全部组合,称为功能特征空间,即人能使用和感知的所有功能。

所有特征组合的数量是所有功能特征范围数量的乘积 O'，那么功能特征空间的子空间数为 $O' \times P$。

人对对象的概念形成过程是从对象出发，将对象、对象表象和对象功能相对应的过程。对象本身为概念的外延，对象的表象和功能是概念的内涵。对于相同的对象，可以连接因素特征空间的某个子空间和功能特征空间的某个子空间构成具备外延和内涵的概念，形成针对该对象的一条知识。例如，对象 A 的知识化概念(对象 A，(描述性定义对象(视觉(对象因素 1(因素特征 1(范围 1)，因素特征 2(范围 3)，…，因素特征 I(范围 2))，对象因素 2(…)，…，对象因素 N(…)，背景因素 1(…)，…，背景因素 M(…))，听觉(…)，味觉(…)，触觉(…)，…))，(功能性定义对象(对象功能 1(功能特征 1(范围 3)，功能特征 2(范围 2)，…，功能特征 J(范围 4))，对象功能 2(…)，…，对象功能 P(…))))。如果没有对象，也可通过因素特征空间的所有子空间与功能特征空间的所有子空间的多对多对应关系建立概念的内涵，这样的内涵数量为 $O \times (N+M) \times Y \times O' \times P$，可认为是人在可感知范围内的知识总量。进而人可通过实践和观测找到适应某个内涵的外延对象，最终建立一条具备对象、描述性和功能性定义的知识，该过程是人的抽象思维和思想活动。

综上，人基于实践、学习和联想能了解可能存在的所有情况，这些情况就是所有的概念。人是通过因素和功能来标定所有可感知的对象并形成概念的。在已知的概念基础上才能基于因素和功能进行推理，构建复杂的知识系统。

4.2 人工智能的概念形成过程

人工智能的功能是模仿人的智能决策过程，目前人工智能主要有三个流派(结构流派)、功能流派和行为流派，它们分别认为应从模拟人脑结构、功能作用和身体行为方面实现对人智慧过程进行模拟，是在不同层面的模仿。因此目前人工智能的概念形成过程仍是围绕人的概念形成过程展开的模拟，其基本过程如图 4.2 所示。

图 4.2 中的人工智能概念形成过程与图 4.1 过程类似。需要客观的对象存在，且对象具有对象表象和对象功能。对象表象的感知在人工智能系统中得到了极大丰富，与人的原生能力不同，人工智能系统可使用非常多的感知和监测手段使人工智能系统在需要时具有最大化的监测能力。不同监测能力得到的数据中存在对象因素和背景因素，区别它们是人工智能系统面临的主要问题，这取决于系统目的，一般通过人已有知识的有师学习和系统的智能辨识实现。有师学习需要人的经验和思维，系统智能辨识需要大量的基础数据、强大的智能分析算法和已经建立的知识库，目前基于大数据的智能分析就是系统智能识别的具体化方法。对于对象因素和背景因素而言，同样具有多个因素特征，这与人的概念形成过程相同，相同的过程也包括因素特征的划分，因素特征空间建立和子空间的形成过程，最终得

到对象的描述性定义。人工智能系统与人相比最大的优势在于监测能力的多样性和因素特征划分和空间的完备性,缺点在于缺少智能辨识能力,包括因素识别、特征确定和范围划分,需要在人的帮助下进行有师学习,也缺乏人对概念的理解过程等高级思维。

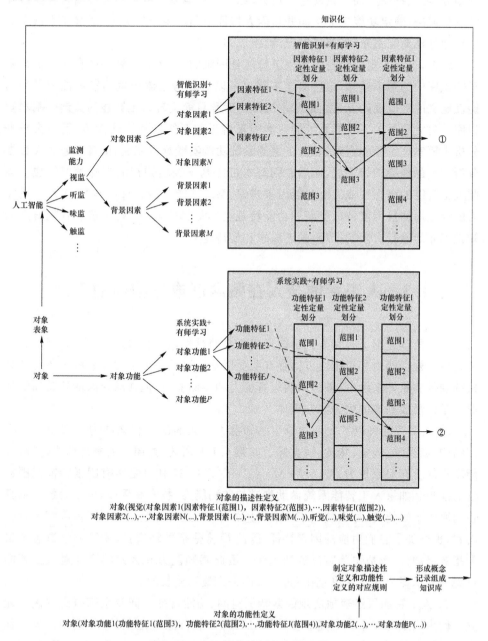

图 4.2　人工智能的概念形成过程

人工智能系统对对象功能的感知过程与人的感知过程基本相同,这里不再赘述,最大的区别在于该过程需要系统自身的实践能力和人的帮助。系统需要在完成对象描述性定义后自发的实践该对象的功能,从而建立对象功能、功能特征、范围划分、功能特征空间。目前这是极其困难的,只能以人的经验直接输入智能系统的方法解决,确定功能特征空间并与因素特征空间产生对应关系,最终建立概念的内涵和外延对应关系,形成概念记录,组成知识库。

综上,目前实现完全自主的人工智能是困难的,因为人工智能的自主分析是基于知识库中的基本概念,这些概念实际上是以对象为主体产生的描述性定义和功能性定义的对应规则。建立最基本的知识库是目前实现人工智能的关键。基本知识库的建立需要人工智能系统的智能因素辨识和系统功能实践能力,目前大数据分析主要实现了智能因素识别,自主的系统功能实践难以完成;前者可通过大数据分析和人的经验知识完成,而后者则基本依靠基于经验知识的有师学习完成。因此人工智能的概念形成需要智能因素辨识、系统功能实践和有师学习,虽然监测能力的维度增加且因素特征空间和功能特征空间更加完备,但只能基于有限概念的知识库才能进行有限的推理,缺乏联想和创造能力。

4.3 人工智能与人在概念形成过程中的区别

上述两节介绍了人和人工智能形成概念的过程,它们在形式上类似,但信息收集、存储、处理能力和思维性方面存在明显区别。这里的人工智能系统主要是计算机的硬件和软件系统,具备强大的运算能力和存储能力,但在缺乏人的经验知识情况下难以形成基本的概念和知识库。

① 人工智能可以扩大人的原生感知能力。人的原生感知能力受限于人的生理结构,如视觉、听觉、味觉、嗅觉等。如第 4.1 节所述,按照人的概念形成过程,人能获得的所有知识量为 $O \times (N+M) \times Y \times O' \times P$,其中 O 是所有因素特征范围数量的乘积。如果人工智能系统借助先进的监测能力、技术和手段,可以增加人不具备的原生感知能力,那么相当于增加了感知维度,这对应地增加了对象因素和背景因素,也增加了它们对应的因素特征,因此 O 将呈指数级增长,最终导致概念数量的指数级增长,形成更为宽泛的知识库。因此感知能力和因素的增加对人工智能系统的知识库建立具有决定作用,这方面是人最不擅长的。

② 人工智能可迅速地实现因素特征空间、功能特征空间及全部概念内涵的建立。因为人工智能系统是建立在计算机硬件和软件系统之上的,与人相比具有强大的存储和运算能力。如果之前工作是充分的,得到的各类监测方面的因素、因素

特征、特征划分,及对象功能、功能特征、特征划分是完全的,那么必将可以建立完备的因素特征空间和功能特征空间及其子空间。这些子空间是形成概念内涵中描述性定义和功能性定义对应关系的关键,需要同时处于激活状态以便运算形成该对应关系;但人并不具备这样的能力,只能建立很少部分的对应关系,形成概念内涵。这也是人只能得到问题的近似最优解而无法通过枚举找到全局最优解的根本原因。

③ 人工智能可迅速地寻找内涵对应的外延。概念的内涵和外延应是对应存在的,由于人工智能在全部内涵的存储和运算方面的优势,可根据因素特征空间和功能特征空间的子空间对应关系来寻找具有该描述性定义的存在对象,进而使用人工智能系统的强大感知能力。寻找这些对象的过程较人而言更为快速高效,最终迅速获得内涵对应的外延。

④ 人工智能可迅速地联系外延和内涵形成概念和知识库。在计算机系统的支持下,人工智能系统可以通过对象及对象对应的描述性定义和功能行定义形成完整的概念,同时将概念以固定的形式形成知识,存入知识库。这些形式化的知识记录可以很方便地在计算机系统中进行运算和推理,以实现人工智能系统在结构、功能和行为上对人的智能进行模拟。

⑤ 人工智能系统的缺点是需要因素的智能识别、对象功能的实践及人经验知识的有师学习。在人工智能系统形成概念的过程中,遇到的两个主要问题是因素的智能识别和功能的实践。虽然人工智能系统在因素监测方面具有优势,但对各类信息中背景因素和对象因素的识别、因素特征的确定、特征划分存在问题,而这些是形成因素特征空间和对象描述性定义的基础。目前大数据分析技术基本上围绕上述三个方面进行研究,但所得结果缺乏可解释性,只是数据相关性的体现。上述三方面在不同程度上都需要使用人的经验知识进行先期加工,甚至这种有师学习是决定上述工作成败的关键。

⑥ 人可以在没有概念外延,甚至没有完整内涵的情况下进行关联性分析,形成抽象概念,但人工智能并不具备这种能力,其概念形成和推理必须有完整的内涵和外延。人在对象感知能力、知识库形成、存储和运算方面没有优势,但人具备更为高级的抽象能力,在对象、内涵和外延不完备情况下即可形成概念,对概念进行抽象和逻辑分析,即联想和思维能力。这种能力可通过人对对象表象的感知和在对象功能的实践中获得对应关系,产生基本的原始概念,形成基本的知识库;也可通过人的学习能力从前人的知识库中将概念转化到自身的知识库,当然该过程中可能造成不同人对相同对象的不同理解。但这种能力在没有原始概念和知识库的情况下,以目前的人工智能系统难以实现类人的思维和联想过程。

4.4 对人工智能概念形成的启示

基于前三节论述可得如下启示：人的概念形成受到原生感知能力，众多因素、因素特征及特征划分的存储和运算能力，众多功能、功能特征及特征划分的存储和运算能力的限制；但人可实现在对象、描述性定义和功能性定义不完备情况下的概念抽象和推理。相对地，人工智能系统的优势在于对对象表象的感知能力，对众多因素、因素特征及特征划分的存储和运算能力，众多功能、功能特征及特征划分的存储和运算能力；缺乏对基本概念和知识的生产能力。

由于人工智能是模仿人的思维结构、功能和行为，而人工智能的智慧来源于人经验知识构成的基础概念和知识库；人的经验受限于原生感知能力及对概念内涵和外延的存储和运算能力，所形成的知识具有片面性，这时基于此的人工智能推理也受到限制；但没有人的经验知识则无法形成人工智能的基础知识库。因此目前实现人工智能的基本途径应该是：基于人的先经验知识建立基本知识库；利用人工智能系统的强大感知能力增加感知因素细化特征范围；建立因素特征空间和功能特征空间；将描述性定义、功能性定义及对象构成概念；将概念形式化形成知识并存储于基本知识库；循环上述过程进而完成人工智能对自然世界的理解和学习。

本 章 小 结

人的概念形成过程是在潜移默化中实现的，虽然受到感知能力、存储能力和计算能力的限制，但人具有在内涵和外延不完备情况下的思维和联想能力，这不但弥补了上述能力的不足，还拓展了人的高级思维能力。相对地人工智能系统的概念形成过程的优势在于感知能力、存储能力和计算能力；劣势在于缺乏自主的因素识别、特征提取和划分，以及对象功能确定、特征提取和划分的能力；在对象、因素特征空间和功能特征空间没有完备对应关系的情况下没有思维和联想能力。

因此发展人工智能必须重视三个问题，即因素的智能识别、功能的系统实践和以人经验知识为基础的有师学习。目前，人工智能的主要技术是大数据分析，而大数据分析只能实现因素智能识别，而且得到的关系缺乏可解释性，因此基于大数据的因素识别方法并不完善。功能的系统实践要求智能系统本身能使用对象并确定对象功能，对应对象的功能性定义与描述性定理形成概念的内涵，该过程目前难以实现。目前最现实的解决方法只能通过人的经验知识先行建立核心知识库，人工智能系统才能具备智能分析基础,以此不断扩充知识库,从而达到实现人工智能系统的目的。

本章参考文献

[1]　江怡.对人工智能与自我意识区别的概念分析[J].自然辩证法通讯,2019,41(10):1-7.

[2]　颜佳华,王张华.数字治理、数据治理、智能治理与智慧治理概念及其关系辨析[J].湘潭大学学报(哲学社会科学版),2019,43(5):25-30,88.

[3]　李国山.人工智能与人类智能:两套概念,两种语言游戏[J].上海师范大学学报(哲学社会科学版),2018,47(4):26-33.

[4]　钟义信.人工智能:概念·方法·机遇[J].科学通报,2017,62(22):2473-2479.

[5]　许立波,潘旭伟,袁平,等.知识智能涌现创新:概念、体系与路径[J].智能系统学报,2017,12(1):47-54.

[6]　郭伦众,宋振明.一种基于最大满矩阵生成概念格的算法[J].智能系统学报,2015,10(6):838-842.

[7]　侯小丰.形而上学自由概念的生成与终结[J].学术研究,2015(9):12-19,36.

[8]　李进金,张燕兰,吴伟志,等.形式背景与协调决策形式背景属性约简与概念格生成[J].计算机学报,2014,37(8):1768-1774.

[9]　田杰.基于信息-知识-智能转化律视角的情报概念研究[J].情报杂志,2013,32(6):5-9.

[10]　王旭阳,萧波.基于概念关联度的智能检索研究[J].计算机工程与设计,2013,34(4):1415-1419.

[11]　张家精,王焕宝,倪友聪,等.云模型的隶属概念判定中阈值生成[J].计算机工程与应用,2011,47(24):125-128.

[12]　孙福振,李贞双.概念语义生成与文本特征选择研究[J].计算机工程与应用,2011,47(30):116-118.

[13]　刘海生,齐铁力.基于可拓智能体的概念设计自动化求解方法[J].机械设计与制造,2010(6):221-223.

[14]　崔铁军,李莎莎.系统故障因果关系分析的智能驱动方式研究[J/OL].智能系统学报:1-6[2021-02-18].http://kns.cnki.net/kcms/detail/23.1538.TP.20210129.1505.002.html.

[15] 崔铁军,李莎莎. 系统可靠-失效模型的哲学意义与智能实现[J/OL]. 智能系统学报:1-8[2021-02-18]. http://kns. cnki. net/kcms/detail/23. 1538. TP. 20201119. 1118. 004. html.

[16] 崔铁军,李莎莎. SFEP 文本因果关系提取及其与 SFN 转化研究[J]. 智能系统学报,2020,15(5):998-1005.

[17] 崔铁军,李莎莎. 人工智能系统故障分析原理研究[J/OL]. 智能系统学报:1-7[2021-02-18]. http://kns. cnki. net/kcms/detail/23. 1538. TP. 20200720. 1629. 004. html.

[18] 崔铁军,李莎莎. 基于因素空间的人工智能样本选择策略研究[J/OL]. 智能系统学报:1-7[2021-02-18]. http://kns. cnki. net/kcms/detail/23. 1538. TP. 20200720. 1730. 006. html.

[19] 崔铁军,李莎莎. 空间故障网络的柔性逻辑描述[J/OL]. 智能系统学报:1-8[2021-02-18]. http://kns. cnki. net/kcms/detail/23. 1538. TP. 20200714. 1022. 010. html.

[20] 崔铁军,李莎莎. 安全科学中的故障信息转换定律[J]. 智能系统学报,2020,15(2):360-366.

[21] 崔铁军,汪培庄. 空间故障树与因素空间融合的智能可靠性分析方法[J]. 智能系统学报,2019,14(5):853-864.

第5章　因素空间与人工智能样本选择

为了解决人工智能中莫拉维克悖论提出的问题,基于因素空间的思想提出了一种人工智能样本选择策略。通过因素空间论证了莫拉维克悖论的证确定,论述了人的选择过程即是比较过程的论断。人工智能样本选择策略认为人选择样本需经过三次选择,分别为选择适合的因素、因素概念相和因素量化相,样本空间中样本在这三次选择中逐渐减少,最终唯一。最终为实现策略,划分了研究对象,建立了选择策略层次结构,从而建立了人工智能样本选择策略网络模型。研究表明,过程中操作基本是因素及因素相的运算,之后才涉及少量的相测量和数据计算。该策略是人对样本的选择过程,也是人工智能样本选择应具备的策略。

人工智能是面向人的,具备类人能力的实体或方法。人的最基本的能力是对事物的选择能力。人能通过各种渠道获得知识,而这些知识的主要应用就是人面对问题时的选择。因此人工智能的最基本操作就是模仿人对问题做出选择。人的选择过程是从宏观到微观的过程,先选择关心的方面,再选择具体的定性定量特征,这是从内涵到外延的过程。目前,人工智能的三大主流学派及大数据和深度学习等都是基于数据的研究。即:首先从大数据的处理开始,再进行数据归类,分析各类别之间的关系,抽象为范围,再根据范围关系抽象为因素,最终用因素定义概念,完成外延到内涵的建立。因此人对样本的选择过程与现有人工智能样本选择过程是相反的。

关于人工智能的处理过程、理念及模型等有一些研究。知识驱动的智能生态网络研究[1];基于功能模型和层次分析法的智能方案构建[2];基于深度确定性的智能车汇流模型[3];多智能体情绪仿真模型[4];小波智能模型时序预测[5];智能电网可靠性模型预测[6];智能化云制造系统[7];智能网联环境下的车辆跟驰模型[8];智能制造成熟度评估模型[9];智能模型与自主智能系统[10];智能网联车环境下的数据转发模型[11];机制主义人工智能理论[12];人工智能的概念、方法、机遇[13];人工智能与科学方法创新[14]。这些研究各有所长,解决的问题也各不相同。但正如莫拉维克悖论[15]所述,高级的人类思维需要数据较少;反而人类的基本行为需要大量数据描述。这其实并不矛盾,高级思维涉及的因素很多;而基本行为则很少。人在分析问题时首先关注因素而不是数据;但人工智能方法需要大量数据。

为了解决莫拉维克悖论提出的问题,本章基于因素空间理论[16-18]和笔者的相关研究[19-26]对人的基本选择行为在人工智能框架下予以实现,最终建立了人工智能样本选择策略网络模型。

5.1 莫拉维克悖论

20世纪80年代,由莫拉维克等人提出了一种现象:像逻辑演绎这样的高级理性思维只需要相对很少的计算能力,而实现感知、运动等低等级智能活动却需要耗费巨大的计算资源,即莫拉维克悖论。

这也许成为人工智能发展的一个方向。目前普遍认为人工智能应涉及大数据智能理论;跨媒体感知;人机协同智能、群体智能、个体控制与优化、机器学习、类脑智能和量子智能等。但现有人工智能基础普遍基于大数据分析抽象形成数学模型,进而模拟人受外界刺激后的响应。当然这是当下较为有效的方法。也形成了三大人工智能流派,即结构模拟(人工神经网络)[27-29]、功能模拟(物理符号系统)[30-33]和行为模拟(感知动作系统)[34,35]。这些研究更加倾向于以数据为基础的分析,但这并不是人脑真正的问题处理方式。正如莫拉维克悖论所说,人脑擅长对于逻辑、理念及感情方面的处理;而具体的定量数值处理则不擅长。例如,别人送了一些苹果,你要选择一个吃掉。你首先会根据自己的经验来选择因素,从而判断选择哪个苹果,从苹果的颜色、大小、形状等方面进行判断。无论这次选择是否令你满意,其经验都会留在大脑中。相反一般不会有人拿着色谱、直尺等去对每一个苹果进行测量,再通过复杂的数学方法选择。高度抽象和演绎行为的多数信息来源于人的直观感受,如视觉、听觉、触觉、味觉等。这些不提供具体信息,而只是客观事物在某些因素的表象。人通过事前表象和事后效果来判断是否完成目标,并形成对应关系。因此笔者认为,人对事物的理解首先是因素层面的理解与运算,如果难以确定才会使用因素的相进行模糊或精确分析。

汪培庄教授提出的因素空间也对莫拉维克悖论提出了相同的观点:①只要找到描述因素,高级理性思维活动都是简单的;②低级本能活动之所以困难,是因为人们不知道使用何种因素描述它们;③因素由人输给机器,输给因素越多,机器越聪明。根据莫拉维克悖论,基于数据的人工智能方法很难完成对人脑智能的模拟;同时受大数据获得条件限制也难以完成对人脑智能的模拟。

5.2　人的选择等同于比较

人的思维、感情及逻辑推理基本是对少量样本进行的。人们从古至今都是在少量样本组成的样本空间中选择。不同在于由于信息及大数据技术的发展,选择的样本空间越来越大。因此从以前的信息不对称变成了选择综合症。实际上人脑对大样本空间有自己的处理策略。人脑将大样本空间细化,形成样本数量大致相同的子样本空间来处理,当然这和个人的记忆和处理能力有关。通常,人脑在子样本空间中选择最好的样本保留,这样多个子样本空间就得到了各自最好的样本组成下一轮样本空间进一步选择。该策略也应用于各大电商平台的购物车策略。在选择过程中人脑基本使用因素及其相之间的推理和运算,这种运算适合于人脑,且处理速度相当快。

在样本空间中选择最好样本的具体过程则是比较,更为具体的是两两比较,类似于冒泡法,由于人脑并不擅长并行处理。那么回到莫拉维克悖论,这时样本空间中的样本已经很少,同时也基本符合人脑根据经验、逻辑和推理得到的结果。在只能选择一个样本时,人脑将使用类似冒泡法进行比较。这时考虑苹果需要装入方形礼盒,而礼盒的尺寸是固定的,那么要具体考虑苹果的尺寸和形状因素的具体相。形状因素的相尽可能方正;尺寸因素的相尽量适合。对于尺寸的相可使用模糊和精确测量,当然这取决于样本数。可通过测量找到小于礼盒尺寸且又最接近礼盒尺寸的苹果放入礼盒。

因此可以说,人的思维、推理和判断过程是一个选择比较的过程,在比较的过程中样本数量是较少的,不需要大数据支持;通过选择适合的因素、因素概念相(如较大,红色)和因素量化相(如 10cm)来最终选择适合的样本。但这刚好与基于大数据的人工智能策略相反。

5.3　人工智能样本选择策略

人工智能选择是人工智能理论实现的方式之一。人工智能目标是使机器代替人进行工作,而人最基本的工作就是样本选择。因此,从莫拉维克悖论来看,人工智能完成样本选择应无须大数据支持,但现状却相反。这里笔者提出一种基于莫拉维克悖论和因素空间理论的人工智能样本选择策略。以人工智能系统本身为主体,将人、物和环境作为辅助系统,考虑选择因素、因素概念相和因素量化相,在环境系统中按照人的要求对物(样本)进行选择。图 5.1 为研究对象的关系图。

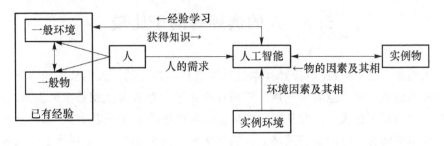

图 5.1 研究对象关系图

解释图 5.1 中符号的含义。①人工智能:代替人具有类人智能的实体或程序,其中包括信息接收、处理和存储的一系列子结构,但这里并不关心该结构。②人:指自然人,用于为人工智能提供需求、以往积累的经验及可能的推理和理智策略等。③一般环境:经验积累过程中出现的环境。④一般物:经验积累过程中出现的物。⑤实例环境:人工智能具体实施选择实例物时的环境。⑥实例物:人工智能具体实施选择的物。图中关系有人对一般环境和一般物的以往处理过程和结果形成的人已有经验;人向人工智能提出工作需求;实例环境提供人工智能可感知的因素及其相;实例物提供人工智能可感知的因素及其相;人工智能对实例物进行选择。

图 5.1 的研究对象中心是人工智能系统,而不是人。更为重要的是,该人工智能系统并不基于大数据,而基于人的已有经验。这些经验往往不是具体的或模糊的数值,而是上所述的因素及其相之间的逻辑推理和运算,结果形成了对应关系结构。这些操作在作为智能科学数学基础的因素空间理论中已有研究。该结构可定义为具体个人的喜好和偏向。选择具体对象时,根据这些偏好及对应的实例环境选择实例物。继续苹果的例子,考虑因素为尺寸∧颜色(∧表示合取[17]),相 f(尺寸)={大,中,小}和 f(颜色)={红,绿,黄},f(尺寸∧颜色)={大红,中红,小红,大绿,中绿,小绿,大黄,中黄,小黄}。人甲的偏好可能是大红;而乙则偏好小黄。那么他们挑选苹果时选择的因素是尺寸∧颜色,这是第一次因素选择。选择的相分别是大红和小黄,这是第二次因素概念相选择;苹果需要装入礼盒,考虑尺寸因素,度量礼盒(实例环境)尺寸和苹果尺寸(实例物),选择苹果,这是第三次因素量化相选择。对人而言,再复杂的选择都可通过这三步完成。目前各种方法论和数学方法等都是帮助人完成这三次选择的,同样也可帮助人工智能完成实例物的选择。

图 5.2 给出了类人的人工智能样本选择策略过程。这种策略分成三次选择实

例物。第一次选择基于人的经验,是人工智能对人的学习结果,是基于实例环境和实例物所提供的可比较因素而非数据条件下完成的因素选择。其特点是速度快且数据少,人的因素选择往往是一瞬间。当人深思熟虑时,可能面临的是多因素、多样本,且需要后两次选择参与。但对因素的选择不会花费太长时间,当了解人的偏好和需求时,人工智能也是如此。第二次选择是对第一次选择得到因素的相的选择,包括概念相和量化相。参考人的目的和偏好,比较不同实例物(样本空间)相同因素的不同概念相,进行实例物选择。第三次选择是更为具体的对因素量化相的测量。这时因素量化相可以是模糊范围或精确数值,比较实例环境与各实例物的匹配性,从而选择实例物。通过这三次选择逐渐减少样本数量,最终选择适合的实例物。

图 5.2　人工智能样本选择策略层次

图 5.3 给出了最终得到的人工智能样本选择策略网络结构。其中,f 代表因素,共 n 个;x 代表某因素下的因素相,共 m 个;$x_1^1, x_3^1, x_3^2, x_{n-1}^1$ 为因素概念相;$x_1^{m_1}, x_3^5, x_{n-1}^1$ 为因素量化相;Object( )表示实例物的目标函数。图中三个层次都对应一种网络结构。第一次的网络结构基于人的现有经验(逻辑、概念、心理、理智、主观、偏好),将所有因素与被选因素的对应关系形成网络结构,即何物需要何种因素进行选择。第二次的网络结构基于实例环境和实例物,将所有被选因素的所有相与被选相(概念相和量化相)组成网络结构,即该物可在相同因素的何种程度进行选择(只针对概念相选择)。第三次基于现有工具可测量的具体量化相,将所有量化相与目标函数形成网络。第三次是具体数据处理;第二次是因素相选择;第一次是

因素选择。因此从该角度看,人工智能样本选择策略使用的数据量应该很小;而多数处理来源于因素相的比较和因素选择,基于人的经验。这符合莫拉维克悖论,也可简化目前基于大数据的人工智能方法,为其发展提供一条选择因素、因素概念相和量化相的样本选择策略道路。可在样本空间中不断选择适合的样本,最终得到最优的样本。

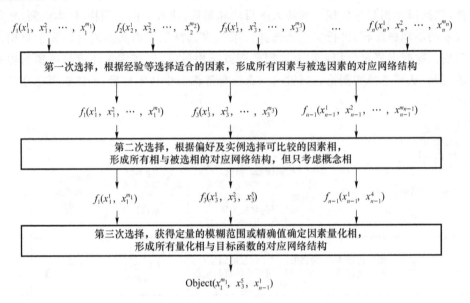

图 5.3　人工智能样本选择策略网络模型

5.4　选择对象的过程

使用上述策略,分析一道智力题,如图 5.4 所示。

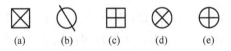

$$(a) \quad (b) \quad (c) \quad (d) \quad (e)$$

图 5.4　图形选择

第一次因素选择:$f=\{$颜色,形状,内线条数,内线条交叉,内线溢出$\}$。第二次因素概念相选择:$f($颜色$)=\{$黑$\}$,$f($形状$)=\{$正方形,圆形$\}$。第三次因素量化相选择:$f($内线条数$)=\{1,2\}$,$f($内线条交叉$)=\{0,1\}$,$f($内线溢出$)=\{0,2\}$。那么这五个图形的特征如表 5.1 所示。

表 5.1　五个图形的特征

特征	a. ⊠	b. ⊘	c. 田	d. ⊗	e. ⊕	效用
颜色	黑	黑	黑	黑	黑	无效
形状	正方形	圆形	正方形	圆形	圆形	分为两类
内线条数	2	1	2	2	2	分为两类
内线条交叉	1	0	1	1	1	分为两类
内线溢出	0	2	0	0	0	分为两类
内线交叉角度	45°	Null	90°	45°	90°	分为三类

Object＝$\{a,b,c,d,e\}$。Object(颜色)＝$\{a,b,c,d,e\}/f$(颜色)＝$\{a,b,c,d,e\}$；Object(颜色,形状)＝$\{a,b,c,d,e\}/f$(形状)＝$\{a,c\}+\{b,d,e\}$；Object(颜色,形状,内线条数)＝$(\{a,c\}+\{b,d,e\})/f$(内线条数)＝$\{a,c\}+\{b\}+\{d,e\}$；Object(颜色,形状,内线条数,内线条交叉)＝$(\{a,c\}+\{b\}+\{d,e\})/f$(内线条交叉)＝$\{a,c\}+\{b\}+\{d,e\}$；Object(颜色,形状,内线条数,内线条交叉,内线溢出)＝$(\{a,c\}+\{b\}+\{d,e\})/f$(内线溢出)＝$\{a,c\}+\{b\}+\{d,e\}$。从该过程来看,b 是区别于其他图像的选项,因此最终选择 b 图。同时也可了解到图 a 和 c 可以归为一类;d 和 e 可以归为一类。如果再增加因素内线交叉角度,则 a 和 c,d 和 e 可进一步区分。但这时也进一步增大了 b 与它们的区别。也有类似的决定度等相关概念可区分对象[17]。

综上,实例分析过程基本是因素及因素相的运算,最后才涉及具体的数据统计和测量。这是人对样本的选择过程,也是人工智能样本选择应具备的策略。当然例子是简单的,大规模分析需实现图 5.3 中三次网络结构,组成人工智能样本选择策略网络。基于目前情况,第一、二次选择可通过因素空间理论实现,第三次可通过现有神经网络实现。因此我们得到实现人工智能的基础是学习人思维的本质。人思维的本质是依靠因素进行大规模的样本筛选从而确定关注点,再根据因素的定性相(概念相)选择喜好样本,最后才是根据因素的定量相(量化相)获得匹配最好的样本。从该角度分析,目前的人工智能面向大数据的驱动可能是背道而驰,大数据驱动的人工智能只能显示表象,冗余和虚假信息对结果有很大影响。这部分研究有待进一步展开。

本 章 小 结

本章提出了一种人工智能样本选择策略,主要结论如下。

(1) 利用因素空间思想论述了莫拉维克悖论的合理性。认为人对事物的理解首先是因素层面的理解与运算,如果难以确定才会使用因素相进行模糊或精确分析。

(2) 人的选择过程就是比较的过程。人的思维、推理和判断过程是比较和选择过程,样本数量是较少的,不需大数据支持;通过选择适合的因素、因素概念相和因素量化相来选择适合样本。

(3) 建立了人工智能样本选择策略。首先给出了研究对象中人、机、环境及人工智能系统之间的关系。建立了人工智能样本选择策略结构,三次选择分别对应了因素、因素概念相和因素量化相选择。给出了三次选择的特点、基础和方法。最终建立人工智能样本选择策略网络模型,模型中的三次选择对应于三种网络结构。

(4) 通过实例演示了人工智能样本选择策略。过程中基本是因素及因素相的运算,最后才涉及具体的数据统计和测量。该策略是人对样本的选择过程,也是人工智能样本选择应具备的策略。

本章参考文献

[1] 雷凯,黄硕康,方俊杰,等.智能生态网络:知识驱动的未来价值互联网基础设施[J].应用科学学报,2020,38(1):152-172.

[2] 武春龙,朱天明,张鹏,等.基于功能模型和层次分析法的智能产品服务系统概念方案构建[J/OL].中国机械工程:1-27[2020-02-14].http://kns.cnki.net/kcms/detail/42.1294.TH.20200121.1733.012.html.

[3] 吴思凡,杜煜,徐世杰,等.基于深度确定性策略梯度的智能车汇流模型[J].计算机工程,2020,46(1):87-92.

[4] 刘翠娟,刘箴,柴艳杰,等.人群应急疏散中一种多智能体情绪感染仿真模型[J/OL].计算机辅助设计与图形学学报:1-11[2020-02-14].http://kns.cnki.net/kcms/detail/11.2925.TP.20191227.0850.006.html.

[5] 郭健,陈健,胡杨.基于小波智能模型的地铁车站基坑变形时序预测分析[J/OL].岩土力学,2020(S1):1-7[2020-02-14].https://doi.org/10.16285/j.rsm.2019.1653.

[6] 孙伟,余浩,杨建平,等.智能电网可靠性需求约束下无线发射功率模型预测控制[J/OL].电力系统自动化:1-11[2020-02-14].http://kns.cnki.net/kcms/detail/32.1180.TP.20191219.1200.014.html.

[7] 李伯虎,柴旭东,侯宝存,等.云制造系统3.0——一种"智能+"时代的新智能制造系统[J].计算机集成制造系统,2019,25(12):2997-3012.

[8] 李林恒,甘婧,曲栩,等.智能网联环境下基于安全势场理论的车辆跟驰模型

[J].中国公路学报,2019,32(12):76-87.

[9] 肖吉军,郑颖琦,徐洁萍.基于 AHP 与 DHNN 的智能制造成熟度评估模型研究[J/OL].系统科学学报,2020(2):105-110[2020-02-14].http://kns.cnki.net/kcms/detail/14.1333.N.20191115.1127.042.html.

[10] 吴飞,段书凯,何斌,等.健壮人工智能模型与自主智能系统[J].中国科学基金,2019,33(6):651-655.

[11] 毕俊蕾,朱宗强,李致远.智能网联车环境下基于路段评分的数据转发模型[J].数据采集与处理,2019,34(6):1030-1038.

[12] 钟义信.机制主义人工智能理论——一种通用的人工智能理论[J].智能系统学报,2018,13(1):2-18.

[13] 钟义信.人工智能:概念·方法·机遇[J].科学通报,2017,62(22):2473-2479.

[14] 钟义信.人工智能的突破与科学方法的创新[J].模式识别与人工智能,2012,25(3):456-461.

[15] 马立伟.深度学习驱动的领域专用架构[J].中国科学:信息科学,2019,49(3):334-341.

[16] 汪培庄.因素空间理论——机制主义人工智能理论的数学基础[J].智能系统学报,2018,13(1):37-54.

[17] 汪培庄.因素空间与数据科学[J].辽宁工程技术大学学报(自然科学版),2015,34(2):273-280.

[18] 汪培庄,郭嗣琮,包研科,等.因素空间中的因素分析法[J].辽宁工程技术大学学报(自然科学版),2014,33(7):865-870.

[19] 崔铁军,李莎莎.安全科学中的故障信息转换定律[J/OL].智能系统学报:1-7[2020-02-14].http://kns.cnki.net/kcms/detail/23.1538.TP.20191205.1008.002.html.

[20] 崔铁军,汪培庄.空间故障树与因素空间融合的智能可靠性分析方法[J].智能系统学报,2019,14(5):853-864.

[21] 崔铁军,李莎莎.空间故障树与空间故障网络理论综述[J].安全与环境学报,2019,19(2):399-405.

[22] 崔铁军,李莎莎,韩光,姜福川.基于信息增益的 SFT 中故障影响因素降维方法研究[J].安全与环境学报,2018,18(5):1686-1691.

[23] 崔铁军,李莎莎,王来贵.完备与不完备背景关系中蕴含的系统功能结构分析[J].计算机科学,2017,44(3):268-273,306.

[24] 崔铁军,汪培庄,马云东.01SFT 中的系统因素结构反分析方法研究[J].系统工程理论与实践,2016,36(8):2152-2160.

[25] 崔铁军,马云东.基于因素空间中属性圆对象分类的相似度研究及应用[J].模糊系统与数学,2015,29(6):56-63.

[26] 崔铁军,马云东.基于因素空间的煤矿安全情况区分方法的研究[J].系统工程理论与实践,2015,35(11):2891-2897.

[27] MCCULLOCH W S,PITTS W. A logical calculus of the ideas immanent in nervous activity[J]. The bulletin of mathematical biophysics,1943,5(4):115-133.

[28] ROSENBLATT F. The perception:a probabilistic model for information storage and organization in the brain[J]. Psychological review,1958,65(6):386-408.

[29] HOPFIELD J J. Neural networks and physical systems with emergent collective computational abilities [J]. Proceedings of the national academy of sciences of the United States of America,1982,79(8):2554-2558.

[30] MCCARTHY J,MINSKY M L,ROCHESTER N,et al. Proposal for the Dartmouth summer research project on artificial intelligence [R]. Technology Report. Dartmouth:Dartmouth College,1955.

[31] SIMON H A. The sciences of the artificial[M]. Cambridge,MA,USA:MIT Press,1969.

[32] NEWELL A. Physical symbol systems[J]. Cognitive science,1980,4(2):135-183.

[33] TURING A M. Computing machinery and intelligence[J]. MIND,1950,59:433-460.

[34] BROOKS R A. Elephant cannot play chess[J]. Autonomous robert,1990,6:3015.

[35] BROOKS R A. Engineering approach to building complete,intelligent beings[C]//Proceedings of the SPIE Intelligent Robots and Computer Vision VII. Boston,MA,United States,1989:618-625

第6章 空间故障树与因素空间

　　系统可靠性理论是安全科学的基础理论之一。发展至今已取得了众多理论成果,并应用于各个领域,为保证各类系统正常运行做出了卓越贡献。但目前的系统可靠性分析方法一般有针对性,缺乏广泛的适应性和扩展性。由于智能科学、信息科学和大数据技术的涌现和发展,使得传统可靠性分析技术难以适应需要。因此,笔者提出了空间故障树理论,目的是分析多因素影响下的系统可靠性变化特征。笔者将空间故障树理论与因素空间理论、云模型、模糊数学、系统稳定性及拓扑理论相结合,使空间故障树具有智能分析和故障大数据处理能力,以满足未来技术环境下的系统可靠性分析要求。本章主要论述了空间故障树理论的发展史和目前的主要理论与功能;同时介绍了因素空间理论的发展史及现有成果;论述了两种理论结合的可行性和使用空间故障树描述和分析系统演化过程的可行性。研究结果表明,空间故障树理论具有良好的扩展性和适应性,与相关理论结合使其具有了适应智能科学和大数据环境的系统可靠性分析能力。研究结果证明了空间故障树理论可作为系统演化过程分析的普适框架。

　　系统可靠性理论是安全科学的基础理论之一。源于系统工程,在安全科学领域,系统可靠性主要关注系统发生故障和事故的可能性。由于近代科学进步和工业化水平逐渐提高,为了追求更大的经济和战略目标,各国加紧研究并建立大型或超大型系统以满足要求。但在系统运行过程中人们发现随着系统复杂性的增加,其可靠性下降非常明显。在这种情况下,原始的问题出发型,即事故发生后吸取教训的方法不能满足要求。因为问题出发型的研究方法一般适用于低价值、对系统可靠性要求不高、故障发生后果不严重的系统,而对当今大规模和巨复杂系统而言意义不大。因此,20世纪50年代英美发达国家首先提出了安全系统工程理论,将系统工程的一些概念引入安全领域,尤其是将可靠性分析方法引入安全领域,并用于军事和航天领域,形成了安全科学的基础理论之一的安全系统工程。

　　安全系统工程与系统可靠性分析方法发展到今天,已具备了对相对简单、系统复杂性不高、数据规模有限情况下的系统可靠性分析的能力。但随着大数据技术、智能科学、系统科学和相关数学理论的发展,现有系统可靠性分析方法也暴露出一些问题,如故障大数据处理、可靠性的因果关系、可靠性的稳定性、可靠性的逆向工程及可靠性的变化过程描述等问题。同时,现有系统可靠性分析方法较多针对特定领域中使用的系统,虽然分析效果良好,但缺乏系统层面的抽象,难以满足通用性、可扩展性和适应性。因此,需要一种具备上述能力和满足未来科技要求的系统可靠性分析方法。所以,系统可靠性分析方法与智能科学和大数据技术结合是必然的,也是必需的。

空间故障树理论[1]是笔者 2012 年提出的一种系统可靠性分析方法。经过 5 年的发展,初步完成了空间故障树理论框架的基础。空间故障树理论可满足对简单系统的可靠性分析,包括故障大数据处理、可靠性因果关系、可靠性的稳定性、可靠性逆向工程及可靠性变化过程描述等,并具有良好的通用性、可扩展性和适应性。在空间故障树理论发展过程中融合了智能科学和大数据处理技术,包括因素空间理论[2]、模糊结构元理论[3]、云模型理论[4]等。虽然还存在一些问题,但空间故障树理论还有足够的发展空间来解决它们。

本章将介绍空间故障树的现有发展,及其与因素空间的融和研究。空间故障树用于分析影响因素与系统可靠性的关系;而因素空间则是帮助空间故障树进行智能处理的理论。两者融合可使空间故障树理论拥有智能故障数据处理能力。本章以综述形式介绍两种理论的特点,及它们结合的可行性、功能及成果。因此,使用描述性语言而非数学模型来说明上述内容。希望本章的介绍能开阔安全科学基础理论的研究方向,使读者了解空间故障树理论及因素空间理论,及其在系统可靠性分析中的作用,以面向智能科学和大数据技术寻求可靠性的理论发展。

6.1 当前系统可靠性研究存在的问题

近年来随着信息科学与智能科学的迅猛发展,系统运行、故障检测和设备维护数据量暴涨成为许多行业共同面对的严峻挑战和发展机遇,尤其是在安全科学领域。对美国各个行业在一天内产生的数据量进行统计,结果表明制造业一天内产生的数据最多。例如,飞机制造过程,需要对飞机各部分的基本元件进行各种测试,包括各种条件下的物理强度、化学腐蚀性及疲劳等测试。仅一个飞机汽轮压缩器叶片的测试,一天就可产生 588 GB 数据。但这些有价值的数据并未得到企业有效利用。这些数据可用于分析系统基本元件故障产生的原因、可能性和后果的严重程度,也能得到基本元件故障与系统故障之间的联系。遗憾的是,对这些数据的挖掘程度很低[5]。又如,美国空军网站曾经公布的燃料车照片显示了 F-35 战机的燃料温度阈值,如果燃料温度太高,将无法工作[6]。然而,飞机设计阶段似乎都没有考虑飞机使用过程的环境因素(如温度、湿度、气压、使用时间等)对可靠性的影响,导致实际使用故障频出,严重影响了原设计试图实现的功能。F-35 是信息化作战平台,飞行及维护过程数据是实时记录的,按照最低记录量 1 Mbit/s,那么飞行一天的数量为 84 GB。如果实时传输,F35 带宽为 4 Gbit/s,飞行一天的最大数据量为 336 TB。这些系统运行时记录的数据蕴含着系统故障和可靠性特征,但缺乏相应的可靠性分析方法。上述问题表明:这些信息中蕴含的故障数据并未进行可靠性方面的分析;油温升高影响飞机各元件可靠性变化程度也无法确定;进而无法确定油温因素与飞机可靠性之间的关系。同样的问题也影响我国高铁在高寒高海拔地区的可靠性。在高寒高海拔地区高铁的运行速度、时间和运量与在一般地区不同。不同的环境对高铁运行的可靠性影响不同,因此高铁前期研制和运行测试阶段累积的大量数据为保证高铁可靠运行起到了关键作用。在深海中高压低温潜航器的可靠性也同样存在这类问题。

　　上述飞机、高铁、潜航器等设备系统在设计、制造及运行期间已经存储了大量工况数据,但实际并没有挖掘出这些数据的价值。该问题在系统可靠性研究方面更为突出。可靠性理论是安全科学的基础理论,可靠性研究是安全科学的核心内容。可靠性问题在当今充斥着各种大型复杂系统的社会生产生活中是必须要解决的问题,特别是在工矿、交通、医疗、军事等复杂且又关系到生命财产和具有战略意义的领域中更是重中之重。但目前的研究存在一些误区和不足。

　　① 研究中过分关注系统内部结构和元件自身可靠性,竭力从提高元件自身可靠性和优化系统结构来保证系统可靠性。但一般忽略了一个事实——各种系统的基本组成元件是由物理材料制造的。这些元件在不同的物理学环境下的相关性质随着这些因素的变化而变化,不是恒定的。即:执行某项功能的系统元件功能是否能达到预期在元件制成之后主要取决于其工作环境。原因是,在不同工作环境下,元件材料的基础属性可能是不同的,而在设计元件时相关参数基本固定。这就导致了元件在变化的环境中工作时随着基础属性的改变,其执行特定功能的能力也发生变化,致使元件可靠性发生变化。进而,即使是一个简单的、执行单一功能的系统也要由若干元件组成,如果考虑每个元件随工作环境变化的可靠性变化,那么这些元件组成的系统随着环境因素的变化,系统可靠性变化是多样的、复杂的。上述事实是存在的,且不应该被忽略。

　　② 系统可靠性研究所面对的主要问题是:系统如何失效,系统失效的原因是什么,这些原因是否相关,这些失效导致系统失效的可能性如何等。目前,相关研究成果主要呈现了元件故障率与系统故障率之间的关系,以及元件故障率与因素之间的关系,这些关系一般使用函数形式表示。除此之外,还可使用定性分析方法

研究故障原因与可靠性之间的因果关系。但这些研究一般针对特定行业,不具有普适性,难以分析多因素并发与可靠性变化的关系,难以分析影响因素的关联性。而且从实际现场得来的故障数据一般数据量较大,且存在由于人机环境导致的数据冗余和缺失。现有可靠性分析方法难以解决这些问题,特别是针对故障大数据、原因与可靠性关系推理等,且适应计算机处理的算法在安全系统工程领域仍是鲜见的。

③ 在日常系统使用和维护过程中会形成大量的监测数据,属于大数据量级,如安全检查记录、故障或事故的记录、例行维护记录等。这些数据往往反映了系统在实际情况下的功能运行特征。这些特征一般可表示为在某工作环境下,系统运行参数是多少;或在什么情况下出现了故障或事故。可见这些监测数据不但能反映工作环境因素对系统运行可靠性的影响,而且其数据量较大,可全面分析系统可靠性。所以,应研究适应大数据的方法,从而将这些故障数据特征融入系统可靠性分析过程和结果中。

④ 系统设计阶段进行的需求分析难以全面覆盖使用环境带来的对可靠性的影响。即通过设计手段难以保证系统使用过程中的可靠性。所以系统在使用期间会遇到一些问题。特别是航天、深海和地下工程等所使用的系统,常会遇到极端工作环境。只依靠需求分析,在设计阶段进行系统结构冗余或鲁棒设计难以保证系统在使用过程中的可靠性,是不稳妥的设计。该问题可归结为系统可靠性反分析。即:知道系统运行过程的可靠性特征和基本元件可靠性特征,借助因素变化形成它们的对应关系,分析元件如何组成系统,进而反推系统内部可靠性结构。当然,该内部结构是一个等效结构,可能不是真正的物理结构。

⑤ 系统的基本元件材料在不同环境因素影响时性能不同,导致元件完成特定功能的能力不同,即可靠性发生变化。系统由这些元件组成,在受到不同环境影响时系统可靠性也是改变的,这是普遍现象。但从另一角度,环境因素变化是原因,系统或元件可靠性或故障率变化是结果,即故障率随着环境变化而变化。将环境影响作为系统受到的作用,而故障率变化作为系统的一种响应,组成一种关于可靠性的运动系统,进而讨论故障率变化程度和可靠性的稳定性。稳定的可靠性或故障率是系统投入实际使用的重要条件,如果可靠性或故障率变化较大,则系统功能无法控制。研究使用运动系统稳定性理论对可靠性系统进行描述和稳定性分析是一个关键问题。

上述现象和问题可归结为目前的系统可靠性分析方法对故障大数据和多因素影响分析的不适应。现有方法难以在大数据量级的故障数据中挖掘出有效信息,也难以有效携带这些数据特征进行系统可靠性分析。这些问题是传统可靠性分析方法与故障大数据涌现、多因素分析和智能科学技术适应性的矛盾。

6.2 因素空间理论

1981 年汪培庄教授在一篇《随机微分方程》的论文中首先提出了因素空间的原始定义,用以解释随机性的根源及概率规律的数学实质。1982 年汪培庄教授在与日本学者菅野道夫合作发表的《因素场与 fuzzy 集的背景结构》中给出了因素空间的严格定义,并转向对概念的内涵与外延的解释。因素空间理论为知识的表述提供了一个自然合理的描述框架,并被广泛应用于概念表达、语义分析、数据挖掘、知识获取、机器学习、管理决策、安全分析等领域。

因素空间理论源于模糊数学的研究,进而描述人类认识活动,建立了知识表示的数学理论。近年又提出了因素库,为大数据智能化表示、分析、处理和归纳奠定了数学基础。因素空间理论成为目前三大智能科学基础理论之一。因素空间是数据信息的普适分析框架,能简明地表示智能问题并提供快捷的处理方法。因素库的基本单元是认知包,可在线吞吐数据。数据转换和处理中的增值数据,融合数据形成背景关系,这些背景关系组成知识基。知识基决定知识包内所有推理句;它对大数据进行吞吐并始终保持自己的低维度状态;它按因素藤进行连接,形成人机认知体,引领大数据的时代潮流。相关理论发展见本章参考文献[7-25]。目前,因素空间得到了国内外广泛的研究和承认,相关研究如下:

① 背景关系的信息压缩:本章参考文献[26]为利用托架空间作了初步工作,利用因素逻辑化简可得到精炼的背景关系。因素逻辑化简方法与布尔代数逻辑不同,因此这里称为因素逻辑。

② 因素空间分析非结构化数据:石勇教授提出了因素库框图[27],因素库可以容纳结构化数据、非结构化数据及异构数据,并考虑增添半结构性数据表征因素。

③ 因素藤、因素粒化空间及数据认知生态系统:因素是区别对象的标准,而数据是标准值。因素粒化的嵌套和细化形成了数据认知生态系统。因素藤是为数据认知生态系统提供的一种知识表示构架,它是因素空间的概念树。

④ 变权评价与决策理论:综合评价及贴近度和最大隶属原则始于本章参考文献[10,28]。李洪兴教授提出了因素空间的权重决策理论[29],及因素位势的三种动态微分方程[30]。这符合李德毅院士对数据空间要建立认知物理学的思想[31]。曾文艺教授、李德清教授等研究了变权综合决策评价方法,并应用于各领域,取得了良好效果[32-36]。

⑤ 因素空间与公共安全:因素空间理论已应用于公共安全管理。在治安方面,何平教授提出了非优理论并与因素空间进行结合,形成了犯罪过程推理理论[37-42]。

⑥ 代数拓扑、微分几何、范畴理论的综合研究：欧阳合博士提出了因素空间应结合拓扑结构来描述人类思维活动，并用代数拓扑和微分几何对因素空间理论再次进行了描述[43]。冯嘉礼教授将基于物理思想的属性论引入到因素空间进行研究[44]，应用于模式识别领域，提出了多用有效方法。袁学海教授在代数、范畴等方面与因素空间理论相结合进行了深入的研究[45,46]。

因素空间理论处理大数据的优势在于：

① 现有的关系数据库不能处理异构的海量数据，无法对大数据进行组织和存放，因素空间能按目标来组织数据，变换表格形式。

② 因素空间用背景关系来提取知识，可分布式处理，便于云计算。

③ 将背景关系化为背景基，实现大幅度的信息压缩，可以实时地在线吞吐数据，将对大数据的分析始终掌控在可操作层面。

原中国人工智能学会理事长、参与国家人工智能十年发展规划起草工作的钟义信教授对因素空间理论的评价：因素空间理论是对信息和知识进行有效表示和复杂演绎的数学方法，是人工智能研究不可或缺的理论基础。可见，因素空间在智能科学和大数据处理方面的重要地位。

6.3　空间故障树理论

空间故障树理论（space fault tree，SFT）前期称为多维空间故障树，重点在于解决多因素影响下的系统可靠性分析问题，主要内容包括连续型空间故障树、离散型空间故障树、空间故障树的数据挖掘方法。进一步地，在空间故障树基础理论上，加入大数据和智能科学技术，以使空间故障树理论适合未来的可靠性分析，包括 SFT 的云模型改造、可靠性与影响因素关系、系统可靠性结构分析、可靠性变化特征研究等。

目前空间故障树理论的具体研究内容如下：

① 给出了空间故障树 SFT 理论框架中连续型空间故障树（continuous space fault tree，CSFT）的理论、定义、公式和方法，及应用这些方法的实例[1]。定义了连续型空间故障树、基本事件影响因素、基本事件发生概率特征函数、基本事件发生概率空间分布、顶上事件发生概率空间分布、概率重要度空间分布、关键重要度空间分布、顶上事件发生概率空间分布趋势、事件更换周期、系统更换周期、基本事件及系统的径集域、割集域和域边界[47]、因素重要度和因素联合重要度分布[48]等概念[49]。

② 研究了元件和系统在不同因素影响下的故障概率变化趋势；系统最优更换周期方案及成本方案[50]；系统故障概率的可接受因素域；因素对系统可靠性影响

的重要度;系统故障定位方法[51];系统维修率确定及优化[52];系统可靠性评估方法[53];系统和元件因素重要度[54]等。

③ 给出了空间故障树 SFT 理论框架中,离散型空间故障树(discrete space fault tree,DSFT)的理论[55]、定义、公式和方法,及应用这些方法的实例。提出了离散型空间故障树概念,并与连续型空间故障树进行了对比分析。给出了在 DSFT 下求故障概率分布的方法,即因素投影法拟合法[56],并分析了该方法的不精确原因。进而提出了更为精确的使用 ANN 确定故障概率分布的方法,同时也使用 ANN 求导得到了故障概率变化趋势[57]。提出了模糊结构元理论与空间故障树的结合,即模糊结构元化特征函数及空间故障树[58-61]。

④ 研究了系统结构反分析方法,提出了 01 型空间故障树表示系统的物理结构和因素结构,以及结构表示方法(即表法和图法)。提出了可用于系统元件及因素结构反分析的逐条分析法和分类推理法,描述了分析过程和数学定义[62,63]。

⑤ 研究了从实际监测数据记录中挖掘出适合于 SFT 处理的基础数据方法。研究了定性安全评价和监测记录的化简、区分及因果关系[64];在工作环境变化情况下的系统适应性改造成本[64];在环境因素影响下系统中元件的重要性;系统可靠性决策规则发掘方法及其改进方法[66,67];不同对象分类和相似性[68]及其改进方法[69]。

⑥ 引入了云模型改造空间故障树。云化空间故障树继承了 SFT 分析多因素影响可靠性的能力,也继承了云模型表示数据不确定性的能力[70]。从而使云化空间故障树适合于实际故障数据的分析处理。提出的云化概念包括:云化特征函数、云化元件和系统故障概率分布、云化元件和系统故障概率分布变化趋势[71]、云化概率和关键重要度分布[72]、云化因素和因素联合重要度分布[73]、云化区域重要度[74]、云化径集域和割集域[75]、可靠性数据的不确定性分析[76]。

⑦ 给出了基于随机变量分解式的可靠性数据表示方法[77]。研究了从不同侧面分析影响因素和目标因素之间逻辑关系的状态吸收法和状态复现法。构建了针对 SFT 中故障数据的因果概念分析方法[78]。参照故障数据特征,提出了故障及影响因素构建背景关系的分析方法[79]。根据因素空间中的信息增益法,制定了 SFT 的影响因素降维方法。提出了基于内点定理的故障数据压缩方法,其适合 SFT 的故障概率分布表示,特别是对离散故障数据的处理。提出了可控因素和不可控因素的概念及其分析方法。

⑧ 提出了基于因素分析法的系统功能结构分析方法[80],指出了因素空间能描述智能科学中的定性认知过程。基于因素逻辑具体建立了系统功能结构分析公理体系,给出了定义、逻辑命题和证明过程。提出了系统功能结构的极小化方法[81]。简述了空间故障树理论中系统结构反分析方法,论述了其中分类推理法与因素空间的功能结构分析方法的关系。使用系统功能结构分析方法分别对信息完

备和不完备情况的系统功能结构进行了分析[82]。

⑨ 提出了作用路径和作用历史的概念。前者刻画了在不同环境因素变化过程中系统及元件经历的各种状态的集合,是因素的函数。后者描述了经历作用路径过程中的可积累状态量,是累积的结果。尝试使用运动系统稳定性理论描述可靠性系统的稳定性问题,将系统划分为功能子系统、容错子系统和阻碍子系统。对这 3 个子系统在可靠性系统中的作用进行了论述。根据微分方程解的 8 种稳定性,解释了其中 5 种对应的系统可靠性含义。

⑩ 提出了基于包络线的云模型相似度计算方法[83]。适用于安全评价中表示不确定性数据特点的评价信息,对信息进行分析、合并,进而达到化简的目的。为使云模型能方便有效地进行多属性决策,对已有属性圆进行改造,使其适应上述数据特点,并能计算云模型特征参数[84]。提出了可考虑不同因素值变化对系统可靠性影响的模糊综合评价方法[85]。依靠云模型对专家所提供的评价数据蕴含的不确定性的分析能力,结合云模型和 AHP,对 AHP 进行云模型改造[86]。构建了合作博弈——云化 AHP 算法[87],根据专家对施工方式选择的自然思维过程的两个层面,在算法中使用了两次云化 AHP 模型。提出了云化 ANP 模型及其步骤[88]。

⑪ 研究了元件维修率确定方法,分析不同环境因素对同类元件维修率分布的影响情况[89]。结合 Markov 状态转移链和 SFT 特征函数推导了串联系统和并联系统的元件维修率分布。研究了异类元件的并联、串联和混联形式系统,提出了元件维修率分布计算方法并给出了限制条件[90]。

6.4　空间故障树与因素空间的融合

空间故障树理论认为,在实际环境中工作的系统,由于组成系统的元件的物理材料性质受因素影响而变化,因此由这些材料组成的元件在因素变化过程中实现功能的能力也发生变化,即可靠性发生变化。因此,在元件制成后,可靠性是随环境因素变化而变化的变量。系统由多个子系统,多个元件通过一定的连接方式组成。那么分析系统可靠性的关键问题就集中在两方面:一是元件组成系统的结构;二是元件可靠性的确定。

对于第一个问题可从两个方面分析。一是从系统功能出发,在系统内部研究系统组成结构,构建可完成系统功能的物理元件结构。这种方法根据系统功能进行分解,得到元件所需功能,进而选择适当元件组成系统。优点是直观简便,缺点是难以避免系统冗余和重复。二是从系统功能出发,在系统外部研究系统的等效结构。由于某些原因导致系统内部结构不可见或需要逆向工程仿制系统。在这种情况下只能按照系统功能和可能组成系统元件的功能来反向推导系统的结构。优点是通过系统和元件功能反演可得到系统的逻辑结构,避免系统冗余和重复;缺点是只能得到等效的逻辑结构而不是物理结构。前者在空间故障树中可使用连续型空间故障树和离散型空间故障树完成;后者可使用系统结构反分析和系统功能结构极小化理论完成。

对于第二个问题涉及方面较多。元件的可靠性是确定系统可靠性的基础。最基本的方法是通过实验室对元件故障进行测试得到,并且保证实验室内各种因素变化保持一定规律。但实际使用过程中,元件的可靠性受到很多因素影响,这些因素对元件可靠性或故障发生影响程度不同。因此多因素影响下的系统可靠性分析问题必须得到解决。具体解决方案即为连续型空间故障树和离散型空间故障树。更基本的问题是,如何得到元件对于某一因素的故障变化情况,在空间故障树中使用特征函数表示这种变化。对于实验室内规整的数据使用连续型空间故障树的一般特征函数表示。针对实际数据具有的离散性、随机性和模糊性,按理论发展先后顺序提出了拟合方法的特征函数、因素投影拟合法特征函数、模糊结构元法特征函数及云化特征函数等。

进一步地,随着研究的深入,发现一些系统的可靠性变化难以表示成特征函数,而只能表示为可靠性与影响因素之间的因果关系和关联程度。因此必须寻找一种能完成因果关系分析和大数据处理的智能理论方法,即因素空间理论,那么空间故障树理论与因素空间理论相结合的基础就是因素。

空间故障树的空间指系统可靠性影响因素作为维度构成的空间,那么元件和系统的可靠性和故障情况就可表示为此空间中的连续曲面或者离散点。因此,空间故障树表示系统或元件可靠性的最基本条件是有明确的因素。在系统结构不变时,因素的变化是导致元件和系统可靠性变化的基本动力。换而言之,如果影响系统可靠性或故障的因素都可确定,系统可靠性或故障的发生是非概率的。

因素空间理论也具有类似的观点,"当所考虑的因素足够充分时,钱币落出的面向便可以确定,否则必存在某种有影响的因素没有被考虑到。把它发现出来并添加进去,在这样一个以诸因素为轴的坐标空间里,钱币的朝向便可以被划分成正、反两个确定的子集,必然性便战胜了偶然性。"因此,因素是区分事物的基本方式、基本尺度和事物变化的源泉。

可见空间故障树理论与因素空间理论具有相同的出发点——因素。因素空间的数学基点在于因素,所有分析围绕着因素展开。因素是一种映射关系,具有定量相空间和定性相空间。定量因素构成因素空间,是笛卡儿空间,但维数可变;基于因素对因素空间公理化;因素空间的核心是因素联系建立的背景关系,是因素交织形成的分布,既是原子内涵之集,也是原子外延在相空间中的表征,可表示全体概念布尔代数;是建立概念的基础,也决定了因素间的所有推理句;背景关系的概念随机化和模糊化,得到背景分布和模糊背景关系。可见,因素空间的所有理论、概念和方法都是围绕因素展开的。因此,将因素空间与空间故障树结合具有天然的适应性和优势。

目前已将两种理论相结合用于系统可靠性研究。如 6.3 节中的④、⑤、⑦、⑧部分都是因素空间思想在空间故障树中的具体实现。随着空间故障树和因素空间理论研究的深入,两种理论的继续发展和结合必将进一步为系统可靠性研究做出贡献。

6.5 空间故障树与系统演化过程表示

因素空间理论是事物及认知描述的普适性框架,可用于事物的表示和区分等工作。空间故障树理论目前只用于系统可靠性分析。但是否能作为了解系统演化过程特征的一种普适框架?答案是肯定的。实际上目前的空间故障树理论是一种多输入单输出的系统结构表示方法。多输入指影响因素,单输出指系统可靠性或故障概率。整个空间故障树理论的发展目标并不限定于安全系统工程和系统可靠性分析领域;而是向着表示更为广泛的系统演化过程方向努力。系统演化过程实质上是在众多因素影响下的一连串因果事件的链式反应。可从两个方面进行描述:一是影响因素;二是因果关系。因素是系统演化的动力,因果关系变迁则是系统演化的过程。所以抓住这两点便可描述任何系统的演化过程。空间故障树理论可描述影响因素作用下系统的演化过程,不限于系统可靠性,而是更为广泛的目标。同时借助因素空间理论描述因素间因果关系,并融入空间故障树,使后者具备智能分析和大数据处理能力。这一融合过程已得到论证是可行的。

举例来说,使用空间故障树可描述安全系统工程的主要研究对象,即人、机、环和管理四个部分。对于人而言,可描述人的心情,将心情作为系统,由好到不好的演化过程可能受到多因素影响,比如当天的天气、路上的交通等因素。当然该系统演化过程因人而异,因为不同的人考虑的因素和权重不同。因此空间故障树理论提供了基于 ANN 的方法确定因素权重,也提供了系统功能结构反分析方法解决该问题。对于机而言则相对简单,主要是保证机器正常运转,即保证系统可靠性。可考虑机器的使用时间、温度和电压等因素,研究该机器系统可靠性演化过程,可采用连续型和离散型空间故障树。对于环境而言,可描述空气中粉尘的浓度,将粉尘散发量、空气流通速度、温度和湿度等作为因素,将空气中粉尘的浓度作为系统研究其演化过程。对于管理,可将人员绩效作为系统进行研究,将出勤时间、工作效率、奖金数额等作为因素研究系统演化过程。所以空间故障树理论虽然源于安全系统工程的系统可靠性分析,但并不妨碍使用该理论框架对更为广泛的系统演化过程进行分析。因为系统演化过程可抽象为因素的推动和因果关系的发展。空间故障树理论可完成多因素与系统变化关系的定性与定量分析。与因素空间、云模型、系统稳定性理论和拓扑理论的融合,更使其具备了逻辑分析和大数据处理能力。因此,空间故障树理论可作为系统演化过程分析的普适性框架,并具有良好的适应性和扩展性。

本 章 小 结

作为安全科学基础理论之一的系统可靠性理论虽然发展时间不长,但已成为各行业维持正常生产功能的重要保障。当前正是大数据和智能技术快速发展的阶段,安全科学理论和技术也应适应这些发展。作为保障系统正常运行的系统可靠性分析方法更应满足和适应智能科学、信息科学和大数据技术的发展。空间故障树理论的提出本身可满足系统可靠性的多因素分析,且与因素空间等智能理论结合后,也具备了逻辑推理分析和故障大数据处理能力。这表明空间故障树理论是一种开放性理论,具有良好的扩展性和适应能力。已形成的理论和分析方法有:连续型空间故障树、离散型空间故障树、空间故障树的数据挖掘方法等基础理论;云化空间故障树、可靠性与影响因素关系、系统可靠性结构分析、可靠性变化特征研究等智能化可靠性分析方法。相信随着空间故障树理论及相关智能科学的发展,空间故障树理论必将形成独具特色且自成体系的先进系统可靠性分析方法,最终成为系统演化过程分析的普适性框架。

本 章 参 考 文 献

[1] 崔铁军,马云东. 多维空间故障树构建及应用研究[J]. 中国安全科学学报,2013,23(4):32-37.

[2] 袁学海,汪培庄. 因素空间中的一些数学结构[J]. 模糊系统与数学,1993(1):44-54.

[3] 郭嗣琮. 模糊分析中的结构元方法(Ⅰ)、(Ⅱ)[J]. 辽宁工程技术大学学报,2002,21(5):670-677.

[4] 李德毅,杜鹢. 不确定性人工智能[M]. 北京:国防工业出版社,2005.

[5] 张学欣. 基于大数据的设备故障全矢预测模型研究[D]. 郑州:郑州大学,2017.

[6] 崔铁军. 空间故障树理论研究[D]. 阜新:辽宁工程技术大学,2015.

[7] 汪培庄. 统计物理学进展[M]. 北京:科学出版社,1981.

［8］　WANG P Z. Fuzzy contactibility and fuzzy variables［J］. Fuzzy sets and systems,1982,(8):81-92.

［9］　汪培庄,SUGENO M. 因素场与模糊集的背景结构［J］. 模糊数学,1982, (2):45-54.

［10］　汪培庄. 模糊集合论及其应用［M］. 上海:上海科技出版社,1983.

［11］　WANG P Z,LI H X,Fuzzy computing systems and fuzzy computer［M］. Beijing:Science Priss,1985.

［12］　汪培庄. 模糊集与随机集落影［M］. 北京:北京师范大学出版社,1985.

［13］　汪培庄,张大志. 思维的数学形式初探［J］. 高等应用数学学报,1986,1(1): 85-95.

［14］　WANG P Z. A factor space approach to knowledge representation［J］. Fuzzy sets and systems,1990,(36):113-124.

［15］　WANG P Z. Fuzziness vs randomness,falling shadow theory［J］. Bulletin surlessous ensembles flousetleurs applications,1991,(48):123-141.

［16］　汪培庄. 因素空间与概念描述［J］. 软件学报,1992,3(1):30-40.

［17］　WANG P Z,LOE K F. Between mind and computer:fuzzy science and engineering［M］. Singapore:World Scientific Publishing,1994.

［18］　汪培庄,李洪兴. 知识表示的数学理论［M］. 天津:天津科技出版社,1994.

［19］　汪培庄,李洪兴. 模糊系统理论与模糊计算机［M］. 北京:科学出版社,1995.

［20］　WANG P Z,ZHANG X H,LU H Z,et al,Mathematical theorem of truth value flow inference［J］,Fuzzy sets and systems,1995,32(5):221-238.

［21］　WANG P Z. Rules detecting and rules-data mutual enhancement based on factors space theory［J］. Inter j information technology & decision making,2002,1(1):73-90.

［22］　汪培庄. 因素空间与因素库［J］. 辽宁工程技术大学学报(自然科学版), 2013,32(10):1-8.

［23］　WANG P Z,LIU Z L,SHI Y,et al. Factor space,the theoretical base of data science［J］. Ann. data science,2014,1(2):233-251.

［24］　汪培庄,郭嗣琮,包研科,等. 因素空间中的因素分析［J］. 辽宁工程技术大学学报(自然科学版),2015,34(2):273-280.

［25］　汪培庄. 因素空间与数据科学［J］. 辽宁工程技术大学学报(自然科学版), 2015,34(2):273-280.

［26］　汪培庄. 因素空间与因素库简介(特约报告)［R］. 葫芦岛:智能科学与数学论坛,2014.

［27］　石勇. 大数据与科技新挑战[J]. 科技促进发展,2014,(1):25-30.

［28］　陈永义,刘云峰,汪培庄. 综合评判的数学模型[J]. 模糊数学,1983,3(1):60-70.

［29］　LI H X,LI L,WANG J. Fuzzy decision making based on variable weights [J]. Mathematical and computer modelling,2004,39(4):163-179.

［30］　李洪兴. 因素空间理论//因素空间理论及其应用[R]. 葫芦岛:智能科学与数学论坛,2014.

［31］　李德毅. 认知物理学(特约报告)[R]. 大连:东方思维与模糊逻辑——纪念模糊集诞生五十周年国际会议,2015.

［32］　ZENG W Y,FENG S. Approximate reasoning algorithm of interval-valued fuzzy sets based on least square method[J]. Information sciences,2014,272:73-83.

［33］　ZENG W Y,FENG S. An improved comprehensive evaluation model and its application [J]. International journal of computational intelligence systems,2014,7(4):706-714.

［34］　LI D Q,ZENG W Y,LI J. Note on uncertain linguistic Bonferroni mean operators and their application to multiple attribute decision making[J]. Applied mathematical modelling,2015,39(2):894-900.

［35］　LI D Q,ZENG W Y,ZHAO Y. Note on distance measure of hesitant fuzzy sets[J]. Information sciences,2015,32(1):103-115.

［36］　LI D Q,ZENG W Y,LI J. New distance and similarity measures on hesitant fuzzy sets and their applications in multiple criteria decision making[J]. Engineering applications of artificial intelligence,2015,40(2):11-16.

［37］　何平. 基于因素空间的直觉推理系统研究[C]. 模糊集与智能系统国际会议论文集,6-48,北京,2014.

［38］　何平. 犯罪空间分析理论及防控技术研究[M]. 北京:现代教育出版社,2008.

［39］　何平. 犯罪空间分析与优化[M]. 北京:中国书籍出版社,2013.

［40］　HE PING. Design of interactive learning system based on intuition concept space[J]. Journal of computer,2010,21(5):478-487.

［41］　HE PING. Crime pattern discovery and fuzzy information analysis based on optimal intuition decision making[J],Advances in soft computing of springer,2008,5(4):426-439.

［42］　HE PING. Crime knowledge management based on intuition learning system[J]. fuzzy system and management discovery,2008,555-559.

[43] 欧阳合. 不确定性理论的统一理论:因素空间的数学基础(特约报告)[R]. 东方思维与模糊逻辑——纪念模糊集诞生五十周年国际会议,大连,2015.

[44] 冯嘉礼. 思维与智能科学中的性质论[M]. 北京:原子能出版社,1990.

[45] YUAN X H,LI H X,ZHANG C. The set-valued mapping based on ample fields[J]. Computers and mathematies with applications,2008,(56):1954-1965.

[46] 袁学海,李洪兴,孙凯彪. 基于超群的粒计算理论[J]. 模糊系统与数学 2011,25(3):134-142.

[47] 崔铁军,马云东. 空间故障树的径集域与割集域的定义与认识[J]. 中国安全科学学报,2014,24(4):27-32.

[48] 崔铁军,马云东. 连续型空间故障树中因素重要度分布的定义与认知[J]. 中国安全科学学报,2015,25(3):24-28.

[49] CUI TIE-JUN,LI SHA-SHA. Deep Learning of System Reliability under Multi-factor Influence Based on Space Fault Tree[J]. Neural Computing and Applications,https://doi. org/10. 1007/s00521-018-3416-2.

[50] 崔铁军,马云东. 基于多维空间事故树的维持系统可靠性方法研究[J]. 系统科学与数学,2014,34(6):682-692.

[51] 崔铁军,马云东. 基于空间故障树理论的系统故障定位方法研究[J]. 数学的实践与认识,2015,45(21):135-142.

[52] 崔铁军,马云东. 基于 SFT 和 DFT 的系统维修率确定及优化[J]. 数学的实践与认识,2015,45(22):140-150.

[53] 崔铁军,马云东. 基于 SFT 理论的系统可靠性评估方法改造研究[J]. 模糊系统与数学,2015,29(5):173-182.

[54] 崔铁军,马云东. 宏观因素影响下的系统中元件重要性研究[J]. 数学的实践与认识,2014,44(18):124-131.

[55] 崔铁军,马云东. DSFT 的建立及故障概率空间分布的确定[J]. 系统工程理论与实践,2016,36(4):1081-1088.

[56] 崔铁军,马云东. DSFT 中因素投影拟合法的不精确原因分析[J]. 系统工程理论与实践,2016,36(5):1340-1345.

[57] 崔铁军,李莎莎,马云东,等. 基于 ANN 求导的 DSFT 中故障概率变化趋势研究[J]. 计算机应用研究,2017,34(2):449-452.

[58] 崔铁军,马云东. 基于模糊结构元的 SFT 概念重构及其意义[J]. 计算机应用研究,2016,33(7):1957-1960.

[59] 崔铁军,马云东. DSFT 下模糊结构元特征函数构建及结构元化的意义

[J]. 模糊系统与数学,2016,30(2):144-152.

[60] 崔铁军,马云东. SFT 下元件区域重要度定义与认知及其模糊结构元表示
     [J]. 应用泛函分析学报,2016,18(4):413-421.

[61] CUI TIEJUN,LI SHASHA. Study on the construction and application of
     Discrete Space Fault Tree modified by Fuzzy Structured Element[J].
     Cluster computing,https://doi.org/10.1007/s10586-018-2342-5.

[62] 崔铁军,李莎莎,王来贵. 基于因素逻辑的分类推理法重构[J]. 计算机应用
     研究,2016 (12):3671-3675.

[63] 崔铁军,汪培庄,马云东. 01SFT 中的系统因素结构反分析方法研究[J].
     系统工程理论与实践,2016,36(8):2152-2160.

[64] 崔铁军,马云东. 基于因素空间的煤矿安全情况区分方法的研究[J]. 系统
     工程理论与实践,2015,35(11):2891-2897.

[65] 崔铁军,马云东. 状态迁移下系统适应性改造成本研究[J]. 数学的实践与
     认识,2015,45(24):136-142.

[66] 崔铁军,马云东. 考虑范围属性的系统安全分类决策规则研究[J]. 中国安
     全生产科学技术,2014,10(11):6-9.

[67] 崔铁军,马云东. 系统可靠性决策规则发掘方法研究[J]. 系统工程理论与
     实践,2015,35(12):3210-3216.

[68] 崔铁军,马云东. 因素空间的属性圆定义及其在对象分类中的应用[J]. 计
     算机工程与科学,2015,37(11):2170-2174.

[69] 崔铁军,马云东. 基于因素空间中属性圆对象分类的相似度研究及应用
     [J]. 模糊系统与数学,2015,29(6):56-64.

[70] 崔铁军,李莎莎,马云东,等. SFT 中云模型代替特征函数的可行性分析与
     应用[J]. 计算机应用,2016,36(增2):37-40.

[71] 李莎莎,崔铁军,马云东,等. SFT 下的云化故障概率分布变化趋势研究
     [J]. 中国安全生产科学技术,2016,12(3):60-65.

[72] 崔铁军,李莎莎,马云东,等. SFT 下的云化概率和关键重要度分布的实现
     与研究[J]. 计算机应用研究,2017,34(7):1971-1974.

[73] 崔铁军,李莎莎,马云东. SFT 下云化因素重要度和因素联合重要度的实现
     与认识[J]. 安全与环境学报,2017,17(6):2109-2113.

[74] 崔铁军,李莎莎,马云东,等. 云化元件区域重要度的构建与认识[J]. 计算
     机应用研究,2016,33(12):3570-3572.

[75] 崔铁军,李莎莎,马云东,等. 云化 SFT 下的径集域与割集域的重构与研究
     [J]. 计算机应用研究,2016,33(12):3582-3585.

[76] 李莎莎,崔铁军,马云东. 基于云模型和 SFT 的可靠性数据不确定性评价

[J]. 计算机应用研究,2017,34(12):3656-3659.

[77] LI SHASHA, CUI TIEJUN, LIU JIAN. Study on the construction and application of Cloudization Space Fault Tree [J]. Cluster computing, https://doi.org/10.1007/s10586-017-1398-y.

[78] 李莎莎,崔铁军,马云东,等. SFT 中因素间因果概念提取方法研究[J]. 计算机应用研究. 2017,34(10):2997-3000.

[79] 李莎莎,崔铁军,马云东,王来贵. SFT 中故障及其影响因素的背景关系分析[J]. 计算机应用研究,2017,34(11):3277-3280.

[80] CUI TIEJUN, WANG PEZHUANG, LI SHASHA. The function structure analysis theory based on the factor space and space fault tree[J]. Cluster computing,2017,20(2):1387-1398.

[81] 崔铁军,李莎莎,王来贵. 系统功能结构最简式分析方法[J/OL]. 计算机应用研究,2019(1):1-5[2018-03-28]. http://kns.cnki.net/kcms/detail/51. 1196. TP. 20180208. 1713. 008. html.

[82] 崔铁军,李莎莎,王来贵. 完备与不完备背景关系中蕴含的系统功能结构分析[J]. 计算机科学,2017,44(3):268-273.

[83] 李莎莎,崔铁军,马云东,等. 基于包络线的云相似度及其在安全评价中的应用[J]. 安全与环境学报,2017,17(4):1267-1271.

[84] 崔铁军,李莎莎,王来贵. 基于属性圆的多属性决策云模型构建与可靠性分析应用[J]. 计算机科学,2017,44(5):111-115.

[85] 李莎莎,崔铁军,马云东. 基于云模型的变因素影响下系统可靠性模糊评价方法[J]. 中国安全科学学报,2016,26(2):132-138.

[86] 崔铁军,马云东. 基于 AHP-云模型的巷道冒顶风险评价[J]. 计算机应用研究,2016,33(10):2973-2976.

[87] 李莎莎,崔铁军,马云东. 基于合作博弈-云化 AHP 的地铁隧道施工方案选优[J]. 中国安全生产科学技术,2015,11(10):156-161.

[88] 崔铁军,马云东. 基于云化 ANP 的巷道冒顶影响因素重要性研究[J]. 计算机应用研究,2016,33(11):3307-3310.

[89] 崔铁军,李莎莎,马云东,等. 有限制条件的异类元件构成系统的元件维修率分布确定[J]. 计算机应用研究,2017,34(11):3251-3254.

[90] 崔铁军,李莎莎,马云东,等. 不同元件构成系统中元件维修率分布确定[J]. 系统科学与数学,2017,37(5):1309-1318.

第 7 章　系统可靠-失效模型与智能实现

　　为适应未来无人化、智能化、数据化和信息化的复杂系统,必须建立智能系统以代替人的工作。该智能系统的目标是使功能系统达到预定功能并保持功能稳定,即控制系统可靠与失效状态的转化。因此提出系统可靠-失效模型(system reliability failure model,SRFM)并讨论基于 SRFM 实现智能系统的方式。论述了系统在哲学层面的相关观点;从哲学角度论述 SRFM 的意义,包括认识论、矛盾论、系统论和方法论意义。在具有哲学意义基础上,使用信息生态方法论(information ecology methodology,IEM)、因素空间理论(factor space theory,FS)及泛逻辑理论(universal logic theory,UL),并融入空间故障树(space fault tree theory,SFT)理论来智能地实现 SRFM。面向未来复杂系统的 SRFM 研究,是安全科学理论和智能科学研究必须面对的问题,也是必须尽早完成的工作。

　　未来系统必将向着无人化、智能化、信息化和数据化的方向发展。智能系统将代替人作为系统设计、制造和运行的监控者。那么,智能系统如何完成这些任务是必须思考的问题。需要明确系统是什么,为什么建立系统。中国学者钱学森教授认为:系统是由相互作用相互依赖的若干组成部分结合而成的,具有特定功能的有机整体,而且这个有机整体又是它从属的更大系统的组成部分。系统存在的意义是完成预定功能,该预定功能是人设置的,进而人消耗资源制造系统。因此对于人而言系统是完成期望功能的工具,完成程度可用可靠性和失效性表示和度量;进一步,系统是否值得存在可通过系统的功能状态(可靠性与失效性)来衡量。可见建立 SRFM 是完成这项工作的基础。首先,SRFM 是否依靠人对系统的认识程度;其次,SRFM 是否符合现有哲学观和方法论;再次,如果不符合,是否有新的哲学观和方法论;最后,如何实现 SRFM,特别是在未来复杂系统情况下如何智能化地实现 SRFM。

　　目前关于系统可靠性和失效性的研究很多,但在哲学层面论述的较少。这些研究包括:安全观的塑造机理及其方法[1]、社会安全观的人类学分析路径[2]、安全问题的哲学性[3]、事故致因理论与安全思想因素分析[4]、失效学的哲学理念及其应用[5]、哲学视角的风险和安全[6]、人类安全观和风险社会视角[7]、科学发展观的安全哲学思考[8]。可靠性和失效性方法及技术研究也很多，其中智能科学的应用正在逐渐兴起。例如，电力网络通信和调控[9-11]、机电设备故障分析[12-15]、地铁和高铁等故障检测和诊断[16,17]、轴承故障识别[18,19]，还有一些智能故障信息处理方法[20-23]。这些研究在各自的领域是成功的，但也面临一些共同的问题。例如，分析方法只针对本领域；智能理论和具体学科结合困难；方法在认识论、矛盾论、系统论和方法论方面存在不足和缺陷；特别是面对复杂系统的智能处理时，现有理论、方法和技术并不恰当。

为解决这些问题提出了 SRFM。首先，论述了有利于 SRFM 建立的系统哲学观点；然后，建立 SRFM 并论述了其哲学意义；最后，结合现有的智能科学方法与安全科学基础理论，搭建起了可实现 SRFM 的框架。为迎接智能科学在安全领域的发展奠定了基础，从而保障了未来系统的安全性。

7.1　系统的一些哲学观点

对于系统的一般认识认为，系统是由若干部分（组成系统的基本元件，简称元件）组成，且这些元件具有相互关联性，为了完成预定的目标而组成的有机整体。笔者在长期研究系统的过程中认识了一些特别的系统性质，在这里进行阐述。

7.1.1　系统具有物质性和意识性

系统一般可以分为人工系统（artificial system，AS）、自然系统（natural system，NS）和混合系统。AS 是为了完成预定功能，由人设计、建造并运行的系统。NS 是根据自然规律，按照一定组合并筛选后保留的，能完成一定自然目的的系统。混合系统则是兼有两种系统特征的系统。

从自然角度分析，自然本身显然不刻意设计系统，而是制定一些筛选条件对系统进行筛选，即自然选择过程。自然通过一些随机性的事件建立数量庞大的 NS，再设置一些条件对这些系统进行适应性筛选。自然建立 NS 的随机性比较广泛，物质随机性、结构随机性、层次随机性，即使完成的功能也是随机性的。这种做法目的在于以数量优势弥补设计的不足，从而满足自然的目的。这种现象在 1713 年伯努利提出的大数定理已经被认识到了。虽然不像人的意识那样直接，但自然也通过自己的方式（随机生成-适应选择）设计并建造了 NS。因此 NS 具有自然意识性，即随机生成-适应选择。同样 NS 的形成也是基于自然界的物质及其规律，所以 NS 具备自然物质性。

　　从人的角度分析,为了完成预期功能,按照人掌握的知识,合理地利用自然资源的自然属性,构建起一个有层次、有联系的有机体,即 AS,如机械系统、交通系统、社会系统。人作为 AS 的设计者,作用是完成预定功能,AS 的结构、层次及相互联系是按照人的意志产生的,因此 AS 具有人的意识,即人的意识决定 AS。人作为 AS 的建造者,是根据物质的自然属性,加入人的意识进行组合而建造系统。因此 AS 具有自然的物质性,包括实在的物质和抽象的物质,如岩石性质或会关系。AS 的运行是人和自然共同管理的结果,依赖于人的意志性和自然的物质性。另外,AS 也具有人的物质性,即 AS 必须适应人的操作要求和环境适应性。更进一步地,AS 的功能性是人的意识性(使系统趋向于可靠,系统熵降低)和自然意识性(使系统趋向于失效,系统熵增加)的博弈决定的。这说明 AS 具备物质性和认识性。

　　总结观点,NS 具有自然的物质性和意识性,完全受自然控制。AS 具有自然和人的物质性和意识性,同时受到人和自然的控制。但在智能系统代替人后,人对系统的物质性消失。物质性和意识性与系统的关系如表 7.1 所示。

表 7.1　物质性和意识性与系统的关系

系统	人的意识性	人的物质性	自然的意识性	自然的物质性
AS	影响	影响	影响	影响
NS	不影响	不影响	影响	影响

7.1.2　存在即为系统

　　在人的知识和理解范围内,任何事物、物质和现象都是系统,只是存在的层次、规模、结构、功能等有所不同,但都可利用系统的特性进行抽象和泛化。任何系统都可分解成子系统,而子系统仍能继续分解。只是划分用到的工具和技术难以获得,导致人认为存在最基本的不能划分的系统构成单元。历史一次又一次地证明了这点。从显微镜下看细胞,发现了细胞核、核酸、碱基、分子、原子、质子和电子。随着技术手段的更新和理论的发展,又发现了强子、轻子和传播子。但这并不是最终结果,Gabriele Veneziano(1968 年)和 John Schwarz(1974 年)提出的弦论认为自然界的基本单元不是电子、光子、中微子和夸克之类的粒子,而是很小很小的弦的闭合圈,不同的振动和运动会产生不同的基本粒子。这种论述虽然难以验证,但显然将人理解的基本粒子又重新扩展为一种大系统观。因此人对系统的理解总是不断变化不断深入的。人认清了当前层次的系统必将导致更深层次系统的出现。人的意识会无限趋近于自然的本质,但始终无法达到。综上,任何存在的事物、物质和现象都是系统,它们可组成更大的系统,也可划分为更小的系统。

7.1.3 系统的灭亡性

哲学上有两个观点:一是物质不灭论;二是存在必将灭亡。这两种观点看似矛盾,但从系统角度理解则是相通的。"物质不灭"的物质指的是能量,更是组成系统的子系统或基本元件。"存在必将灭亡"指事物的形态和结构,即系统不可能长久存在。由于因素影响,系统必将走向灭亡。笔者在本章参考文献[24]中提出了系统运动空间的思想,认为系统的存在是暂时的,而系统的灭亡是必然的。这里说的"灭亡"指系统结构的瓦解。

下面证明系统在任何情况下都必将瓦解。当自然条件和因素不适合系统存在时,系统功能必将降低。这时系统内部元件发挥的功能必然小于其预定功能。这将导致这些元件效率降低难以实现价值。这时它们将逃离该系统,寻找新的系统以发挥作用。这说明在不利于系统存在的条件下系统将瓦解,即存在必将灭亡;但元件逃离系统后会与其他元件组成新系统,即物质不灭。相反地,系统在适合的环境下也会最终走向瓦解。系统在适合的环境下必将不断发展,所消耗的自然资源增加,导致现有自然环境不适合系统发展,则转变为上述情况。进一步地,如果自然资源无限,系统规模会不断增加。这时系统内部元件迅速增加,导致它们之间能量、物质和信息交流成本大幅增加。这将导致单元实现功能的效率降低。这些单元会逃离系统,使系统复杂性降低以满足自然条件,或者直接使系统瓦解。但维持系统复杂性与自然条件的平衡是困难的。

因此上述两个观点并不矛盾,都可在系统层面予以解释。这也说明了存在的系统必将灭亡,这种灭亡不是物质的湮灭而是系统结构的瓦解。系统演化过程如图 7.1 所示,详细解释见本章参考文献[24]。

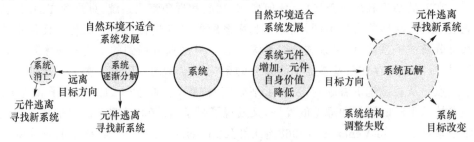

图 7.1 系统演化过程

7.2 系统可靠-失效模型及哲学意义

无论是 AS 完成人的预设目标,还是自然通过随机生成-适应选择得到 NS,它们都是为了完成特定目的。目的是系统设计、制造和运行的最终目标。目的决定了系统的所有特征和属性。系统的目的是完成预定功能,其能力即为系统的可靠性。相对地,无法完成预定功能的能力称为失效性。

可靠性与失效性是对立统一的,两者的并集形成了系统功能状态空间,是统一的存在;两者之间没有交集,因此它们是对立的。对于 NS 而言,系统的可靠-失效并不需要刻意追求。因为自然无时无刻不在利用大量随机生成的系统通过适应选择来得到适合的 NS,而且自然总是将系统的熵值维持在较高水平,可以说自然对全部系统的最终需求(目标)是将自然的总熵达到最大。这是自然法则,不受人的影响。对于 AS 而言,人设计、制造和运行系统的目的是完成预设功能,期间投入的所有成本都必须体现在系统的价值上,即系统能完成功能。所以,人更关注 AS 的可靠性和失效性。基于这些考虑提出了 SRFM,将研究对象划分为人、系统(AS 和 NS)和自然。SRFM 如图 7.2 所示。

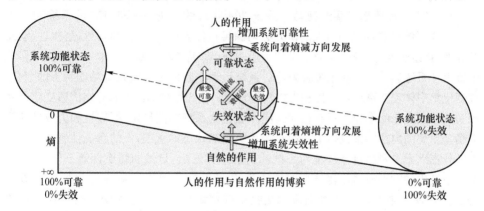

图 7.2 SRFM

图 7.2 中显示的 SRFM 有如下特点。

(1) SRFM 具有人的意识性和自然的物质性——SRFM 的认识论

人的意识性总是使系统的熵值减小以实现系统功能;自然的物质性总是使系统的熵值增加以阻碍系统实现功能。人通过意识活动可以使系统熵值趋近于 0,但无法达到 0,对应于系统可靠性 100%,失效性 0%;自然通过物质性给系统提供不确定的环境条件,使系统丧失功能性,对应于可靠性 0%,失效性 100%。前者是系统发展相对的、暂时的状态;后者是绝对的、一般的状态。由于人的意识性对自然的理解取决于自然的物质性,又因为存在即系统,系统的层次是无限分解的,人的意识被现有的理论和技术所限制,因此只能无限接近自然的实质,但无法达到。如 7.1.1 小节所述,SRFM 也具有人的物质性和自然的意识性,但作用不大,特别是 AS。

(2) SRFM 的可靠性和失效性是对立统一的整体——SRFM 的矛盾论

系统存在的意义是完成功能,其状态只有两种,即可靠状态和失效状态。这两种状态是对立的,相互排斥,具有明显界线;又相互组成了完整的系统功能状态空间。可靠性与失效性可以相互转化。系统很难表示为完全失效或完全可靠,而是一种中间状态。实际所指系统可靠与失效一般是人为设定的阈值。系统运行过程中可能在可靠性状态下涌现出失效状态,这加强了状态空间中失效状态的比例;也可能在失效状态中涌现出可靠状态,这加强了状态空间中可靠状态的比例(这种情况很少)。该过程是系统整体功能状态的量变到质变过程。当人的意识性干预大于自然的物质性干预时,量变质变向着可靠状态转化;反之向着失效状态转化。本章参考文献[24]指出,因素变化是系统可靠-失效状态变化的动力;数据变化是状态变化的表现。人通过分析数据流得到因素流,进而调整因素控制系统状态。但由于技术限制,无法获得全部数据流,也只能在获得数据流中辨识一部分因素;也无法控制全部辨识的因素,只能调整部分因素。因此人的意识性永远无法战胜自然的物质性对系统状态的作用,系统必将向着高熵发展,走向瓦解。系统可靠性与失效性的矛盾和斗争也是人意识性与自然物质性的矛盾和斗争。

(3)SRFM是基于系统视角对系统功能状态的分析——SRFM的系统论

对于系统可靠性和失效性的研究必须满足自然界的系统性、整体性、层次性、动态开放性、自组织性,及辩证唯物主义的物质观、运动观和时空观[5]。本章参考文献[24]中提出了系统运动空间和系统映射论。系统运动空间用于度量系统功能状态的变化,该变化集中体现在系统可靠性和失效性的转化。认为系统的内在和外在因素变化是系统功能状态变化的动力。只有相互适应才能达到系统功能稳定,可靠性和失效性达到平衡。系统的内在因素包括了一切影响系统功能状态的事项,人的意识性属于内在因素。外在因素主要指自然环境对系统功能状态的影响,自然的物质性属于外在因素。但对系统内的物理材料而言自然的物质性也属于内在因素。系统变化是通过数据的变化表现出来的。如果数据流无法收集或辨识将无法确定系统是否存在。从数据流到因素流的转化则是系统的一种等效过程[24],可体现系统的功能变化。因此考虑系统功能状态需要全面了解影响系统的因素和系统表现出来的数据,进而确定系统结构,这也符合系统观点的要求。

(4)SRFM必须具备适合的分析方法——SRFM的方法论

系统由众多子系统构成,子系统之间必将存在信息、能量和物质的交换。显然用机械还原方法论并不适合[25-28],需要唯物辩证科学观。研究系统功能状态,分析可靠性与实效性的相互转化,必须能够收集和处理数据流和因素流。进一步能够分析因素间的相关性和因果性,因此方法需要逻辑推理能力。系统功能状态的变化伴随着各种事件的可靠状态和失效状态。众多事件的状态叠加将影响系统的功能状态。方法需要具备分析不同状态之间的逻辑转化能力。系统功能状态变化不是一蹴而就的,而是一种演化过程,涉及因素、事件、状态传递及过程拓扑结构等事项。方法需要能同时蕴含并分析这些事项的能力。

上述给出了SRFM及其哲学解释,包括认识论、矛盾论、系统论和方法论。这些研究最终落脚于SRFM的方法论。必须建立适合的方法满足SRFM。

7.3 系统可靠-失效模型的智能方法

前文将研究对象划分为人、系统和自然三方面。但对未来复杂系统而言,智能系统必将代替人的作用对系统功能进行控制,保证系统功能稳定。至少应包括对系统功能状态(可靠-失效)的监控、预测、预防、处理和恢复。进一步,发展的智能系统更应具备设计系统、监控数据流和因素流、规划系统功能、调整可靠与失效阈值等能力。这时人不再是系统控制者,而转变为智能系统的辅助者。以智能系统(代表人的意识性)为核心,系统改为完成功能的功能系统,人的物质性及自然的意识性和物质性是外在的环境系统。则在智能情况下,SRFM 可改为智能系统、功能系统(未特殊说明下文简称系统)和环境系统组成的模型。研究对象关系变化如图 7.3 所示。

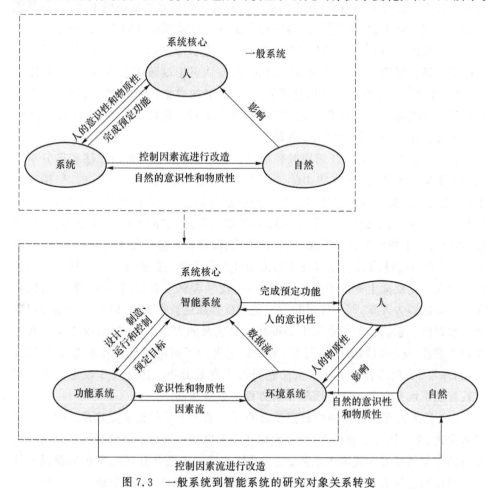

图 7.3 一般系统到智能系统的研究对象关系转变

智能的 SRFM 与第 7.2 节提到的 SRFM 特征及哲学意义相同。只是将人的意识性和物质性分开,前者由智能系统代替,后者与自然的物质性和意识性合并由环境系统代替。根据 SRFM 的方法论,SRFM 的智能方法需要具备一些特征,可使用 IEM、FS、UL 和 SFT 理论完成 SRFM 的智能方法构建。

(1) 信息生态方法论。钟义信教授提出 IEM[25-28]认为:信息(智能是信息的高级产物)研究,需要特别关注它的生长演化过程,研究各个生长环节之间的相互关系、信息生长系统与环境之间的相互关系,以保障信息能够生长成为智能。智能系统需要利用现代信息科学,与机械唯物科学观的机械还原方法论对应,是辩证唯物科学观,强调个体与个体及个体与主体之间的关联性、开放性和演化性。这符合 SRFM 的认识论、矛盾论、系统论。著名安全学家、美国科学院院士 Nancy G. Leveson 也提出了相同的观点[29,30]。他认为实际系统故障概率远大于现有系统故障分析方法得到的结果,其原因在于这些方法仍然是机械还原论方法,不考虑子系统之间的能量、物质和信息交换;而大多系统失效和故障都是子系统之间的意外联系造成的,其观点与 IEM 的观点相似。本章参考文献[20]基于 IEM 建立了故障信息转化定律,可描述为本体论故障信息-认识论故障信息-故障知识-智能安全策略-智能安全行为。故障信息即是 SRFM 中的数据流和因素流。可见,通过 IEM 可对系统功能状态变化过程中的信息进行处理。因此 IEM 是 SRFM 实现智能系统在信息处理方面的方法论保障。

(2) 因素空间理论。汪培庄教授提出的 FS 理论认为因素是描述和区分事物的根本要素。他认为 FS 最突出的优点在于[31]:① 能按目标组织数据,变换表格形式,能处理异构海量数据并对大数据进行组织和存放;② 用背景关系提取知识,可分布式处理,便于云计算;③ 可实现大幅信息压缩,实时在线吞吐数据。可见,FS 理论适合于智能系统对于无人化、智能化、数据化和信息化的需求。另外,笔者在 FS 理论,特别是 FS 理论与安全理论结合方面已有一些研究[32-35]。笔者认为系统安全在一定层面上等同于系统可靠性(一些学者认为有区别[29])。影响系统可靠性的原因即为因素,而系统可靠性变化过程则通过数据表达,即前文提到的因素流和数据流。它们在智能系统中必将是实时监测的大数据形式,因素之间也必将存在关联性,这些问题都可使用 FS 解决。笔者为了研究系统可靠性提出了 SFT 理论,并与 FS 相结合对一些安全问题进行了有效分析。因此,FS 理论是 SRFM 实现智能系统在数据处理及因素分析方面的数学基础。

(3) 泛逻辑理论。何华灿教授提出的 UL,给出了柔性信息处理模式[36-38]。将关系模式、关系模式分类标准、神经元描述及逻辑描述进行了等价研究和分析。在完备的布尔信息处理逻辑关系基础上,增加了反应阈值并且在经典布尔逻辑上补充了四种新逻辑关系。这种刚性逻辑的软化对于系统故障,特别是系统故障演化过程是极为重要的。系统故障是一种演化过程,不但涉及事件、状态传递和过程的拓扑结构,因素影响和事件间逻辑关系也非常重要。柔性处理方式对于事件间逻辑分析十分重要。基于目前的研究,系统功能状态至少存在三种:可靠性状态、失效状态和未知状态。而且未知状态在实际中更为常见。具有三种状态的事件逻辑叠加只能使用 UL 方法建立真值表和运算规则。进而研究系统故障演化过程的拓扑结构和逻辑化简方法,对系统故障的预测、预防和控制具有重要意义。特别是智能系统控制下的系统功能状态分析,可降低系统故障过程复杂程度,化简影响因素,减少数据容量,对智能系统的成功运行至关重要。因此 UL 理论是 SRFM 实现智能系统在多状态逻辑关系推理方面的逻辑基础。

（4）空间故障树理论。完成 SRFM 及其智能分析方法需要上述三种理论的配合,但它们仍然是信息、推理和逻辑方面的理论和方法。SRFM 应基于安全科学领域的基础理论实现,SFT 理论符合该要求。SFT 理论是笔者 2012 年提出的,目前的研究分为四部分。SFT 基础理论[39]用于研究系统可靠性与影响因素的关系;智能化 SFT[40]用于研究故障大数据处理和故障因果关系推理;空间故障网络[41]用于描述和研究系统故障演化过程;系统运动空间和系统映射论[24]用于度量系统运动,研究因素流与数据流关系。本章参考文献[20]指出,SFT 理论与上述三种理论具有天然的结合性。可开放地接纳这些理论,并有机结合。虽然这种结合目前乃至长时间内仍需大量研究,但 SFT 与它们结合可实现智能的 SRFM,是一种面向未来复杂系统的 SRFM 智能方法实现途径。因此,SFT 理论是 SRFM 实现智能系统在安全领域研究的理论平台。

在面对未来复杂系统特征的同时,也需要面对智能系统涌现的事实。人对系统的不断认识,也不断刷新着对系统可靠性和失效性研究的方法论。SRFM 在系统层面上代表了系统功能状态变化的哲学意义。论述了 SRFM 中人、系统和自然之间的关系,这些应从认识论、矛盾论、系统论和方法论角度予以说明,已建立对应的哲学观点。进入智能时代后,智能系统将改变人在系统中的核心地位。人的意识性将被智能系统代替,而人的物质性将和自然的物质性和意识性并入环境系统。因此,SRFM 在智能情况下表现为智能系统为核心,成为功能系统和环境系统之间的作用关系。这种跨越式的变革将改变现有系统的本质,也将改变安全科学基础理论中系统功能状态(可靠-失效)的研究方法论,应该提前进行研究和准备。同样,对于智能科学而言,基本的理论和方法也面临着人的作用逐渐减弱的问题。可参照 SRFM 的思想,对各领域的具体智能理论和方法进行发展,从而实现完整的系统智能化,高效安全地实现系统功能。

本 章 小 结

本章提出了 SRFM,在哲学层面进行了解释,并讨论了实现 SRFM 的智能方法。具体结论如下:

① 基于对系统的研究,提出了一些系统的哲学观点。系统具有物质性和有意识性,说明了 AS 和 NS 与人和自然的物质性及意识性的关系。存在即为系统,说明了人对系统的认识只能无限深入,而不能完全理解的事实。系统的灭亡性,论述了系统无论是否存在于适合的自然环境中,必将走向瓦解的事实。这种灭亡不是物质的灭亡,而是系统结构的瓦解。

② 提出了 SRFM,论述了其哲学意义。将论域划分为人、系统和自然三个部分,研究系统的可靠和失效功能状态变化关系。从认识论、矛盾论、系统论和方法论方面研究了 SRFM 在这些层面的意义和特点。认为 SRFM 满足这四个方面的要求,在哲学观上是合理的。

③ 论述了通过智能方法实现 SRFM 的方式。认为将 IEM 作为 SRFM 的方法论,FS 作为 SRFM 的数学基础,UL 作为 SRFM 的逻辑基础是合理的。以 SFT 作为上述理论融合平台,实现 SRFM 智能,并应用于系统功能状态智能分析是合理的。

本章参考文献

[1] 欧阳秋梅,吴超. 安全观的塑造机理及其方法研究[J]. 中国安全生产科学技术,2016,12(9):14-19.

[2] 周玉佳. 本体安全与符号的索引性:探究社会安全观的人类学分析路径[J]. 西南民族大学学报(人文社科版),2015,36(6):60-64.

[3] 翟安康. "安全问题"的哲学追问[J]. 苏州大学学报(哲学社会科学版),2015,36(3):21-25.

[4] 刘国愈,雷玲. 海因里希事故致因理论与安全思想因素分析[J]. 安全与环境工程,2013,20(1):138-142.

[5] 钟群鹏,张峥,傅国如,等. 失效学的哲学理念及其应用探讨[J]. 机械工程学报,2011,47(2):25-30.

[6] 斯文·欧威·汉森,张秋成. 技术哲学视阈中的风险和安全[J]. 东北大学学报(社会科学版),2011,13(1):1-6.

［7］　冯昊青.安全之为科技伦理的首要原则及其意义——基于人类安全观和风险社会视角［J］.湖北大学学报(哲学社会科学版),2010,37(1):46-51.

［8］　宁德春,王建平.基于科学发展观的安全哲学思考［J］.中国安全科学学报,2009,19(9):71-77,181.

［9］　贾惠彬,盖永贺,李保罡,等.基于强化学习的电力通信网故障恢复方法［J/OL］.中国电力:1-7［2020-01-27］.http://kns.cnki.net/kcms/detail/11.3265.tm.20191225.1637.014.html.

［10］　尹相国,张文,路致远,等.面向智能变电站二次设备的故障诊断方法研究［J/OL］.电测与仪表:1-7［2020-01-27］.http://kns.cnki.net/kcms/detail/23.1202.th.20191225.1017.012.html.

［11］　范士雄,李立新,王松岩,等.人工智能技术在电网调控中的应用研究［J/OL］.电网技术:1-11［2020-01-27］.https://doi.org/10.13335/j.1000-3673.pst.2019.1842.

［12］　徐红辉,王翀,范杰.基于故障状态演化的高速公路机电设备智能维护系统设计［J］.现代电子技术,2019,42(24):112-115.

［13］　SADDAM BENSAOUCHA,SID AHMED BESSEDIK,AISSA AMEUR,et al. Induction motors broken rotor bars detection using RPVM and neural network［J］. Compel,2019,38(2):596-615.

［14］　OMAR NOURELDEEN,HAMDAN I,HASSANIN B. Design of advanced artificial intelligence protection technique based on low voltage ride-through grid code for large-scale wind farm generators:a case study in Egypt［J］. SN Applied Sciences,2019,1(6):1-19.

［15］　王春影.低温环境下汽车发动机运行故障智能诊断仿真［J］.计算机仿真,2018,35(12):131-134.

［16］　ZANG YU,SHANGGUAN WEI,CAI BAIGEN,et al. Methods for fault diagnosis of high-speed railways:A review ［J］. Proceedings of the Institution of Mechanical Engineers,2019,233(5):908-922.

［17］　高凯,宋娜,王红艳,等.基于大数据的地铁车辆智能故障监测系统研究［J］.铁道机车车辆,2019,39(S1):35-39.

［18］　张龙,吴荣真,雷兵,等.基于多尺度熵的滚动轴承故障可拓智能识别［J］.噪声与振动控制,2019,39(6):200-205.

［19］　MELIH KUNCAN,KAPLAN KAPLAN,MEHMET RECEP MINAZ,et al. A novel feature extraction method for bearing fault classification with one dimensional ternary patterns［J］. ISA Transactions, 2019, https://doi.org/10.1016/j.isatra.2019.11.006.

[20] 崔铁军,李莎莎.安全科学中的故障信息转换定律[J/OL].智能系统学报：1-7[2020-01-27].http：//kns.cnki.net/kcms/detail/23.1538.TP.20191205.1008.002.html.

[21] LIU XIAOLIAN, TIAN YU, LEI XIAOHUI, et al. Deep forest based intelligent fault diagnosis of hydraulic turbine[J]. Journal of Mechanical Science and Technology,2019,33(5):2049-2058.

[22] WANG SHIQIANG, XING JIANCHUN, JIANG ZIYAN, et al. A novel sensors fault detection and self-correction method for HVAC systems using decentralized swarm intelligence algorithm[J]. International Journal of Refrigeration,2019,106:54-65.

[23] AMIN NASIRI, AMIN TAHERI-GARAVAND, MAHMOUD OMID, et al. Intelligent fault diagnosis of cooling radiator based on deep learning analysis of infrared thermal images[J]. Applied Thermal Engineering, 2019,163,https://doi.org/10.1016/j.applthermaleng.2019.114410.

[24] CUI TIEJUN, LI SHASHA. System Movement Space and System Mapping Theory for Reliability of IoT[J]. Future Generation Computer Systems, https://doi.org/10.1016/j.future.2020.01.040.

[25] 钟义信,张瑞.信息生态学与语义信息论[J].图书情报知识,2017(6):4-11.

[26] 钟义信.从"机械还原方法论"到"信息生态方法论"——人工智能理论源头创新的成功路[J].哲学分析,2017,8(5):133-144,199.

[27] 钟义信.从信息科学视角看《信息哲学》[J].哲学分析,2015,6(1):17-31,197.

[28] 钟义信.高等智能·机制主义·信息转换[J].北京邮电大学学报,2010,33(1):1-6.

[29] NANCY G LEVESON. Engineering a Safer World：Systems Thinking Applied to Safety[M]. MIT Press,2011.

[30] 唐涛,牛儒.基于系统思维构筑安全系统[M].北京：国防工业出版社,2015,6,12.

[31] 崔铁军,汪培庄.空间故障树与因素空间融合的智能可靠性分析方法[J].智能系统学报,2019,14(5),853-864.

[32] 崔铁军,马云东.基于因素空间的煤矿安全情况区分方法的研究[J].系统工程理论与实践,2015,35(11):2891-2897.

[33] 崔铁军,马云东.因素空间的属性圆定义及其在对象分类中的应用[J].计算机工程与科学,2015,37(11):2170-2174.

[34] 崔铁军,马云东.基于因素空间中属性圆对象分类的相似度研究及应用

[J]. 模糊系统与数学,2015,29(6):56-64.

[35] 崔铁军,李莎莎,王来贵. 完备与不完备背景关系中蕴含的系统功能结构分析[J]. 计算机科学,2017,44(3):268-273.

[36] 何华灿. 重新找回人工智能的可解释性[J]. 智能系统学报,2019,14(3):393-412.

[37] 何华灿. 泛逻辑学理论——机制主义人工智能理论的逻辑基础[J]. 智能系统学报,2018,13(1):19-36.

[38] 何华灿.人工智能基础理论研究的重大进展——评钟义信的专著《高等人工智能原理》[J]. 智能系统学报,2015,10(1):163-166.

[39] 崔铁军,马云东. 多维空间故障树构建及应用研究[J]. 中国安全科学学报,2013,23(4):32-37.

[40] 崔铁军,汪培庄,马云东. 01SFT 中的系统因素结构反分析方法研究[J]. 系统工程理论与实践,2016,36(8):2152-2160.

[41] 崔铁军,李莎莎. 空间故障树与空间故障网络理论综述[J]. 安全与环境学报,2019,19(2):399-405.

第8章 人工智能系统故障分析原理

为研究未来系统在人工智能控制下的系统故障预测、预防、控制和恢复能力，提出一种基于信息生态方法论的人工智能系统故障分析方法。将研究对象划分为人、功能、自然和智能系统；以智能系统为核心，研究故障信息、知识和智能安全生成原理；论述了基础故障意识、情感和理智的特点。研究表明系统故障的人工智能分析必须采用信息生态方法论结合安全科学理论进行。分析原理是基于信息生态方法论，考虑基础故障意识、情感与理智，及即时故障语义信息进行的综合决策与反应，以确保系统在规定条件下完成预定功能。

随着科技水平的进步，未来系统必将是无人化、智能化、信息化和数据化的复杂系统。人们设计系统必须解决两个问题，一是系统的功能性，二是系统的可靠性，它们都将导致系统故障[1,2]。系统的功能性是系统必须达到系统设计的功能和目的。现在设计制造系统都能达到这种要求，即实现系统功能性是相对简单的，技术是成熟的。系统可靠性指系统在规定条件下和规定时间内完成预定功能的能力。可靠性强调系统在完成功能的前提下保持功能的稳定性。例如，系统可以完成一项工作，但该类系统中每个实例系统完成该工作的能力不同。在技术不足时系统对功能性的要求一般大于可靠性；而在技术成熟后对可靠性要求大于功能性。而且一般可靠性和功能性难以兼得。例如，某型坦克的炮管规定发射 2 000 发炮弹后必须更换。但实际情况可能发射 3 000 发后仍可继续发射，但这时极有可能发生炸膛。因此，必须在炮管可靠性较高时停止使用，以保证其可靠性，但牺牲了其功能性。这种情况对简单系统分析是容易的，但对具有复杂特征的系统而言很困难。

这些困难当然与系统的复杂性有关，但更为重要的是方法论的天然缺陷。由于伴随着人类发展而建立的科学体系之前面对的系统都是较为简单的，进而形成了机械唯物主义科学观，即机械还原方法论。机械还原方法论认为系统可不加限制地进行拆分，再研究拆分得到的子系统的功能性和可靠性，最终通过系统与子系统结构关系叠加子系统系统功能性和可靠性，得到系统的功能性和可靠性。这种思路广泛应用于系统功能设计过程和可靠性分析过程,但忽略了子系统之间的相互作用,造成系统功能性和可靠性降低。特别是复杂系统基于机械还原方法论将导致严重且频繁的系统故障。因此,对于具有无人化、智能化、信息化和数据化的复杂系统,其系统故障分析必须克服上述问题。

　　系统故障的智能化分析在一定程度上可解决该问题。这方面最新的国内研究包括天文望远镜智能故障辅助诊断[3]、使用强化学习的电力通信网故障恢复[4]、智能变电站二次设备故障诊断[5]、地铁车辆智能故障监测系统[6]、多尺度熵滚动轴承故障可拓智能识别[7]、高速公路机电设备智能维护[8]、安全科学的故障信息转换[9]、人工智能电网调控[10]、继电保护智能运行管控[11]、汽车发动机运行故障智能诊断[12]。国外也有大量研究,包括机器学习与人工智能在复杂制造系统故障预测中的应用[13]、分散群智能空调系统传感器故障检测[14]、深度学习散热器智能故障诊断[15]、轴承故障分类特征提取方法[16]、基于 RPVM 和神经网络的异步电动机转子断条检测[17]、高速铁路故障诊断[18]、风力发电机组先进人工智能保护技术[19]、水轮机智能故障诊断[20]。虽然这些研究在相关领域取得了成果,但仍未摆脱方法论的本质问题。

　　目前,人工智能研究主要有三大流派[21-24]:结构主义流派,认为信息与智能是人脑结构决定的,将人对信息的处理和智能行为归结于人脑结构,如神经网络模型;功能主义流派,认为只需要在功能层面上对信息和智能进行处理,如专家系统;行为流派,通过感知客体的运行和行为来模拟智能行为。它们实质是对人工智能在三个角度的诠释,不同角度理解不同。人工智能应该是脑的结构、功能和行为的统一,而不是相互割裂,甚至对立。这也是目前智能科学发展中使用机械还原论造成的结果。

　　综上,将以系统故障分析为主线,利用钟义信教授提出的信息生态方法论作为智能分析方法论,讨论人工智能系统故障分析原理。进而规避分而治之的机械还原方法论对系统故障分析带来的问题。最终保障系统功能性和可靠性,使系统安全运行。

8.1　系统故障的智能分析思路

　　随着科技进步和人类发展,人造系统势必将代替人的大部分功能。系统在完成这些功能的同时需要面对另一个重要问题,即完成这些功能的可靠性,或者说是否有阻碍完成这些功能的事件,即系统故障。在未来系统必将拥有高度的人工智能,那么如何满足系统正常实现功能,预测、预防、控制和恢复系统故障是必须提前考虑的问题。

为研究该问题,将研究对象划分为人系统、功能系统、人工智能系统故障分析系统及环境系统。人系统指正常的自然人。功能系统是人设计的,完成预定目的的系统。人工智能系统故障分析系统指人设计的、帮助人分析功能系统故障的、具有人工智能特征的、能代替人的系统,简称智能系统。环境系统指人系统、功能系统、智能系统所在的环境的总和。以智能系统为核心研究对象,论述人工智能系统故障的分析原理。

传统的且现在主流的方法论是机械还原方法论,是一种机械唯物科学观。机械还原方法论认为复杂系统拆分后所得子系统的功能之和与原系统相同;认为个体与个体、个体与主体相互独立,具有封闭性和确定性。但系统故障分析显然不这么简单。美国科学院院士、系统安全知名专家南希埃文森教授[25,26]指出,目前系统故障分析方法得到的系统故障概率远小于实际系统故障发生概率。他给出的原因是子系统与子系统、子系统与系统之间的相互作用往往是意外的,不知情的。这导致系统设计时完全无法考虑这些联系。这即是笔者想说明的使用传统机械还原方论研究系统故障情况、演化过程及其结果难以适用的根本原因。这种方法论割裂了子系统之间的联系,而大多系统故障是子系统之间能量、信息、物质传递错误引起的。这些错误在机械还原方法论中不能体现。

幸运的是钟义信教授提出了信息生态方法论,其是辩证唯物科学观,认为事物具有普遍联系,个体与个体及主体有着相互作用,是开放的、具有生态演化的方法论。智能系统作为保障功能系统完成功能的控制系统,与其余系统的相互作用是一种普遍存在的联系。智能系统作为主体,客体分为人系统、功能系统和环境系统。这种划分也考虑到安全领域对研究对象的划分,即人(人系统)、机(功能系统)、环(环境系统)和管(智能系统)。在未来复杂系统中,智能系统必将成为整个系统的核心,将调解功能系统、环境系统与人系统的关系,如图8.1所示。

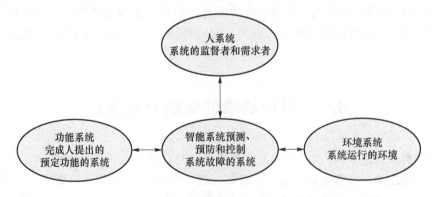

图 8.1　研究对象系统的划分

本章参考文献[9]指出,故障信息转化定律可描述为本体论故障信息-认识论故障信息-故障知识-智能安全策略-智能安全行为。本体论故障信息指客体系统状态及变化的方式,是客体系统本身表现出来的信息,即人系统、自然系统和功能系统给出的信息。认识论故障信息指主体系统能够感知到的客体系统的本体论信息,是主体系统能接收的故障信息,即为智能系统接收的信息。故障知识指认识论故障信息由主体系统进行智能加工、理论和记忆,形成可处理客体系统故障的规则。智能安全策略指主体利用基础故障意识、情感和理智综合决策生成的智能策略,用于指导主体实施带有减少故障目的的智能安全行为。智能安全行为指主体根据智能策略对客体实施的带有防止故障目的的行为。智能系统要完成上述故障信息转化过程,应根据故障控制目标,具备故障知识的前提下完成。本章参考文献[27]给出的人工智能系统通用模型,提出人工智能系统故障分析原理,如图 8.2所示。

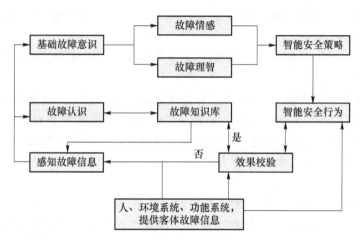

图 8.2　人工智能系统故障分析原理图

图 8.2 思路钟义信教授称为"信息转化与智能创生"[27],这里笔者将其称为"故障信息转化与智能故障分析",即故障分析原理。如果运用结构主义(如神经网络)、功能主义(如专家系统)或是行为主义(感知系统),那么形成的故障分析原理图只是图 8.2 展示流程的一部分[27]。因为上述三种主义都是机械还原方法论,割裂了子系统之间的关系,得到的故障分析原理图是图 8.2 在某一方面的化简。其结果并不完全,也不能适用于图 8.1 给出的系统结构划分。

因此,研究适应未来智能和数据环境下的人工智能系统故障分析原理,只能使用辩证的信息生态方法论。其具备了机械还原论对于各子系统的研究特点,即人系统、功能系统、环境系统、智能系统各自特征;也能够辩证地讨论各子系统之间的相互作用,即能量、信息、物质的相互传递。信息生态方法论满足系统故障分析特点,适合于无人化、智能化、大规模、数据化的系统故障分析。

8.2　故障信息、故障知识和智能安全生成原理

根据信息生态方法论，系统故障分析所使用智能系统的任务应为研究故障信息的整体变化过程，即本体论故障信息-认识论故障信息-故障知识-智能安全策略-智能安全行为的过程。进一步可化简为信息-知识-智能[9]，对应的三个主要过程为故障信息生成、故障知识生成和智能安全生成。

8.2.1　故障信息生成原理

基于第 8.1 节对主体（智能系统）和客体（人系统、功能系统和环境系统）的划分给出如下相关概念。

定义 8.1　客体故障信息：人系统、功能系统和环境系统状态及其变化过程体现出的信息。

根据本章参考文献[28]，客体信息包括因素流和数据流。因素流为表征人系统、功能系统和环境系统的所有状态类别的连续状态。数据流为因素流中包含的，连续不断的人系统、功能系统和环境系统的各因素状态变化的数据。这两个概念是笔者提出的空间故障树理论研究的第四部分系统运动空间与系统映射论的研究成果。

系统运动空间认为人建立的人工智能系统是对自然系统（包括人工系统或自然系统）的无限功能接近，但无法达到[28]。期间自然系统与人工智能系统存在着对应关系。自然系统以数据流为先，智能系统接收数据流，进而归类数据确定因素，形成因素流；智能系统改变因素流，进而对自然系统进行控制。由于科技水平的限制，智能系统无法辨识所有的数据流，现有手段也无法控制所有的因素流，因此智能系统只能模仿自然系统功能的一部分。因此，因素流和数据流可表征客体系统（人系统、功能系统和环境系统）的存在，进而表征系统故障。

定义 8.2　感知故障信息：主体（智能系统）能够感知的客体状态及其变化过程中散发出来的因素流和数据流，包括故障信息的形式（语法信息）、内容（语义信息）和效用（语用信息）。

故障信息形式又称为语法信息，包括因素流和数据流，描述故障过程变化和特征；故障信息效用又称为语用信息，描述在具备故障信息形式时对应的故障变化情况；故障信息的内容称为语义信息，代表了故障形式与故障效用的对应关系，即为一种映射。本章参考文献[28]中类似的研究称为系统映射论，认为系统内部结构是因素流与数据流的对应关系。这种系统内部结构就是系统外部影响与系统目标

的对应关系,对应于这里的语义信息。主体对于客体的认识是语法、语义和语用三位一体的认识。故障信息生成过程:客体发散出数据流给主体,主体分辨出因素流,因此主体感知到客体的存在,并由数据流和因素流形成故障信息形式;对应地在此情况下客体表现出主体设定目标的达成情况,形成故障信息效用;故障形式和效用组成了对应关系,形成了故障信息内容,即映射关系。这就生成了一条故障信息。故障信息经过处理将进一步形成常识故障知识、经验故障知识和规范故障知识,加之本能故障知识就建立起故障知识库。

8.2.2　故障知识生成原理

将故障信息转化为故障知识即为故障知识的生成原理。故障信息与故障知识是有区别的。故障信息是表面的,是客体变化过程中散发出的因素流和数据流。由于技术限制,故障信息往往是离散的、随机的、模糊的,并伴随着错误的信息,是系统故障变化的表象。故障知识是在因素流与数据流基础上得到的对应关系,可表征根本的系统故障变化过程。可对新出现的故障语法信息,在没有语义情况下预测和判断对应的语用,从而采取应对措施。从故障信息到故障知识的生成过程主要通过归纳总结完成,形成故障知识后存入故障知识库,如图 8.2 所示。

8.2.3　智能安全生成原理

智能安全包括智能安全策略和智能安全行为。钟义信教授指出的思想[27],智能安全至少包括故障意识、故障情感和故障理智三个概念层次。它们都涉及知识的获取并做出相应的反应,但不同层级的知识和反应是不同的。

定义 8.3　基础故障意识[9]:根据主体本能故障知识和常识故障知识产生的基础意识反应。

主体对客体故障的认识包括本能故障知识和常识故障知识。本能故障知识是主体自有的,不需要经验积累形成的知识;常识故障知识是通过故障知识反复校验客体系统得到的。故障意识的过程如式(8.1)所示。

$$M(I(\boldsymbol{F},\boldsymbol{D}),K_{ic},G)=R_{ic} \tag{8.1}$$

式中:M 代表从信息和知识到反应的映射;I 代表主体对故障的语义信息;$\boldsymbol{F}$ 为因素流;$\boldsymbol{D}$ 为数据流;K_{ic} 表示本能故障知识和常识故障知识;G 表示系统故障最少的目标;R_{ic} 表示基础意识反应。

定义 8.4　故障情感:主体根据本能故障知识、常识故障知识和经验故障知识产生感情反应。

经验故障知识可从故障语义信息(它是感知信息/认识论信息的代表)归纳得

到。故障情感比基础故障意识利用了更多的经验故障知识，故障情感只在基础故障意识之上才能发生。故障情感过程如式(8.2)所示。

$$M(I(\boldsymbol{F},\boldsymbol{D}),K_{ice},G)=R_{ice} \tag{8.2}$$

式中：K_{ice}表示本能故障知识、常识故障知识和经验故障知识；R_{ice}表示感情反应。

定义 8.5 故障理智：主体根据本能故障知识、常识故障知识、经验故障知识和规范故障知识产生理智反应。

故障理智比基础意识利用了更多的经验故障知识和规范故障知识，故障理智只在基础故障意识之上才能发生。故障理智过程如式(8.3)所示。

$$M(I(\boldsymbol{F},\boldsymbol{D}),K_{ices},G)=R_{ices} \tag{8.3}$$

式中：K_{ices}表示本能故障知识、常识故障知识、经验故障知识和规范故障知识；R_{ices}表示理智反应。

8.3　四种故障知识的获得、特性与应用

由于研究的主体是智能系统，它本身是由人设计的、在通常情况下独立于人运行的、保证系统正常运行的智能故障分析控制系统。因此，对于智能系统而言，冠以基础故障意识、故障情感和故障理智难以理解。实际上钟义信教授认为智能应该包括这三个层次。进一步地，它们基于本能故障知识、常识故障知识、经验故障知识和规范故障知识，而智能系统获得这些知识是可行的、合理的。

本能故障知识是智能系统最难理解但却最易接受的知识。它包含了人对于系统故障过程的最基本观点和看法。人可以将对系统故障的本能语义信息写入智能系统的故障知识库，作为智能系统最基本的反应规则，而不需要进一步处理和推理。由于上述特点，智能系统可利用本能故障知识最为快速地进行故障处理。

经验故障知识往往来源于系统设计者知识的直接写入，而系统运行后的经验故障知识则来源于系统运行过程中的故障语义信息收集和写入。经验故障知识往往偏重于个体经验，可体现功能系统在特定条件下独有的故障语义信息，具有排他性。

规范故障知识是经过经验故障知识在同类的不同个体(同类功能系统对应的智能系统)之间传播，并经过智能系统验证、修正、提炼和写入故障知识库的故障语义信息。具有一定范围内的通识性。

常识故障知识是规范故障知识经过长期的、大量同类的不同个体验证，并达成一致且有统一认识的故障语义信息。一旦确定一般不进行修改。

因此这四种故障知识都可以通过主体(智能系统)对客体(功能系统和环境系统)的学习，或客体(人系统)直接授予主体完成。对于实际系统的故障分析、预测

和控制,智能系统可根据实际情况(故障信息语法)运用基础故障意识、故障情感和故障理智和四种故障知识进行反应。

基础故障意识根据故障语义信息利用主体本能故障知识和常识故障知识进行主体反应。首先考虑本能故障知识,其代表了智能系统最基本的趋利避害的原则目标。且本能故障知识相对较少,可直接通过识别以最快的响应速度给客体提供支持。常识故障知识较本能故障知识更多,通过寻找匹配条件完成对客体的支持,更为具体,但效率降低。

故障情感根据本能故障知识、常识故障知识和经验故障知识产生主体感情反应。本能故障知识和常识故障知识的处理与基础故障意识相同。经验故障知识往往是针对同一类故障的经验。由于经验本身具有一定的不确定性,智能系统可能会得到一些可选方案。作为主体的智能系统可根据客体的即时故障语法信息得到故障语义信息采取行动。一般是一种模糊决策过程,当然也可以使用其他方法。

故障理智根据本能故障知识、常识故障知识、经验故障知识和规范故障知识产生主体理智反应。与故障情感的区别在于拥有规范故障知识。当故障问题在上述层面难以解决时,可利用规范故障知识进行逻辑推理获得主体理智反应。当问题更加困难时,在规范故障知识的基础上运用智能方法加以分析,如深度学习、神经网络等方法。

可见,基础故障意识、故障情感和故障理智可处理逐渐复杂的故障问题,但处理效率会降低,反应速度会变慢。本能故障知识、常识故障知识、经验故障知识和规范故障知识对系统故障语义信息抽象的程度越来越低,语义信息的数量则是增加的。

智能系统的核心任务是根据故障语义信息提供适合的智能安全行为保障系统完成预定功能。智能安全行为取决于智能安全策略。智能安全策略需要综合考虑基础故障意识、情感与理智。因此最终得到的人工智能系统故障分析原理可表述为基于信息生态方法论,考虑基础故障意识、故障情感与故障理智,及即时故障语义信息的综合安全决策与降低故障反应生成过程,目的是确保系统在规定条件下完成预定功能。

本 章 小 结

本章研究了利用信息生态方法论对系统故障进行智能分析处理的基本原理,主要结论如下:

① 对系统的研究对象进行了划分,针对未来系统特点将智能系统作为研究主体。认为研究适应未来智能和数据环境下的人工智能系统故障分析原理,只能使

用辩证的信息生态方法论实现。

② 结合信息生态方法论和系统运动空间及系统映射论,提出了故障信息、故障知识和智能安全生成原理。它们涉及了本能故障知识、常识故障知识、经验故障知识、规范故障知识、故障语义信息的因素流和数据流、系统故障最少的目标。

③ 研究了四种故障知识的获得和特性,以及基础故障意识、故障情感和故障理智的特点和应用。认为人工智能系统故障分析原理是基于信息生态方法论,考虑基础故障意识、故障情感与故障理智,及即时故障语义信息的综合安全决策与降低故障反应生成过程,目的是确保系统在规定条件下完成预定功能。

本章参考文献

[1] CUI TIEJUN,LI SHASHA. Deep Learning of System Reliability under Multi-factor Influence Based on Space Fault Tree[J]. Neural Computing and Applications,https://doi.org/10.1007/s00521-018-3416-2.

[2] 崔铁军,马云东.多维空间故障树构建及应用研究[J].中国安全科学学报,2013,23(4):32-37.

[3] 张豫龙,王建峰,李陶然,等.基于观测图像识别的天文望远镜智能故障辅助诊断系统[J/OL].天文研究与技术:1-10[2020-01-27].https://doi.org/10.14005/j.cnki.issn1672-7673.20200106.003.

[4] 贾惠彬,盖永贺,李保罡,等.基于强化学习的电力通信网故障恢复方法[J/OL].中国电力:1-7[2020-01-27].http://kns.cnki.net/kcms/detail/11.3265.tm.20191225.1637.014.html.

[5] 尹相国,张文,路致远,等.面向智能变电站二次设备的故障诊断方法研究[J/OL].电测与仪表:1-7[2020-01-27].http://kns.cnki.net/kcms/detail/23.1202.th.20191225.1017.012.html.

[6] 高凯,宋娜,王红艳,等.基于大数据的地铁车辆智能故障监测系统研究[J].铁道机车车辆,2019,39(S1):35-39.

[7] 张龙,吴荣真,雷兵,等.基于多尺度熵的滚动轴承故障可拓智能识别[J].噪声与振动控制,2019,39(6):200-205.

[8] 徐红辉,王翀,范杰.基于故障状态演化的高速公路机电设备智能维护系统设计[J].现代电子技术,2019,42(24):112-115.

[9] 崔铁军,李莎莎.安全科学中的故障信息转换定律[J/OL].智能系统学报:1-7[2020-01-27].http://kns.cnki.net/kcms/detail/23.1538.TP.20191205.1008.002.html.

[10]　范士雄,李立新,王松岩,等. 人工智能技术在电网调控中的应用研究[J/
　　　OL]. 电网技术:1-11[2020-01-27]. https://doi. org/10. 13335/j. 1000-3673.
　　　pst. 2019. 1842.

[11]　盛海华,王德林,马伟,等. 基于大数据的继电保护智能运行管控体系探索
　　　[J]. 电力系统保护与控制,2019,47(22):168-175.

[12]　王春影. 低温环境下汽车发动机运行故障智能诊断仿真[J]. 计算机仿真,
　　　2018,35(12):131-134.

[13]　SATISH T S BUKKAPATNAM, KAHKASHAN AFRIN, DARPIT
　　　DAVE,et al. Machine learning and AI for long-term fault prognosis in
　　　complex manufacturing systems[J]. CIRP Annals-Manufacturing Technology,
　　　2019,68(1):459-462.

[14]　WANG SHIQIANG,XING JIANCHUN,JIANG ZIYAN ,et al. A novel
　　　sensors fault detection and self-correction method for HVAC systems
　　　using decentralized swarm intelligence algorithm[J]. International Journal
　　　of Refrigeration,2019,106:54-65.

[15]　AMIN NASIRI, AMIN TAHERI-GARAVAND, MAHMOUD OMID, et
　　　al. Intelligent fault diagnosis of cooling radiator based on deep learning
　　　analysis of infrared thermal images[J]. Applied Thermal Engineering,
　　　2019,163,https://doi. org/10. 1016/j. applthermaleng. 2019. 114410.

[16]　MELIH KUNCAN,KAPLAN KAPLAN,MEHMET RECEP MINAZ,et
　　　al. A novel feature extraction method for bearing fault classification with
　　　one dimensional ternary patterns[J]. ISA Transactions, 2019, https://
　　　doi. org/10. 1016/j. isatra. 2019. 11. 006.

[17]　SADDAM BENSAOUCHA,SID AHMED BESSEDIK,AISSA AMEUR,
　　　et al. Induction motors broken rotor bars detection using RPVM and
　　　neural network[J]. Compel,2019,38(2):596-615.

[18]　YU ZANG,WEI SHANGGUAN,CAI BAIGEN,et al. Methods for fault
　　　diagnosis of high-speed railways:A review[J]. Proceedings of the Institution of
　　　Mechanical Engineers,2019,233(5):908-922.

[19]　OMAR NOURELDEEN, HAMDAN I, HASSANIN B. Design of advanced
　　　artificial intelligence protection technique based on low voltage ride-
　　　through grid code for large-scale wind farm generators:a case study in
　　　Egypt[J]. SN Applied Sciences,2019,1(6):1-19.

[20]　LIU XIAOLIAN, TIAN YU, LEI XIAOHUI, et al. Deep forest based
　　　intelligent fault diagnosis of hydraulic turbine[J]. Journal of Mechanical

Science and Technology,2019,33(5):2049-2058.

[21] 钟义信,张瑞. 信息生态学与语义信息论[J]. 图书情报知识,2017(6):4-11.

[22] 钟义信. 从"机械还原方法论"到"信息生态方法论"——人工智能理论源头创新的成功路[J]. 哲学分析,2017,8(5):133-144,199.

[23] 钟义信. 从信息科学视角看《信息哲学》[J]. 哲学分析,2015,6(1):17-31,197.

[24] 钟义信. 高等智能·机制主义·信息转换[J]. 北京邮电大学学报,2010,33(1):1-6.

[25] NANCY G LEVESON. Engineering a Safer World:Systems Thinking Applied to Safety[M]. Cambridge:MIT Press,2011.

[26] 唐涛,牛儒. 基于系统思维构筑安全系统[M]. 北京:国防工业出版社,2015.

[27] 钟义信. 机制主义人工智能理论——一种通用的人工智能理论[J]. 智能系统学报,2018,13(1):2-18.

[28] CUI TIEJUN, LI SHASHA. System Movement Space and System Mapping Theory for Reliability of IoT[J]. Future Generation Computer Systems,2020,107:70-81.

第9章　故障数据及因果关系智能分析

　　为适应未来智能环境和安全领域的故障数据分析需求,本书提出了系统故障因果关系分析思想。首先本书论述了通过数理统计方法分析系统故障数据存在的问题。然后本书研究了系统故障的相关性和关联性,前者基于故障数据,反映故障表象;后者基于故障概念,反映故障本质。本书将智能情况下的故障因果分析划分为四个层次(数据驱动、因素驱动、数据-因素驱动、数据-因素-假设驱动),特点分别是获得广泛的故障因果关系,深入了解因果关系,两者兼顾和更接近于人的思维。四种驱动对故障因果分析的能力依次上升,可为安全科学与智能科学结合提供渠道。

　　面对无人化、智能化、信息化和数据化的复杂系统,目前的系统故障分析方法存在明显不足,特别是智能科学和技术涌现后问题更加严重。首先是故障数据的分析。故障数据有自身的特点,难以提取、存在较多的冗余和错误,通过数理统计方法难以获得准确而深入的故障因果关系。其次是在故障数据基础上只能通过分析数据得到故障因果关系。但这种关系完全基于数据,虽然能广泛了解故障因果关系,但难以深入研究基本影响因素。这将进一步导致故障预测、预防和治理的困难。最后是面向复杂系统故障的智能管控系统的基础数学理论不充分。单纯基于故障大数据和因素,而不考虑数据与因素的关系和人的假设条件,难以通过智能系统管控和分析复杂系统故障。

　　目前关于系统故障数据的智能处理及因果关系研究的文献不多,较新的研究包括:光纤通信故障数据智能检测[1];故障数据因果关系的智能诊断[2];空间故障树与因素空间融合的智能可靠性分析[3];自适应选择融合的智能故障分类[4];智能变电站网络设备故障定位[5];智能电表运行故障监控[6];智能电能表故障类型预测[7];智能电网监控大数据模型构建[8]。这些研究在各自领域取得了较好的成果,但并没有解决故障数据处理和故障因果关系分析等本质理论问题。

　　本书根据相关问题的研究经验[9-17],对上述三个问题提出了一些看法。本书论述了通过数理统计方法分析故障数据的弊端;给出了系统故障原因及结果的相关性和关联性的区别;论述了智能系统对故障因果关系分析的四个层次。希望本书能为复杂系统故障分析提供智能方法。

9.1 故障数据的数理统计

广义的数据包含了各种数据形式。系统的存在对于人们而言就是能获得系统发散出来的数据。数据是系统存在的表现形式。但受限于技术方法，人们在不能获得数据时将难以判断系统存在，更难以了解系统特性。这是系统层面的问题，但专业技术领域可能更加严重。

安全科学相对而言是较新的，涉及社会的方方面面。与其他科学相同，其基础理论的建立需要大量数据支持。虽然安全理论多数来源于相关学科，但也需要这些数据。人们对系统的要求是在规定时间内、在规定条件下完成预定功能，即系统可靠；与之对应的是系统失效。通常，在给定条件下系统都是可靠的，系统的可靠状态是常态。当遇到意外时系统可能会失效。这种失效是人们关心的问题，因此研究系统安全主要关注于系统失效状态。

如上所述，对系统失效的研究也立足于数据。系统运行时的数据可分为正常数据和异常数据。可靠性和失效性就蕴含在这些数据之中。失效性特征蕴含在异常数据（即故障数据）中，正常数据也有作用但不直接。因此，研究系统安全的主要基础就是故障数据。那么我们应该如何监测、收集、筛选、分析和处理故障数据？

这里不论述监测和收集问题，因为这些偏重于硬件。在获得故障数据后如何处理才是关键问题。系统故障一般具有因果关系，即哪些事件导致了故障，故障又导致了哪些事件发生。因此安全科学，特别是故障研究最终需要揭示故障之间的因果关系。处理故障数据的方法很多，但目前最常用的是数理统计。数理统计之父 Karl Pearson 热衷于从基础数据归类得到表征变量，然后使用这些变量研究事物的关系[18]。通过两个随机变量的联合分布表达它们之间的联系。这当然取得了极大的成功，奠定了数理统计基础。但这种联系说明了什么问题？比如，交通事故和时间的对应分布关系。6：00—8：00 和 17：00—19：00 时间范围内交通事故达到峰值并正态分布，说明交通事故与时间存在联系，但这种关系并非因果关系。因为联合分布得到的因果关系具有双向性[18]。即由甲推断乙，同时由乙也可以推断甲。那么这个例子就变成了时间与交通事故存在联系，这显然难以解释。在数理统计发展中也有类似的争论。以父亲的身高推断儿子的身高，发现相关椭圆的主轴向自变量轴偏转，说明具有遗传回归性，即儿子的身高与父亲的身高相关；有人用儿子的身高推断父亲的身高，得到了同样的现象[18]，说明儿子的身高与父亲的身高互为因果。这使得 Pearson 的追随者们难以理解，并从此在数理统计研究中回避这类问题，一直影响到现在。

正如上述问题，交通事故与时间之间有一个人流的因素，上班时间人流多，而人流多造成交通事故；父亲与儿子存在内在的基因联系，他们的身高也与环境相关。因此只用数理统计方法研究故障数据中的各种原因和故障关系是不充分的。这将直接导致故障原因控制不当，甚至原因本身就是错误的。正如作者提出的空间故障网络理论描述系统故障演化过程所述，原因和结果之间可能存在多条通路，通路上事件的控制将不能阻止结果发生。更为关键的是没有分析故障发生的本质原因。

9.2　系统故障的相关性和关联性

相关性和关联性在日常生活中是相近甚至相同的，但这里要进行区分。汪培庄教授提出的因素空间理论[19]是智能科学的数学基础。因素空间理论认为，关联性层次要高，存在于概念层面；而相关性较低，存在于变量层面。因素空间中的"因"不是原因而是影响因果关系的因素。故障的原因和结果实际上是笼统的，期间蕴含了很多影响原因和结果的因素。

关联性存在于概念，它是很多知识，包括本能、经验、规范和常识等的集合。它可以独立于数据通过人或者人工智能直接得到。它是对象状态或属性层面的事物。比如，甲的 A 状态增加，乙的 B 状态增加，因此它们是关联的。最通俗的例子是鸡鸣和天亮之间的关系。由鸡鸣可推知天亮，由天亮可推知鸡鸣。前者（"由鸡鸣可推知天亮"）——鸡鸣是鸡的本能因素，天亮是条件因素；可以说成天亮是原因，鸡鸣是结果。后者（"由天亮可推知鸡鸣"）——不能说成鸡鸣是原因，天亮是结果。但因素空间在广义上承认后者的因果关系，即广义因果关系。后者在人工智能方面可能更具有效用，是人们对自然界规律的总结。人们不会关心天亮了鸡为什么打鸣，而会关心鸡打鸣预示着天亮了。因此关联性取决于知识和概念层面的意义。基于状态和属性层面的关联性是广义因果论。

相关性在于具体的数据层面，相关性是通过数据分析得到的不同类型的数据之间的关系。最简单的例子是在线性代数中两组数据有联系称为线性相关。正如 9.1 节提到的交通事故与时间存在正态分布关系，即为两者相关。相关性分析往往用于比较复杂和数据量较大且经验不足情况下的两种事物关系分析。正如 9.1 节使用数理统计方法的弊病一样，只能得到在数据分布情况上的相关性。可能根本不具有因果关系或者有中间事件传递了因果关系。基于数据层面得到的相关性是狭义因果论。

因素空间承认狭义因果论和广义因果论，在因素层面上讨论因果关系。因素是表征事物和区别事物的特征要素，因果关系之间可能存在众多因素影响着它们。这将导致同因不同果，或者同果不同因，甚至因果相同时经历完全不同的发展过程。这使因果关系存在多样性（即使表面上类似）。所以因果分析应基于数据的狭义因果论和基于状态的广义因果论，即从因素的关联性和相关性两个方面寻找对结果最有影响的因素，进而找到基本原因。

9.3　故障因果分析的四个层次

　　图灵奖得主 M. 珀尔于 2018 年出版的《为什么——关于因果关系的新科学》一书中提到[18]：因果性研究有三个层次：①关联与相关研究，关联与相关研究是统计学和人工智能现行的广义因果性研究；②干预研究，当有第三方因素影响时，研究剔除该因素后两者之间的关系；③反事实推理，反事实推理认为数据是事实记录，机器学习把学习和推理局限在事实世界，但是人脑思维能跳出事实进行假想。基于笔者对故障数据及原因的分析，特别是智能分析[9-17]，笔者认为故障因果分析可分为四个层次——数据驱动、因素驱动、数据-因素驱动、数据-因素-假设驱动。如图 9.1 所示[20,21]，左侧为系统运动空间和系统映射论的表示，右侧为四个层次关系。

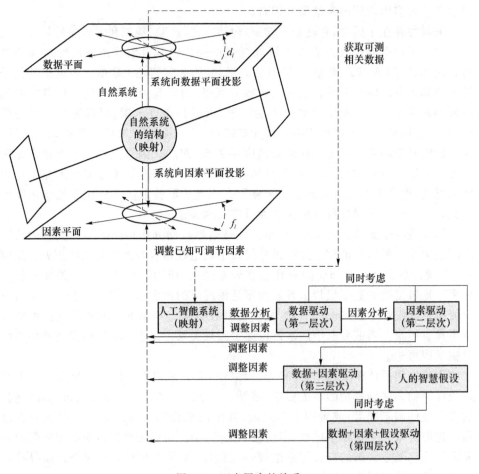

图 9.1　四个层次的关系

9.3.1　数据驱动

目前各门类科学基本都是以数据作为基础建立理论体系。在提出各种理论的同时也需要找到相应的数据进行验证,因此数据成为现代科学发展的基础。但正如第 8.1 节所述,数据本身就是难以解决的问题。因为系统存在是通过数据的波动表现出来的。第一种情况,系统数据恒定,但系统很难被认知。比如存在于宇宙中的微波背景辐射,这类数据一直存在,人类无从分辨。第二种情况,系统散发数据且不断变化,但人类现有的技术无法探测。这样的系统对于人类而言是不存在的,因为没有对应的数据。比如黑洞,由于光无法逃离它,因此人类看不到它,但它确实存在。第三种情况,数据变化且能被探测,但可能无法处理,即无法通过现有方法进行处理或得不到需要的科学结果。这种情况是目前最普遍的,比如数理统计理论,数理统计理论是基于现有数据,通过数据分析找到不同因素之间的关系。这种关系通常只是数据层面的现象关系,既不是因果逻辑关系,也不是推理得到的关系,甚至这种关系是假象。目前的智能科学大数据技术也是基于数据的,相较于数理统计,其数据量规模更大,可区分和挖掘的结果更多。但大数据技术是否有效取决于其数据的完整性和因素的全面性。如果数据存在不完整、冗余和错误,或者因素不完整、因素相关和冗余,大数据分析也无法得到真实的因果关系。

这些对安全领域的故障研究十分不利,无论是使用数理统计,还是使用智能或者大数据技术,只依赖于数据而不重视因素都无法分析故障的因果关系。因此我们将数据驱动作为故障因果分析的第一阶段。

9.3.2　因素驱动

因素是区分事物状态的基本要素,从因素角度可对事物进行划分。方法一般是定性分析,如主成分分析、差分分析、分解分析等。因素驱动的分析以因素作为基础,对同一系统,通过分析因素及其量值差异可获得该系统的状态、发展趋势、发生故障的可能性等。对多个不同系统,可通过区分因素及其量值来区分系统,进行聚类分析;也可通过因素的合取与析取,将因素进一步拆分或者合成。前者细化因素增加系统特征;后者减少因素形成关键字以示区别。基于因素驱动的方法很多,因素空间理论是其中之一[22-24]。将安全科学与因素空间结合,特别是空间故障树理论与因素空间的结合,为安全理论的智能化发展提供了一条途径。笔者基于因素空间,分析了矿业、机械、人因和电气系统故障过程,研究得到了原因与系统故障之间的关系[9-17]。笔者提出了针对故障数据的因素分析法。因此我们将因素驱动作为因果故障分析的第二阶段。

9.3.3　数据-因素驱动

笔者在本章参考文献[20,21]中给出了更为抽象的系统故障变化过程表述,提出了系统运动空间及系统映射论。系统运动空间用于度量系统运动,即系统运动的特征和趋势等。系统映射论是在系统运动空间中,研究数据流和因素流之间的关系。笔者认为人工系统,包括人工智能都是在实现自然系统的功能。即:人设计、建造和运行的系统都是在完成人设定条件下的预定功能,而这种功能基本上是替代人了解自然和改造自然的功能。那么一方面将人工智能系统与自然系统对应,自然系统客观存在,同时在变化过程中发散数据,这些数据体现了自然系统的特征;另一方面人工智能是后天产物,是基于人的意识创造的,它只能被动地接受自然散发出来的数据。人工智能的工作在于分析数据,将数据分类形成对应的因素;分析改变这些因素后自然系统的反应,即得到自然规律;然后人工智能根据目标调整因素,进而调整自然系统达到人的要求。进一步地,人工智能实际上实现了数据到因素的映射。这里的数据是人们能感知、能检测、能处理的数据;因素则是人们通过现有技术能改变量值的因素。对应地,自然系统的作用是在变化过程中发散数据,然后接受人工智能系统通过改变因素对自然系统进行的干预。自然系统实际上是从因素到数据的映射。表面上人工智能系统与自然系统的映射应该是相同的,但实际存在区别。人工智能系统与自然系统对于数据和因素的映射方向是相反的,因此得到的结构是逆结构;另外人工智能系统得到的数据是自然系统数据的子集甚至很少一部分,人工智能系统可调节的因素也是自然因素的子集。所以人工智能系统得到的系统映射结构完成的功能只是自然系统功能的一部分,只能无限接近但不能达到。

因此基于数据-因素驱动的分析方法所得因果关系仍是不全面的,但较数据驱动和因素驱动更全面。数据驱动依赖于现实,大数据能体现最广泛的相关性,但不具备深入了解本质原因的能力。因素驱动能从现象了解本质,进行逻辑推理,基于因素的不同了解系统的不同,但缺少广泛的现象联系。因此数据-因素驱动更能发现广泛的故障联系并深入分析故障因果关系。

9.3.4　数据-因素-假设驱动

数据驱动基于事实的广泛数据,因素驱动解释内在因果联系,数据-因素驱动结合了两种优势,更适合系统故障分析和故障因果关系推理。但人对自然的理解与目前人工智能处理问题的一个区别在于人可以假设。人可以假设未来可能出现的因素及其变化,判定系统故障的可能性。基于人知识的假设可加入到系统故障分析过程中,即 M. Pearl 提出的反事实推理。至于如何让智能系统具有假设能力是人工智能领域的任务。在安全领域分析系统故障时,这种假设是重要的。这种假设也体现在系统设计阶段给定的运行条件,即在给定的假设条件下系统是安全的,不发生事故或发生事故的概率很低。假设是高级智能,合理给定假设将可以有效地收集数据并判别因素。更进一步地,如果人工智能能在假设数据和因素情况下,分析系统故障的因果关系,那么将更接近于人。因为故障数据是实际产生的,不是所有故障都能发生数据;即使所有故障都能发生数据,人们也不可能识别和记录所有数据。所以理论上的数据假设是必要的,以分析更为广泛的故障数据和情况。因素更是有限的,实际缺少和出现新的因素都将导致系统故障及因果关系变化。人工智能可以比人更为全面和深入地分析系统故障,其全面性来源于数据及数据假设,深入性来源于因素和因素假设。因此数据-因素-假设的方式是目前较优的人工智能系统故障数据及故障因果关系分析方法。

这四个层次对系统故障数据和因果关系分析的能力逐次提升,表示的因果关系越来越广泛和深入,也越来越智能。因素空间理论作为人工智能的数学基础,目前仍有较大发展空间。特别是在安全科学领域,因素空间理论对于故障数据及故障因果关系分析潜力巨大。

本 章 小 结

① 本章论述了目前分析系统故障数据面临的问题。基于数理统计的故障数据分析方法目前广泛应用,但它只能得到数据层面的因果关系。这可能只是表面关系,也可能是经过了多次因果传递后表现出来的关系,不是本质关系。这不利于系统故障的预测、预防与治理。

② 本章论述了系统故障因果关系的关联性和相关性。关联性存在于概念,取决于知识和概念层面的意义,是广义因果论。相关性存在于具体的数据层面,通过数据分析得到不同类型数据之间的关系,是狭义因果论。因素空间承认狭义因果论和广义因果论,并在因素层面上讨论因果关系。

③ 本章将系统故障分析的智能系统划分为四个层次——数据驱动、因素驱动、数据-因素驱动、数据-因素-假设驱动。数据驱动能获得广泛的故障因果关系,因素驱动深入了解故障因果关系,数据-因素驱动兼顾两者,数据-因素-假设驱动更接近于人的思维。

本章参考文献

[1] 魏爽.光纤通信故障数据智能检测算法设计[J].激光杂志,2019,40(11):118-122.

[2] 顾煜炯,杨楠,陈东超,等.利用故障因果信息的汽轮机故障智能诊断研究[J].噪声与振动控制,2019,39(4):12-19.

[3] 崔铁军,汪培庄.空间故障树与因素空间融合的智能可靠性分析方法[J].智能系统学报,2019,14(5):853-864.

[4] 高欣,刁新平,刘婧,等.基于模型自适应选择融合的智能电表故障多分类方法[J].电网技术,2019,43(6):1955-1961.

[5] 姜学朴,吴港,孙婷,等.智能变电站网络设备故障的快速准确定位技术[J].电测与仪表,2019,56(8):94-98.

[6] 岑华.基于PLC的智能电表运行故障监控系统设计[J].制造业自动化,2018,40(11):138-141.

[7] 郑安刚,张密,曲明钰,等.基于贝叶斯网络的智能电能表故障类型预测[J].电测与仪表,2018,55(21):143-147.

[8] 冷喜武,陈国平,蒋宇,等.智能电网监控运行大数据应用模型构建方法[J].电力系统自动化,2018,42(20):115-123.

[9] 崔铁军,李莎莎.安全科学中的故障信息转换定律[J/OL].智能系统学报:1-7[2020-01-27].http://kns.cnki.net/kcms/detail/23.1538.TP.20191205.1008.002.html.

[10] 崔铁军,汪培庄.空间故障树与因素空间融合的智能可靠性分析方法[J].智能系统学报,2019,14(5),853-864.

[11] 崔铁军,马云东.基于因素空间的煤矿安全情况区分方法的研究[J].系统工程理论与实践,2015,35(11):2891-2897.

[12] 崔铁军,马云东.因素空间的属性圆定义及其在对象分类中的应用[J].计算机工程与科学,2015,37(11):2170-2174.

[13] 崔铁军,马云东.基于因素空间中属性圆对象分类的相似度研究及应用[J].模糊系统与数学,2015,29(6):56-64.

[14] 崔铁军,李莎莎,王来贵.完备与不完备背景关系中蕴含的系统功能结构分析[J].计算机科学,2017,44(3):268-273.

[15] 崔铁军,马云东.多维空间故障树构建及应用研究[J].中国安全科学学报,2013,23(4):32-37.

[16]　崔铁军,汪培庄,马云东. 01SFT 中的系统因素结构反分析方法研究[J]. 系统工程理论与实践,2016,36(8):2152-2160.

[17]　崔铁军,李莎莎.空间故障树与空间故障网络理论综述[J].安全与环境学报,2019,19(2):399-405.

[18]　PEARL J,MACKENZIE D. Why--The New Science of Cause and Effect [M].New York:LCC,2018.

[19]　WANG P Z,SUGENO M. Factor field and the background structure of fuzzy sets[J]. Fuzzy Mathematics,1982 (2):45-54.

[20]　CUI T J,LI S S. System Movement Space and System Mapping Theory for Reliability of IoT[J]. Future Generation Computer Systems,2020, 107:70-81.

[21]　崔铁军,李莎莎.系统运动空间与系统映射论的初步探讨[J].智能系统学报,http://dx.doi.org/10.11992/tis.201902011.

[22]　汪培庄.因素空间理论——机制主义人工智能理论的数学基础[J].智能系统学报,2018,13(1):37-54.

[23]　汪培庄.因素空间与数据科学[J].辽宁工程技术大学学报(自然科学版), 2015,34(2):273-280.

[24]　汪培庄,郭嗣琮,包研科,等.因素空间中的因素分析法[J].辽宁工程技术大学学报(自然科学版),2014,33(7):865-870.

第 10 章　人工智能与生产中的本质安全

　　为研究生产系统实现本质安全的途径,笔者提出了通过建立人工智能管理系统实现生产系统本质安全的方法。本章首先论述了本质安全的概念与问题,包括人、机、环和管各子系统在生产系统中的作用和特征,论述了它们对实现本质安全的阻碍;其次论述了人工智能实现本质安全的可行性,建立了人工智能生产系统结构,与原有结构相比,操作者消失、管理者作用改变、增加反馈机制、系统复杂程度下降;最后讨论了实现本质安全的途径,即构建人工智能管理系统,其具有双循环和自学习特征。虽然故障模式识别和故障知识库等相关理论尚不成熟,但通过建立人工智能管理系统实现生产过程本质安全是可行的。

　　本质安全是安全科学领域的热点问题,也是实现生产安全的最终目标。大体上,本质安全要求生产系统在生产过程中,无论遭受何种来自人、机和环境的不安全行为和不安全状态,都不产生对人、机和环境的损伤。本质安全重点强调了对人不安全行为的鲁棒性和不发生对人的伤害;其次强调了机对人和环境带来扰动的鲁棒性和机自身不发生损害人、环境和自身的行为;最后强调了环境对人和机工作过程提供适合的外部环境条件。因此在现有生产系统中,人、机和环是相互作用、相互交织的结构,而管理子系统是协调上述子系统的唯一手段。但本质安全确是在机子系统的设计阶段实现的,这难以达到本质安全的目的。近期提出的本质安全人概念,通过对人的约束实现本质安全,减少人的不安全行为和人的伤亡可能性。本质安全只强调人、机、环和管之一是无法实现的,必须综合分析它们之间的关系,借助智能、数据和信息技术才可实现本质安全。

　　关于本质安全的研究和具体实现方法,较新的研究包括:本质安全型矿井分区特征构建[1];电网企业本质安全管理体系构建[2];化工工艺本质安全评价[3];基于本质安全理念的建筑综合防灾[4];基于熵权物元可拓模型的化工工艺本质安全评价[5];基于未确知测度理论的化工工艺本质安全研究[6];煤矿本质安全管理体系评价模型研究[7];基于 PSR 模型的煤矿本质安全评价[8];考虑本质安全的换热网络多目标优化[9];炼化企业设备的本质安全可靠与监管智能化对策研究[10];油储系统火灾事故应急过程本质安全的分类风险源识别[11]。这些研究虽然能解决一些简单问题,但少见从人、机、环和管各子系统综合考虑的研究,也未能充分分析各子系统在生产系统中的作用。因此实现本质安全的根本途径还需要进一步研究和发展,这离不开人工智能的基础理论和技术,从而改变原有生产系统结构体系,最终实现本质安全。

为研究实现生产系统本质安全的方法和途径,本章论述了本质安全的概念与实现问题;人工智能实现本质安全的可行性;实现本质安全的途径。最终构建了人工智能生产系统结构和人工智能管理系统结构。笔者认为人工智能管理系统是实现生产系统本质安全的主要途径。

10.1　本质安全的概念与实现问题

在安全生产领域,本质安全主要指生产流程中人、物、系统和管理等因素的协调性,以保证生产系统的可靠性和安全性。本质安全使各种危害因素始终处于动态受控状态,以使系统始终处于人可接受的安全状态。本质安全的理想状态是无论出现何种人、机、环和管的意外物质、能量和信息交互,都不出现任何人不期望的系统损失,但这是难以实现的。

图 10.1 是目前生产系统的结构形式,包括了人子系统、机子系统、环境子系统和管理子系统四个部分。

1. 人子系统的特征

人子系统是整个生产系统的核心。传统意义上,将参与生产的所有人都归结为人子系统,但研究表明这样的划分是不适合的。由于对生产系统的作用不同,人子系统至少可分为操作者和管理者。

管理者是生产系统的拥有者和控制者,拥有对操作者、管理子系统、机子系统和环境子系统的控制权。管理者从生产系统中获得最大利益,同时雇佣操作者实际执行生产活动。因此人子系统中的管理者是生产系统的控制核心。但管理者一般不在生产一线进行管理,而是通过远程和先进控制系统进行管理,这导致了对生产系统的全方面全时段的控制缺失。这是造成生产系统故障或事故的根本原因。

操作者是管理者雇佣的,通过劳动获得报酬的人。他们通常对不涉及自身安全的生产系统故障和事故少有关心。同时也可能出于自身利益考虑而误报、瞒报和漏报。更深层次的,操作者在被雇佣前,可能缺少与生产系统相关的知识,当然这可以通过培训解决。即使操作者完全知晓生产系统操作手册内容,也可能由于自身判断失误产生误操作和不安全行为。所以操作者一般是造成生产系统故障的直接原因。

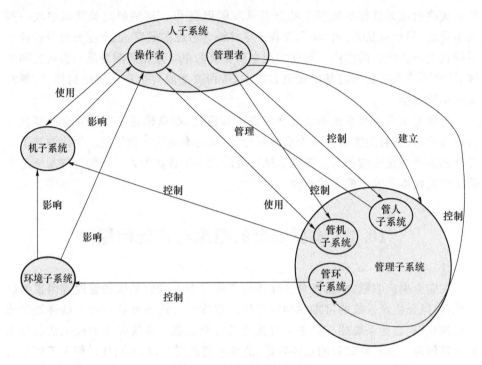

图 10.1　生产系统结构形式

　　综上,管理者和操作者的误判、不作为和不察觉是阻碍生产系统本质安全的最大原因。当然在生产系统设计阶段可以通过设计措施减少人对机子系统的不安全行为。但如何判断人的不安全行为是实现本质安全的关键,这取决于人的主观能动性。

2. 管理子系统的特征

　　管理子系统的发展源于人对人、机和环境的认识。虽然人的认识从来都受到客观现实的限制,但通过经验、总结和抽象的规律仍能适应在限定条件下的生产系统管理。原始的管理适用于较为简单的系统,但随着现代监测、信息和数据理论与技术的发展,自然人作为管理主题越发困难。

　　在生产系统中的管理子系统是由管理者制定的,或由管理者提出需求通过第三方实现的具有数据采集、信息传输和辅助控制的系统。在如图 10.1 所示的生产系统中,管理子系统根据管理的对象不同至少可以分为操作者管理子系统(管人子系统)、机管理子系统(管机子系统)和环境管理子系统(管环子系统)。

　　管人子系统由管理者建立并控制,管理对象为操作者。用于规范操作者行为,减少不安全行为,约束主观能动性。例如,违章作业等行为通过视频数据实时分析可进行管理。管机子系统由管理者建立并控制,目的在于设置全局参数,并设定操作者使用该系统的权限。通过赋予操作者必要权限,使操作者通过管机子系统对机子系统进行操作。管环子系统由管理者建立并控制,设定适合操作者和机子系统工作的环境。该系统是由管理者根据生产要求设定参数,而操作者一般无权修改这些参数。

由于管理者不能实时地参与现场生产,因此一般通过管理子系统对系统进行操作。这将严重影响操作者、机子系统和环境子系统的相互协调状态的及时调整。而管理子系统是维持生产系统运行的核心,因此管理子系统是实现本质安全核心。

3. 机子系统的特征

机子系统是完成生产活动的核心,由操作者和管机子系统控制,同时受到环境子系统的影响。人机两者构成的混合系统是实现生产过程的动力。人的误操作和主观能动性可能导致机的故障,相反机产生的震动、噪声、粉尘,以及机械伤害等都直接或间接地作用于人。

机子系统是目前本质安全和安全领域的研究重点。主要原因是相较于人、环境和管理子系统而言,机子系统从调研、设计、制造、应用和维护的全寿命阶段都受到人的控制,且在数据和信息等方面最为充分。因此机子系统一直作为实现人工智能的主要对象。但即使机子系统是掌握数据最全面的子系统,也无法通过在设计阶段实现生产运行阶段的本质安全,即无法消除人的不安全行为和物的不安全因素。更为深刻的是,在设计阶段采取的安全措施来源于已有知识的分析和系统安全分析,而并不是实际生产过程中的多样性状态。这些状态包括机子系统内部各部分的意外能量、物质和信息交互,也包括人、机、环境和管理各子系统的意外能量、物质和信息交互。所以单纯在机子系统中实现本质安全是困难的,甚至是不现实的。

4. 环境子系统的特征

传统意义上,环子系统是实现本质安全过程中研究较少的部分。但实际情况是,环境的失控将导致人和机的故障或事故,特别是在受限空间中的环境变化。例如,煤矿井下的一通三防,其核心是通风,除地质灾害外,影响人采掘活动的因素都来源于井下的空气环境,如瓦斯、粉尘、煤尘、水蒸气和各种有毒有害气体。因此井下的安全生产源于通风措施对井下受限环境的控制,同样在隧道、地铁等地下工程同样存在这种现象。

环境对机子系统存在着固有影响,越复杂规模越大的系统受环境因素影响越显著。例如,天文望远镜的镜片制作和打磨过程对环境中的颗粒物是极其敏感的,同时对加工温度也有要求。又如,深海潜航设备受到水压和盐碱物的腐蚀,机子系统本身会出现故障或生产产品不合格。本质原因是复杂的大规模系统由很多元件组成,这些元件又由基本的物理材料组成。不同的物理材料在不同的外界环境因素作用下表现出来的完成预定功能的能力不同。所有这些元件在因素变化过程中的功能性都发生改变,导致系统实现功能的能力变化更为复杂。为研究这种现象笔者提出了空间故障树理论[12-14]，更为详细的内容见笔者的相关文献。

环境对人的影响更为直接，有时非常缓慢，例如尘肺病一般潜伏期是 15 年；有时非常直接，例如井下通风低温气体与井下潮湿空气混合形成悬浮烟雾导致工人无法工作。恶劣的环境极易使人产成误操作、心理压力、判断错误等。这也是导致生产系统故障和事故的主要原因之一。

因此环境子系统直接作用于机子系统和人子系统，机子系统通过环境也可作用于人子系统。这样环境子系统成为实现本质安全的外在保障。

可得到如下结论：人是实现本质安全的关键；管理是实现本质安全的核心；机是实现本质安全的立足点；环境是实现本质安全的外在保障。只通过设计机子系统无法实现本质安全，而应在管理子系统中实现本质安全。因为管理子系统能协调其余三个子系统，避免意外的能量、物质和信息交互。

10.2　人工智能实现本质安全的可行性

上文提到，实现本质安全的核心是管理子系统，其应具有自主采集信息、分析和主动干预生产系统故障的能力。学习管理者和专家已有经验，并在特殊情况下辅助管理者提前发现和干预生产系统故障或事故。这些需要管理子系统和机械子系统的智能化。这时生产系统由管理子系统和机械子系统组成，在环境子系统中运行。生产系统的核心是管理子系统，而不是人子系统、机子系统、环境子系统，图 10.1 所示生产系统结构将变为图 10.2 所示系统结构。

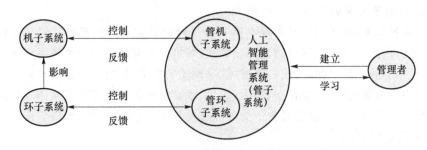

图 10.2　人工智能生产系统结构

对比图 10.2 和图 10.1，系统结构复杂性明显降低，并具有如下特点。

1. 操作者的消失

操作者是原系统中生产工作的核心，同时也是造成生产过程中故障和事故的主体。操作者被人工智能管理系统取代，将直接通过管机子系统对机子系统进行控制。这将实现本质安全中对人的不安全行为的控制和杜绝人的伤亡。

操作者的消失使生产系统中人子系统复杂性降低,组成部分减少。进一步也消除了图 10.1 中与操作者相关的 5 种关系——机子系统将不影响操作者;操作者不再使用机子系统,减少了人的误操作、不安全和误判等;环境不再影响操作者,这将降低对环境控制的程度;操作者不再使用管机子系统,这样可以忽略由于人的生理心理要求对机器进行的人体工学设计,同时避免误操作;由于操作者的消失,管人子系统也变得不必要,降低了管理子系统的复杂性。

2. 管理者作用的变化

原生产系统结构中管理者设计管理子系统,并负责控制。但对一线生产的全时间监控显然不适合自然人的特点。在新的人工智能生产系统中,管理者不再直接接触生产管理,而是作为人工智能管理系统的经验数据来源。这些经验可从本单位的人员、国内外相关单位人员、各相关科学的专家那里获得。在为人工智能管理系统建立生产系统故障知识库的情况下,人工智能生产系统不需要自然人管理者值守,而只在发生突发事件的情况下需要自然人管理者参与,并为自然人管理者提供信息和辅助处理能力。

进一步地,将管理者经验转变为生产系统故障知识库后,不需要管理者对管人、管机和管环子系统进行控制。这将大大简化管理子系统的结构,使其能重点控制机子系统和环境子系统,减少原结构中的 4 种关系。

3. 反馈机制的增加

原系统中管机和管环子系统分别直接作用于机子系统和环子系统。这时机子系统和环子系统将作用的结果和变化直接反映给操作者。操作者接到反馈后通过控制管机子系统的方式来调整反馈,环境子系统的控制权在管理者手中。在人工智能生产系统中需要机子系统与管机子系统之间的反馈和控制交互;同样环子系统也需要和管环子系统进行这样的交互,形成两种循环。

4. 系统结构的变化

首先由于操作者消失和管理者变化,导致原有人子系统消失,造成系统故障和实现本质安全的核心问题已不参与生产。人子系统脱离生产系统是实现本质安全的必要条件。无人的生产系统只能将意外的能量释放作用于机子系统和环境子系统。进一步地,机子系统的破坏不能作用于人,环境子系统的变化也不能影响人,这符合本质安全中人安全的目标。

管子系统由于人子系统的退出,可只保留管机和管环子系统,也不接受原有管理者的直接控制(特殊情况除外)。这将大大简化管理子系统的结构。同理,机子系统只接受管机子系统的直接指令,不再影响和受控于操作者,可简化机子系统。为了满足人的工作要求而进行的设计,可大幅度地减少机子系统的设计和制造成本。而环境子系统更加具有鲁棒性,因为机子系统较人子系统能承受更为广泛的环境因素变化,这可减少对环境因素的控制,化简管环子系统结构。

重点在于,简单的系统结构将带来更高的可靠性和安全性。本质上越复杂的系统,其元件的相互作用概率越高。这些作用包括意外的能量、物质和信息交换。有时是一对一的交换,但也存在多对多的情况。如果这种交换在生产系统设计期间并未考虑,且带来的作用影响了元件实现功能的能力,那么必将形成故障隐患。这种作用通常带有累积效果,同时系统也可能在某种循环荷载作用下工作,使这种累积不断加强,最终导致系统元件失效,导致系统故障或事故。因此,使用简单的系统结构将能明显地降低这种意外的交互发生。

对于上述改变,需使用人工智能的理论和技术,同时也证明了人工智能实现本质安全的可行性。

10.3 实现本质安全的途径

实现人工智能生产系统的前提是建立如图 10.2 所示的生产系统结构。该结构包括管子系统、机子系统和环子系统。这时管理子系统是生产系统的核心,负责控制机子系统和环境子系统。人的生产作用消失,本质安全的主要保障对象消失,这是实现本质安全的重要目标。那么实现生产系统的本质安全将全部归结为实现人工智能管理系统。关于人工智能管理系统在图 10.2 中给出了简单的示意图。但实现人工智能管理系统,从而实现人工智能生产系统才是达到本质安全的重要途径。

图 10.3 显示了人工智能管理系统的结构。与图 10.2 对比,人工智能管理系统的外围是机子系统、环境子系统、管理者和专家。管理者提供需求和目标,同时专家提供经验,建立经验数据库。机子系统将运行期间的监控数据反馈形成运行数据库。环境子系统通过监控将环境因素的变化形成环境数据库。

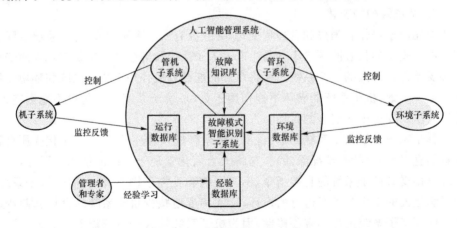

图 10.3　人工智能管理系统详图

对生产系统而言,人工智能管理系统至少包含经验数据库、运行数据库、环境数据库、故障模式智能识别子系统、故障知识库、管机子系统和管环境子系统。经验数据库、运行数据库和环境数据库主要负责收集人的经验、机子系统数据和环境子系统数据。三者共同作为故障模式识别的基础,环境数据库提供影响机子系统运行的外部数据,运行数据库提供对应的机子系统运行状态数据,经验数据库提供环境因素特征和机子系统运行特征与故障模式的对应关系。故障模式识别子系统负责分析该对应关系,从而判断、预测和分析出现故障或事故的可能性。如果识别确定了发生故障的潜在危险,且达到预设的程度则通过管机子系统和管环子系统分别控制机子系统和环境子系统。改变机的运行状态和环境因素,再次通过机子系统和环境子系统的监控反馈来进一步对故障模式进行识别。进一步地,将多次控制和反馈形成的具有一定规律性的运行-环境-故障对应关系形成故障知识库。

生产系统中的人工智能管理系统具有双循环和自学习的特征。双循环是机子系统-运行数据库-故障模式智能识别子系统-管机子系统-机子系统和环境子系统-环境数据库-故障模式智能识别子系统-管环子系统-环境子系统;自学习是学习管理者和专家的经验,从而进行模式识别,最终将具有规律性的故障模式形成故障知识库。因此实现上述过程的关键在于故障模式的智能识别和故障知识库的建立。这两个方面众多学者也进行了大量研究。例如,钟义信教授提出的信息生态方法论和信息转化定律[15-18],用于表征和信息的转化,形成知识库;何华灿教授提出的泛逻辑理论[19,20],用于描述不同事物之间的多种逻辑关系;汪培庄教授提出的因素空间[21,22],用于研究不同因素与目标因素之间的逻辑关系;笔者提出的空间故障树理论[12-14],用于研究影响因素与系统故障之间的关系等。由于目前的智能基础理论尚不完善,这两项工作并不能达到完全应用的程度。可以预见的是,实现本质安全必须将人从生产系统中分离出来,避免人的不安全行为和伤亡;必须智能化地控制机子系统的运行状态和环境因素变化,减少机子系统故障和事故带来的损失。消除人的伤亡、减少机的故障是实现本质安全的核心,而人工智能管理系统是实现本质安全的根本途径。

本 章 小 结

① 对于实现本质安全,生产系统中不同子系统的作用不同。人子系统是实现本质安全的关键;管子系统是核心;机子系统是立足点;环境子系统是外在保障。只通过设计在机子系统中无法实现本质安全,而应在管子系统中实现本质安全。

② 人工智能管理系统给生产系统带来结构改变。这些改变主要包括操作者消失、管理者作用变化、增加反馈机制、系统结构变化。在这种情况下人子系统不

在生产系统中,避免了生产给人带来的伤亡和人的不安全行为。控制和反馈机制减少了机和环境子系统的不安全状态。结构变化降低了系统的复杂程度,减少了子系统间意外的能量、物质和信息交换。

③ 生产系统的本质安全需通过人工智能管理系统实现。人工智能管理系统具有双循环和自学习的特征。双循环分别控制机子系统和环境子系统,自学习则是通过对管理者和专家的经验学习,对比运行数据库和环境数据库进行故障模式识别,最终形成故障知识库。虽然故障模式识别和故障知识库仍处于研究阶段,但这是实现生产系统本质安全的必由之路。

本章参考文献

[1] 潘洁.本质安全型矿井分区特征构建与应用[J].煤矿安全,2014,45(11):246-248.

[2] 孙大雁,郭成功,任智刚,等.电网企业本质安全管理体系构建研究[J].中国安全生产科学技术,2019,15(6):174-178.

[3] 蔡逸伦,阳富强,朱伟方,等.化工工艺本质安全评价的云模型及应用[J].中国安全科学学报,2018,28(6):116-121.

[4] 张靖岩,朱娟花,韦雅云,等.基于本质安全理念的建筑综合防灾技术体系构建[J].中国安全生产科学技术,2018,14(6):171-176.

[5] 刘维,吕品,刘晓洁,王璇,等.基于熵权物元可拓模型的化工工艺本质安全评价[J].中国安全生产科学技术,2013,9(3):150-156.

[6] 魏丹,蒋军成,倪磊,等.基于未确知测度理论的化工工艺本质安全度研究[J].中国安全科学学报,2018,28(5):117-122.

[7] 段永峰,罗海霞,刘存福.基于AHP的煤矿本质安全管理体系评价模型及其应用[J].煤炭技术,2013,32(8):122-124.

[8] 孟清华,李斌,李海涛.基于PSR模型的煤矿本质安全评价新方法[J].煤炭技术,2014,33(9):42-44.

[9] 叶昊天,董以宁,许爽,等.考虑本质安全的换热网络多目标优化[J].化工学报,2019,70(7):2584-2593.

[10] 王庆锋,刘家赫,柳建军,等.炼化企业设备的本质安全可靠与监管智能化对策研究[J].中国工程科学,2019,21(6):129-136.

[11] 袁长峰,陶彬,王万雷,等.油储系统火灾事故应急过程本质安全的分类风险源识别方法研究[J].工业安全与环保,2017,43(11):49-53.

[12] 崔铁军,马云东.多维空间故障树构建及应用研究[J].中国安全科学学报,

2013,23(4):32-37.

[13]　崔铁军,马云东.空间故障树的径集域与割集域的定义与认识[J].中国安全科学学报,2014,24(4):27-32.

[14]　崔铁军,马云东.基于多维空间事故树的维持系统可靠性方法研究[J].系统科学与数学,2014,34(6):682-692.

[15]　钟义信,张瑞.信息生态学与语义信息论[J].图书情报知识,2017,(6):4-11.

[16]　钟义信.从"机械还原方法论"到"信息生态方法论"——人工智能理论源头创新的成功路[J].哲学分析,2017,8(5):133-144,199.

[17]　钟义信.从信息科学视角看《信息哲学》[J].哲学分析,2015,6(1):17-31,197.

[18]　钟义信.高等智能·机制主义·信息转换[J].北京邮电大学学报,2010,33(1):1-6.

[19]　何华灿.重新找回人工智能的可解释性[J].智能系统学报,2019,14(3):393-412.

[20]　何华灿.泛逻辑学理论——机制主义人工智能理论的逻辑基础[J].智能系统学报,2018,13(1):19-36.

[21]　汪培庄,周红军,何华灿,等.因素表示的信息空间与广义概率逻辑[J/OL].智能系统学报,2019(5):1-14[2019-10-26].http://kns.cnki.net/kcms/detail/ 23.1538.TP.20190527.1345.006.html.

[22]　汪培庄.因素空间与概念描述[J].软件学报,1992,(1):30-40.

第11章 系统故障熵模型及其时变

　　为研究系统故障在不同因素叠加时体现的总体规律、故障变化程度和故障信息量,提出系统故障熵的概念。基于线性熵的线性均匀度特性,推导了多因素相被划分为两状态时的线性熵模型。笔者认为线性熵可以表征系统故障熵,进而研究了系统故障熵的时变特征。对连续时间间隔内的不同因素状态叠加下的系统故障进行统计,得到系统故障概率分布,绘制系统故障熵时变曲线。从结果来看至少可以完成三项任务:从变化规律得到考虑不同因素影响下的系统故障熵变化情况;系统故障熵的总体变化规律;系统可靠性的稳定性。研究可应用于类似情况下的各领域故障及数据分析。

　　系统故障及其过程受到很多因素影响。这些因素的变化情况,决定了系统故障的发生特征。那么针对在不同因素或多个因素联合变化过程中,系统故障变化衡量是关键问题[1]。总体上衡量方式要考虑全过程、全因素情况下的系统故障变化。局部也应考虑某些因素对系统故障影响作用的差异。可解释为单个因素或因素联合变化中系统故障的稳定性或变化程度。研究系统变化的方法很多,其中熵定义就可用来描述系统故障变化情况。

　　目前使用熵来描述系统故障和可靠性的研究不多。国内主要有:使用能量熵辨识直流短路故障[2];基于样本熵的轴承故障诊断[3];小波相对熵的系统接地故障定位[4];基于改进多尺度排列熵的轴承诊断[5];基于多尺度熵的轴承故障可拓智能识别[6];基于信息熵与 PNN 的轴承故障诊断[7];基于电—振信号熵权特征的故障诊断[8];基于故障特征信息量的诊断[9];使用平滑先验分析和模糊熵的故障诊断[10];基于 EMD 模糊熵与会诊决策融合的故障诊断[11];基于交叉熵改进 NPE 间歇过程的故障检测[12]。国外主要研究包括基于集对称交叉熵的故障诊断[13];改进多尺度模糊熵的故障分类方法[14];基于 Otsu 方法和熵权法的缺陷分析[15];自回归近似熵方法识别多故障机械劣化[16];改进多点最优最小熵反褶积方法的故障检测[17];基于改进 ADMM 和最小熵反褶积的故障诊断[18]及机械故障诊断推理研究[19]等。这些研究实际上集中在一些非关键问题上,如熵权。但系统故障直接导致系统功能下降,也使系统混乱程度增加;或通过维修使系统故障减少,混乱程度下降。那么描述系统故障应基于熵增减的方式进行。且在了解系统总体故障的情况下,不同因素对系统故障的影响也应通过熵来衡量。这些方面上述文献未见提及。

因此笔者在书中提出了系统故障熵来衡量上述情况,并基于线性熵具体实现系统故障熵模型。最后通过实例研究了系统故障熵的时变特征,得到了一些有益结论。

11.1 系统故障熵

熵(entropy)是系统的混乱程度,其在控制论、概率论、天体物理、医学科学等领域都有重要地位,在这些领域中也有各自具体定义[13]。

当系统发生故障时,在某诊断精度条件下故障熵描述了故障的不确定性,故障熵越大表示故障不可诊断性越高,对系统状态信息需求越高;故障熵越小表示故障确定性越高,实现诊断的可能性越大[12]。这是已有文献给出的故障熵描述。

这里的系统故障熵是基于空间故障树[1]理论提出的,以适合因素空间中线性熵的定义。空间故障树理论目前分为四个部分:空间故障树基础理论[20-23]、智能化空间故障树[24-27]、空间故障网络[28-29]、系统运动空间与系统映射论[30,31]。基本思想认为在系统元件和结构确定后,系统故障变化由因素决定,可以是内在的,也可以是外在的。所谓空间就是以这些影响因素作为坐标轴建立的多维空间,再增加一维表示系统故障概率或可靠性。那么系统故障概率就是在该多维空间中存在的超曲面。换一个角度就是在该空间中的系统故障分布即为系统故障概率分布[1]。空间故障树基础理论部分已经给出该超曲面的构造方法[1]。各因素的变化都将导致系统故障在该超曲面上以不同概率变化。将这些故障概率变化作为信息研究对应系统的故障变化特征是有用的工作。因此提出系统故障熵的概念。

定义 11.1 系统故障熵:在空间故障树理论构造的系统故障概率分布中,将系统故障概率随着影响因素变化而变化的信息作为研究对象,研究系统故障变化的混乱程度和信息量,其衡量指标即为系统故障熵。

作为熵定义的衍生,系统故障熵在总体上可使用现有的类似信息熵的基本计算方式,但其也有自身特点。系统故障随着工作时间的增长是逐渐增加的,这是普遍规律。原有熵概念难以分析时变特征。更重要的是,系统在不同因素变化过程中故障变化也是不同的。那么单一因素或多因素联合变化时,使用传统熵概念计算无法区分熵变与因素变化关系,因为熵具有置换不变性[32]。同理不同因素具有不同状态,可通过对因素变化范围的划分得到这些状态。那么系统从一个因素的一个状态转移到另一个状态后，系统故障熵的变化用传统熵计算也是无法得到的，更何况系统在多因素状态间运动。由于置换不变性的存在难以确定熵变与哪一部分的因素变化相关，这对系统故障分析是不利的。熵值相同的两个系统可能故障发生的条件相差很远，但熵值无法表示。那么系统故障熵如何表征和计算成为关键问题。

11.2 线 性 熵

系统故障熵难以使用传统熵的计算方法计算，原因在于传统熵的 4 个性质：①均匀分布达到最高均匀度，即概率分布划分（自变量间隔相同）后，所有这些划分对应的概率相等，则该概率分布的熵为 1；②确定性蜕化为最低均匀度，即上述划分的概率只有 1 个为 1，其余均为 0，则熵为 0；③迭代性，即两个分布拼接在一起所得分布熵可通过这两个分布的熵计算确定[33]；④置换不变性，即概率分布划分后，在划分概率不等时，置换这些划分的概率后总概率分布熵不变。

正如上节所述，置换不变性阻碍了熵在系统故障分析中的应用。但线性熵可以解决该问题，因素空间理论的建立者汪培庄教授在本章参考文献[33]中给出了线性熵定义。

定义 11.2 线性熵[33]：对二相分布 $P=\{p,q\}$，记 $J(P)=2\min\{p,q\}$，多相分布按熵的迭代公式计算，这样得到的量 $J(P)$ 称为 P 的线性熵。

线性熵线性地表现了分布的均匀度。线性熵不满足熵的置换不变性公理，它是一个能反映系统形态变化的整体性度量。因素状态是根据设定值对因素相值域进行划分形成的因素相状态，简称因素状态，如因素身高，其相划分为高状态和矮状态。下文若无特殊说明因素相划分简称为因素划分。定义 11.2 中二相指一个因素的两种因素状态，而多个因素两状态叠加为 2^k 种状态，k 为因素数量。线性熵是熵的衍生定义，因此满足熵的前三个性质。二相分布 $P=\{p,q\}$，$p+q=1$，p 和 q 的变化是对应的。当 $p=0$ 时，$q=1$；当 $q=0$ 时，$p=1$；当 $q=0.5$ 且 $p=0.5$ 时，$p=q$。显然，符合第一条均匀分布达到最高均匀度。同样，也符合第二条蜕化为最低均匀度。根据熵迭代性公式，当分布为二相分布时满足熵叠加性，具体见实例。

熵并非线性均匀度而是对数均匀度，线性熵才是线性均匀度。这对描述系统故障变化与因素变化很重要。设熵的迭代性如式（11.1）所示：
$$H(R)=((pH(P)+qH(Q))+H(p,q))/2(p+q) \tag{11.1}$$
式中：$R=(p_1,\cdots,p_n;q_1,\cdots,q_n)$；$P=(p_1/p,\cdots,p_n/p)$，$p=p_1+\cdots+p_n$；$Q=(q_1/q,\cdots,q_n/q)$，$q=q_1+\cdots+q_n$。

对任意两概率值,设 $p \wedge q = \min\{p, q\}$,则式(11.1)转化为线性熵,如式(11.2)所示:

$$J(P^{(k)}) = ((p_0^{(k)} \wedge p_1^{(k)}) + (p_0^{(k)} J(P_0^{(k-1)}) + p_1^{(k)} J(P_1^{(k-1)})))/2(p_0^{(k)} + p_1^{(k)}) \quad (11.2)$$

式中,k 为因素个数。

容易证得当 $k=2$ 时,线性熵如式(11.3)所示:

$$J(P_{1/0XX}) = [(p_{0X} \wedge p_{1X}) + p_{00} \wedge p_{01} + p_{10} \wedge p_{11}/p_{XX} \quad (11.3)$$

式中:$X=1$ 和 $X=0$ 两种状态的并;$P_{1/0XX}$ 中的 1/0 表示可计算前一因素状态为 1 或 0 时的线性熵。

当 $k=3$ 时,线性熵如式(11.4)所示:

$$J(P_{1/0XXX}) = [(p_{0XX} \wedge p_{1XX}) + 1/2(p_{0XX} J(P_{0XX}) + p_{1XX} J(P_{1XX}))]/p_{XXX} \quad (11.4)$$

当 $k=4$ 时,线性熵如式(11.5)所示:

$$J(P_{1/0XXXX}) = [(p_{0XXX} \wedge p_{1XXX}) + 1/2(p_{0XXX} J(P_{0XXX}) + p_{1XXX} J(P_{1XXX}))]/p_{XXXX} \quad (11.5)$$

当 $k=n$ 时,线性熵如式(11.6)所示:

$$J(P_{1/0X}^n) = [(p_{0X}^{n-1} \wedge p_{1X}^{n-1}) + 1/2(p_{0X}^{n-1} J(P_{0X}^{n-1}) + p_{1X}^{n-1} J(P_{1X}^{n-1}))]/p_X^n \quad (11.6)$$

式中,X^n 表示 n 个连续的 X。

因此基于线性熵,系统故障熵计算模型为式(11.3)($k=2$)和式(11.5)($k>2$)的组合。当然空间故障树得到的系统故障概率分布是更为精细的分布,因素可划分为多个状态。这里只对一个因素划分两种状态进行讨论,多状态划分情况有待研究。

11.3　系统故障熵时变分析

在系统被制造后,其元件和组成结构都是固定的,系统故障与元件故障及系统组成有关。但系统故障熵在系统制造后与系统本身及元件关系不大,即与系统的内因关系不大。相反,系统故障与系统运行时的环境有明显关系[1]。这种影响来源于意外的、不在系统设计范围内的因素变化。最终,系统故障熵与系统运行环境因素直接相关;也与使用时间有明显的关系。更为重要的是环境因素变化是限定的有规律的,但是时间则是单向的。

问题是在以时间衡量系统故障熵时,系统必将在环境因素变化过程中运行。在一个规定时间段内系统必将经历不同运行环境,则系统表现出来的故障发生情况也不同。如果在连续多个时间段内,按照相同环境因素划分,记录故障与环境因素的关系,则可得到每个时间段内的系统故障熵。基于线性熵也可得到各因素状态叠加下的系统故障熵。进一步可得到在规定间隔时序下的系统故障熵变化情况。若系统故障熵稳定,则系统故障及其可靠性稳定;否则不稳定,该过程称为系统故障熵的时变分析。稳定的系统故障或可靠性对系统正常使用极其重要。甚至即便是低可靠性但故障稳定的系统,也比高可靠性但故障不稳定系统更容易应用于实际。低可靠性系统可通过系统结构设计提高可靠性,降低故障;而不稳定系统的可靠性则无法及时采取措施保证系统可靠,特别是变化速度大于采取措施应对的速度时。

11.4 实 例 分 析

这里给出实例说明上述系统故障熵的计算及其时变分析。一个简单的电气元件系统,其故障的发生对于温度、湿度、电压和磁场最为敏感。设温度范围为 $10\sim30℃$,湿度为 $70\%\sim90\%$,电压为 $5\sim10\ V$,磁场为 $30\sim300\ mG$。考虑因素划分为两种状态,分别取上述范围的平均值作为划分状态数值。因素划分从小到大依次为温度因素状态 $a_0=[10,20]$,$a_1=(20,30]$;湿度 $b_0=[70,80]$,$b_1=(80,90]$;电压 $c_0=[5,7.5]$,$c_1=(7.5,10]$;磁场 $d_0=[30,165]$,$d_1=(165,300]$。四种因素,每个因素划分为两种状态,则该系统运行环境可形成 16 种叠加状态。时间划分单位为 1 个月,共 10 个月。记录该系统故障发生时四个因素的状态,针对 16 种状态组合分别统计,归一化形成概率分布。组合状态标记 XXXX 分别对应于 a,b,c,d。10 个月的 16 种状态中发生故障的概率分布如表 11.1 所示。

表 11.1 故障概率分布及其系统故障熵

对象	第1月	第2月	第3月	第4月	第5月	第6月	第7月	第8月	第9月	第10月
0000	0.045 6	0.045 5	0.045 1	0.045 6	0.045 3	0.045 3	0.045 5	0.046 0	0.046 6	0.047 0
0001	0.046 7	0.046 5	0.046 8	0.046 7	0.047 1	0.047 3	0.047 4	0.047 9	0.047 8	0.047 7
0010	0.057 2	0.056 6	0.057 2	0.057 2	0.056 8	0.057 1	0.057 6	0.057 8	0.057 4	0.057 8
0011	0.069 3	0.069 1	0.068 5	0.068 3	0.068 1	0.067 9	0.067 5	0.067 3	0.067 0	0.066 9
0100	0.057 7	0.058 0	0.057 8	0.057 3	0.057 7	0.057 8	0.057 5	0.057 6	0.058 1	0.058 2
0101	0.080 8	0.080 6	0.080 6	0.080 3	0.080 5	0.080 5	0.080 4	0.080 4	0.080 3	0.079 8
0110	0.057 1	0.057 0	0.057 1	0.057 0	0.057 3	0.057 0	0.056 9	0.057 3	0.057 4	0.057 3
0111	0.046 3	0.046 1	0.045 7	0.046 5	0.046 3	0.046 8	0.046 6	0.046 3	0.046 6	0.046 9
1000	0.057 1	0.057 1	0.057 6	0.058 1	0.058 6	0.058 2	0.058 2	0.057 8	0.057 7	0.058 2
1001	0.034 7	0.035 2	0.035 4	0.035 5	0.035 8	0.035 8	0.036 3	0.036 9	0.036 8	0.037 5

对象	第 1 月	第 2 月	第 3 月	第 4 月	第 5 月	第 6 月	第 7 月	第 8 月	第 9 月	第 10 月
1010	0.069 2	0.069 5	0.069 8	0.069 6	0.069 0	0.069 4	0.069 7	0.069 3	0.068 9	0.068 4
1011	0.079 9	0.080 0	0.080 1	0.079 6	0.079 0	0.078 7	0.078 3	0.077 7	0.077 7	0.077 2
1100	0.046 1	0.046 8	0.047 1	0.047 0	0.047 5	0.047 4	0.047 4	0.047 3	0.047 5	0.047 6
1101	0.068 5	0.068 8	0.069 2	0.069 7	0.070 1	0.070 0	0.070 3	0.070 6	0.070 6	0.070 2
1110	0.103 2	0.102 8	0.102 0	0.101 6	0.101 2	0.101 1	0.100 6	0.100 0	0.099 6	0.099 1
1111	0.080 4	0.080 6	0.080 1	0.080 1	0.079 7	0.079 7	0.079 8	0.079 8	0.080 0	0.080 1
$J(P_{00XX})$	0.891 7	0.891 6	0.892 5	0.895 8	0.895 1	0.896 1	0.899 1	0.902 7	0.906 8	0.909 3
$J(P_{01XX})$	0.857 4	0.857 3	0.855 3	0.859 8	0.858 6	0.860 8	0.860 0	0.858 9	0.861 0	0.864 2
$J(P_{10XX})$	0.812 4	0.814 7	0.816 0	0.818 4	0.821 8	0.822 8	0.826 8	0.831 2	0.830 4	0.835 5
$J(P_{11XX})$	0.808 5	0.812 7	0.816 0	0.817 0	0.820 1	0.819 9	0.821 5	0.823 0	0.825 0	0.826 6
$J(P_{0XXX})$	0.911 8	0.910 6	0.910 7	0.913 1	0.911 2	0.912 1	0.913 8	0.915 3	0.915 8	0.918 1
$J(P_{1XXX})$	0.852 0	0.853 9	0.856 7	0.857 4	0.858 6	0.858 7	0.860 5	0.861 4	0.861 2	0.863 6
$J(P_{XXXX})$	0.900 4	0.899 5	0.899 6	0.900 4	0.900 5	0.901 3	0.901 9	0.903 7	0.904 4	0.905 9

表 11.1 中计算举例：如式（11.3）所示，第一月：$J(P_{00XX}) = [(p_{0X}^{(2)} \wedge p_{1X}^{(2)}) + p_{00}^{(1)} \wedge p_{01}^{(1)} + p_{10}^{(1)} \wedge p_{11}^{(1)}]/(p_{0X}^{(2)} + p_{1X}^{(2)}) = [(p_{0000} + p_{0001}) \wedge (p_{0010} + p_{0011}) + p_{0000} \wedge p_{0001} + p_{0010} \wedge p_{0011}]/(p_{0000} + p_{0001} + p_{0010} + p_{0011}) = [(0.045\,6 + 0.046\,7) \wedge (0.057\,2 + 0.069\,3) + 0.045\,6 \wedge 0.046\,7 + 0.057\,2 \wedge 0.069\,3]/(0.045\,6 + 0.046\,7 + 0.057\,2 + 0.069\,3) = 0.891\,7$。如式（11.5）所示，第一月：$J(P_{XXXX}) = [(\mathrm{sum}(p_{0000}, p_{0001}, p_{0010}, p_{0011}, p_{0100}, p_{0101}, p_{0110}, p_{0111}) \wedge \mathrm{sum}(p_{1000}, p_{1001}, p_{1010}, p_{1011}, p_{1100}, p_{1101}, p_{1110}, p_{1111})) + 1/2(\mathrm{sum}(p_{0000}, p_{0001}, p_{0010}, p_{0011}, p_{0100}, p_{0101}, p_{0111}, p_{0111}) \times 0.911\,8 + \mathrm{sum}(p_{1000}, p_{1001}, p_{1010}, p_{1011}, p_{1100}, p_{1101}, p_{1110}, p_{1111}) \times 0.852\,0)]/1 = 0.900\,4$。

经过上述类似计算后得到表 11.1 结果。表 11.1 中前 16 行是对 16 种不同状态下系统故障统计得到的，后 7 行是通过计算得到的系统故障熵。后 7 行中，前 4 行考虑了两种因素状态变化叠加形成的 4 种状态的系统故障熵；第 5、6 行考虑了第三个因素；第 7 行考虑了全部因素。将这 7 个不同状态下系统故障熵根据时间间隔绘制变化如图 11.1 所示。

图 11.1 中，00XX 曲线代表了温度 a_0 和湿度 b_0 状态下电压和磁场状态叠加形成的系统故障熵随时间的变化情况，其余 3 种解释相同。0XXX 曲线代表了温度 a_0 状态下湿度、电压和磁场状态叠加形成的系统故障熵随时间的变化情况，1XXX 解释相同。XXXX 曲线代表了温度、湿度、电压和磁场状态叠加形成的系

统故障熵随时间的变化情况。图 11.1 能说明如下一些问题。

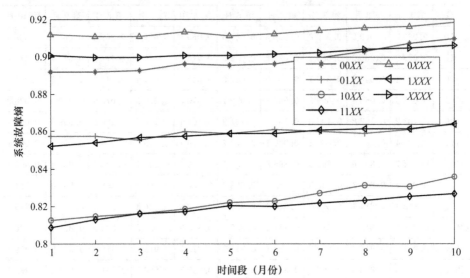

图 11.1　不同状态系统故障熵的时变规律

　　(1) 不同因素影响下系统故障熵的变化不同。图中曲线可成对分析，$00XX$ 与 $01XX$、$10XX$ 与 $11XX$，$0XXX$ 与 $1XXX$。$00XX$ 与 $01XX$ 在图中距离较大，说明湿度变化对温度不变的电压磁场状态叠加时系统故障熵影响较大。$10XX$ 与 $11XX$ 在图中距离很小，说明湿度变化对温度不变的电压磁场状态叠加时系统故障熵影响较小。$0XXX$ 与 $1XXX$ 表明温度变化对其余三个因素状态叠加时系统故障熵影响较大。同理可横向对比，$00XX$ 与 $10XX$ 表明温度变化对湿度不变电压磁场状态叠加时系统故障熵影响较大。进一步可通过计算两条曲线的距离平均值获得影响因素的影响程度排序。该计算较为简单，这里不再详述。进一步可通过这些影响的对比和排序有的放矢地采取措施防止故障发生。

　　(2) 系统故障熵的总体变化规律。图中 7 条曲线给出了所有情况下系统故障熵随时间的变化规律。可见，无论何种情况，虽然局部可能递减，但系统故障熵总体上都是递增的。根据熵的基本含义，熵值增加说明系统变得更加混乱。考虑哲学意义，该电气系统是人造系统，以完成预定功能。对该系统而言，在系统制造完成时系统故障熵为 0(如果可靠性是 100%)。自然对系统(人造)的影响是使系统失去功能，变得杂乱。不加维护地长时间使用，系统可靠性会逐渐降低为 0，这时系统故障熵为 1。因此在不维护时使用系统必将导致系统故障熵的持续升高。

　　(3) 判断系统可靠性的稳定性。系统可靠性与故障发生是互补关系。可靠性稳定证明在运行过程中故障发生也是稳定的，反之亦然。图 11.1 表明在这 7 种 4 个因素状态叠加时系统故障熵曲线都是近似连续的，具有较小且稳定的斜率。

说明系统故障熵是稳定的,系统可靠性是稳定的,没有跳跃式变化。如果在连续时间间隔上,系统故障熵在某种条件下出现大幅变化,可能是由于系统修缮或系统失效(将要出现重大故障)。

综上,系统故障熵的理论和实践都基于线性熵。系统故障熵和线性熵可应用于类似情况下的众多领域故障及数据分析。这也为系统故障智能预测提供了一种方法。

本 章 小 结

① 定义了系统故障熵。系统故障熵是基于系统故障概率分布曲面得到的;可研究系统故障变化的混乱程度和信息量;其变化可衡量不同因素状态下的系统故障变化情况,得到系统故障变化总体规律及系统可靠性的稳定性。

② 定义了线性熵。与传统熵相比,线性熵满足传统熵的前三个条件。熵并非线性均匀度而是对数均匀度,线性熵才是线性均匀度,即线性熵具有的第四个条件。本章给出了线性熵在不同因素数量时的模型。本章认为线性熵可表征和计算系统故障熵。

③ 对系统故障熵进行了时变分析。本章通过实例研究得到了不同时间和不同因素状态叠加时的系统故障熵及其变化规律,得到了如下结论:考虑不同因素状态叠加时系统故障熵的变化不同;系统故障熵总体随时间增长而增长;系统故障熵可用于判断系统故障稳定性。

本章参考文献

[1] 崔铁军,马云东. 多维空间故障树构建及应用研究[J]. 中国安全科学学报,2013,23(4):32-37.

[2] 刘炜,李思文,王竞,等. 基于 EWT 能量熵的直流短路故障辨识[J/OL]. 电力自动化设备,2020(2):1-5[2020-02-07]. https://doi.org/10.16081/j.epae.202001028.

[3] 杨洪涛. 样本熵改进小波包阈值去噪的轴承故障诊断[J]. 组合机床与自动化加工技术,2020(1):79-82,88.

[4] 刘渝根,陈超,杨蕊菁,等. 基于小波相对熵的变电站直流系统接地故障定位方法[J]. 高压电器,2020,56(1):169-174.

[5] 李永健,宋浩,刘吉华,等. 于改进多尺度排列熵的列车轴箱轴承诊断方法研

究[J].铁道学报,2020,42(1):33-39.

[6] 张龙,吴荣真,雷兵,等.基于多尺度熵的滚动轴承故障可拓智能识别[J].噪声与振动控制,2019,39(6):200-205.

[7] 张雅丽,刘永姜,张航,等.基于ITD信息熵与PNN的轴承故障诊断[J].煤矿机械,2019,40(12):167-169.

[8] 赵书涛,李云鹏,王二旭,等.基于电—振信号熵权特征的断路器储能机构故障诊断方法[J].高压电器,2019,55(11):204-210.

[9] 张国辉,冯俊栋,徐丙立,等.基于故障特征信息量的诊断策略优化仿真研究[J].计算机仿真,2019,36(11):317-321.

[10] 戴邵武,陈强强,戴洪德,等.基于平滑先验分析和模糊熵的滚动轴承故障诊断[J].航空动力学报,2019,34(10):2218-2226.

[11] 王志,李有儒,田晶,等.基于EMD模糊熵与会诊决策融合模型的中介轴承故障诊断技术[J].航空发动机,2019,45(5):76-81.

[12] 赵小强,张和慧.基于交叉熵的改进NPE间歇过程故障检测算法[J/OL].控制与决策:1-7[2020-02-07].https://doi.org/10.13195/j.kzyjc.2019.0725.

[13] KUMAR A,GANDHI C P,ZHOU Y Q,et al. Fault diagnosis of rolling element bearing based on symmetric cross entropy of neutrosophic sets [J]. Measurement,2020,152,https://doi.org/10.1016/j.measurement.2019.107318.

[14] AMRINDER S M,GURPREET S,JAGPREET S,et al. A novel method to classify bearing faults by integrating standard deviation to refined composite multi-scale fuzzy entropy[J]. Measurement,2019,154,https://doi.org/10.1016/j.measurement.2019.107441.

[15] MAI T N T,SANGHOON K. Automatic image thresholding using Otsu's method and entropy weighting scheme for surface defect detection[J]. Soft Computing,2018,22(13):4197-4203.

[16] AMRINDER S M,SUKHJEET S,JYOTEESH M,et al. Machine deterioration identification for multiple nature of faults based on autoregressive-approximate entropy approach [J]. Life Cycle Reliability and Safety Engineering,2018,7(3):185-192.

[17] 刘天寿,匡海波,刘家国,等.区间数熵权TOPSIS的港口安全管理成熟度评价[J].哈尔滨工程大学学报,2019,40(5):1024-1030.

[18] 杜鑫,邱庆刚,丁雅倩,等.超临界水冷堆子通道中熵产行为数值研究[J].哈尔滨工程大学学报,2018,39(8):1290-1295.

[19] 赵宏伟,王也然,刘萍萍,等.利用位置信息熵改进VLAD的图像检索方法

[J].哈尔滨工程大学学报,2018,39(8):1376-1381.

[20] 崔铁军,马云东.基于多维空间事故树的维持系统可靠性方法研究[J]. 系统科学与数学,2014,34(6):682-692.

[21] 崔铁军,马云东.基于 SFT 理论的系统可靠性评估方法改造研究[J].模糊系统与数学,2015,29(5):173-182.

[22] 崔铁军,马云东.DSFT 的建立及故障概率空间分布的确定[J].系统工程理论与实践,2016,36(4):1081-1088.

[23] 崔铁军,马云东.DSFT 中因素投影拟合法的不精确原因分析[J].系统工程理论与实践,2016,36(5):1340-1345.

[24] 崔铁军,汪培庄,马云东.01SFT 中的系统因素结构反分析方法研究[J]. 系统工程理论与实践,2016,36(8):2152-2160.

[25] 崔铁军,马云东.基于因素空间的煤矿安全情况区分方法的研究[J].系统工程理论与实践,2015,35(11):2891-2897.

[26] 崔铁军,马云东.因素空间的属性圆定义及其在对象分类中的应用[J].计算机工程与科学,2015,37(11):2170-2174.

[27] 崔铁军,汪培庄.空间故障树与因素空间融合的智能可靠性分析方法[J].智能系统学报,2019,14(5),853-864.

[28] 崔铁军,李莎莎,朱宝岩.含有单向环的多向环网络结构及其故障概率计算[J].中国安全科学学报,2018,28(7):19-24.

[29] CUI T J,LI S S. Research on Complex Structures in Space Fault Network for Fault Data Mining in System Fault Evolution Process[J]. IEEE access,2019,7(1):121881-121896.

[30] 崔铁军,李莎莎.安全科学中的故障信息转换定律[J/OL].智能系统学报: 1-7[2019-12-29]. http://kns. cnki. net/kcms/detail/23. 1538. TP. 20191205. 1008. 002. html.

[31] CUI T J,LI S S. System Movement Space and System Mapping Theory for Reliability of IoT[J]. Future Generation Computer Systems,2020, 107:70-81.

[32] 安敬民,李冠宇.基于最小信息熵分类的不确定元数据本体构建[J].计算机工程与设计,2018,39(9):2758-2763.

[33] 汪培庄.因素空间与人工智能[J].中国人工智能学会通讯,2020,10(1): 15-21.

第12章　三值逻辑和因素空间的 SFN 化简

为将复杂的系统故障演化过程转化为明显的事件关系,本章提出基于三值逻辑和因素空间的空间故障网络结构化简方法。本章首先给出适合于 SFEP 的三值逻辑真值表,建立最终事件状态表达式;再使用因素空间的决定度得到决定度矩阵,计算事件重要度与三值状态重要度;最终提出结构和概率两种空间故障网络化简方法。研究表明:结构方法能表示边缘事件与最终事件的逻辑结构关系,但不精确;概率方法表示边缘事件导致最终事件的可能性,但不能表示逻辑关系。使用两种方法对实例进行分析,所得的化简等效 SFN 结构具有较好的一致性。研究可为系统故障演化过程提供又一理论基础和方法。

空间故障网络(space fault network,SFN)是从拓扑角度描述系统故障演化过程(system fault evolution process,SFEP)的方法[1-7]。SFEP 普遍存在于生产生活中,只要存在系统并完成预定的目的就涉及系统可靠性和故障状态变化。在 SFT[8-15]理论中,这种变化被定义为 SFEP。研究 SFEP 对于系统故障机理、故障过程以及故障的预测、防治和治理都有重要意义。但面对复杂的 SFEP 中的事件及其结构,难以获得明确且简单的 SFN 结构,即 SFN 的化简问题。

关于具有不确定性故障演化过程的研究,主要有传感器故障的不确定分数阶系统[16];不确定二层规划模型[17];故障电弧模拟测试系统[18];执行器故障不确定非线性系统最优化[19];迭代学习对线性不确定重复系统间歇性故障[20];不确定切换系统的状态估计和故障检测[21];广义不确定系统鲁棒故障检测[22];未知输入滤波器不确定系统故障诊断[23]。而对于网络结构的化简则有使用剪枝卷积神经网络化简[24];使用神经网络的语义网络化简[25];动态调度网络化简[26];神经网络化简与识别[27];文本实体属性抽象网络化简[28];建筑结构形态化简[29]等。通过这些研究可知故障演化的研究一般停留在各自领域中,并未形成系统层面的通用表达方式。网络结构化简也少有针对系统故障过程网络的研究。

面对上述问题,笔者在 SFT 基础上提出了 SFN 用于描述 SFEP;进一步地使用三值逻辑真值表示 SFEP 中事件的三种状态,得到最终事件状态表达式;再使用

因素空间理论的决定度描述边缘事件状态与最终事件状态的直接关系;最终通过
该关系对 SFN 进行化简,得到等效 SFN 结构。

12.1　空间故障网络、三值逻辑与因素空间概述

SFN 是描述 SFEP 的一种方法。SFN 由节点、连接和逻辑关系组成,对应于
SFEP 的事件、传递和逻辑关系。SFEP 描述系统运行过程中各种事件、因素和逻
辑关系的相互作用,从而描述系统可靠性和故障变化。使用形式概念分析[30]、解
释结构[31]、系统动力学[32]、符号有向图[33] 分析 SFEP 难以同时表达这些关系。因
此笔者在 SFT 基础上提出了 SFN,作为 SFT 理论体系的第三阶段。与 SFT 相
比,SFN 能适应网络结构逻辑描述,同时具备了多因素和逻辑关系分析能力,适合
于 SFEP 描述和分析。SFN 连接了边缘事件和最终事件,但 SFN 本身的网络拓扑
可能是复杂的,给研究(特别是工程应用)带来困难。解决方法之一是化简 SFN,
但 SFN 描述了 SFEP 的众多特点,一般方法难以化简。通过三值逻辑和因素空间
理论尝试 SFN 化简。下面给出文中使用的 SFEP 和 SFN 的基本概念。

- 边缘事件:导致故障的基本事件。
- 过程事件:由边缘事件或其他过程事件导致的事件,同时也导致其他过程
  事件或最终事件。
- 最终事件:边缘事件或过程事件导致的事件,但不导致任何其他事件发生。
- 原因事件:导致其他事件发生的事件,包括边缘事件和过程事件。
- 结果事件:被导致发生的事件,包括过程事件和最终事件。
- 连接:故障发生过程中事件之间的影响传递。
- 传递概率:原因事件可导致结果事件的概率。

三值逻辑是多值逻辑系统的基础,源于二值逻辑系统。虽然现在二值逻辑仍
然发挥着重要作用,但逻辑学家们在 20 世纪初就意识到了逻辑的多值性[34-39]。由
其发展过程可知:三值逻辑是多值逻辑的基础;三值逻辑发展时间较短;不同学者
基于不同逻辑角度形成的三值逻辑真值表和算子是不同的。因此,对于三值逻辑
系统只要找到系统理论上内在的逻辑关系,就可针对该类系统制定适合的三值逻
辑系统。SFEP 描述了系统故障变化过程中各事件、因素和传递之间的逻辑关系。
就可靠性角度的故障事件逻辑关系也适合于三值逻辑真值表达。因为在 SFEP
中,事件不但存在发生和不发生两种状态,还存在事件发生情况的未知状态,而且
未知状态在故障事件研究中较为普遍。这使得 SFEP 存在不确定性,只需一个事
件的未知状态就可使 SFEP 出现不确定性。因此将事件状态描述为三值逻辑状态
是适合的。

对 SFEP 得到的 SFN 进行化简,是根据边缘事件三值状态与最终事件三值状态的对应关系决定的。这种方法可借鉴因素空间[15,40]的决定度概念,即因素的相变化导致结果相变的程度,称为因素的决定度。那么对于 SFEP 形成的 SFN,因素可等效为边缘事件状态,结果等效为最终事件状态,因素的相等效为事件的三值状态。因此可通过边缘事件的不同三值状态,经过 SFN 网络传递,得到最终事件的三值状态。每一种边缘事件状态的组合对应唯一一个最终事件状态。通过因素空间的决定度,来判断边缘事件与最终事件的直接三值逻辑关系,得到 SFN 的最简等效结构。

12.2　空间故障网络结构化简

SFN 是由节点和连接组成的网络结构,对应于 SFEP 的事件和传递。SFEP 起始于边缘事件,经过过程事件,演化为最终事件。多个边缘事件通过 SFN 导致多个最终事件发生。该过程可能需要经过一个复杂的 SFN。这为研究各边缘事件对各最终事件的影响造成了困难。其源于复杂的 SFN 网络形式,因此对于 SFN 的化简或者等效成为解决该问题的关键。基于三值逻辑和因素空间理论[34-40]给出 SFN 化简方法。

12.2.1　空间故障网络的三值逻辑真值表

由于 SFEP 的事件存在发生、不发生和未知状态,那么事件状态的逻辑表达可使用三值逻辑真值表。未知状态指事件是否发生是未知的。研究表明,这种边缘事件的未知状态对最终事件状态影响较大。因此使用三值逻辑真值表达事件的三种状态,并通过逻辑运算来确定最终事件状态。

三值逻辑针对不同的逻辑背景有不同的算子和逻辑真值表[39],这里不做详述。但针对 SFEP 中事件发生的逻辑关系,以往并没有适应的三值逻辑真值表。经过前期研究并结合 SFN 理论,本章提出了适用于 SFEP 的三值逻辑真值表和算子,如表 12.1 所示。

表 12.1　SFEP 的三值逻辑真值表

算子	逻辑关系
非($\neg$)	$\neg 1=0$;$\neg 0=1$;$\neg \# = \#$
与($\wedge$)	$1 \wedge 1=1$;$1 \wedge 0=0$;$0 \wedge 1=0$;$0 \wedge 0=0$;$0 \wedge \# = \#$;$\# \wedge 0 = \#$;$1 \wedge \# = \#$;$\# \wedge 1 = \#$;$\# \wedge \# = \#$
或($\vee$)	$1 \vee 1=1$;$1 \vee 0=1$;$0 \vee 1=1$;$0 \vee 0=0$;$0 \vee \# = \#$;$\# \vee 0 = \#$;$1 \vee \# = 1$;$\# \vee 1 = 1$;$\# \vee \# = \#$
传递($\rightarrow$)	$1 \rightarrow 1$;$0 \rightarrow 0$;$\# \rightarrow \#$

表 12.1 中各算子代表了原因事件与结果事件的关系,0 表示事件未发生状态,1 表示事件发生状态,♯ 表示未知状态。非(¬)表示原因事件状态与结果事件状态相反;与(∧)表示两个原因事件同时发生导致结果事件发生;或(∨)表示两个原因事件之一发生导致结果事件发生;传递(→)表示一个原因事件发生引起结果事件发生。非(¬)和传递(→)是一元算子;与(∧)和或(∨)是二元算子。

需要说明的几点。任何逻辑运算都可以转化为二元逻辑运算(只要是二元运算符),因此表 12.1 以二元运算为例。SFEP 中以"原因事件⇒传递⇒结果事件"作为最基本单元。具体地为:原因事件发生概率分布⇒传递概率⇒结果事件发生概率分布。在三值逻辑 SFEP 中,改为:原因事件状态⇒传递状态⇒结果事件状态。事件具备三种状态,传递也具备三种状态,即不传递 0,传递 1,未知 ♯。传递状态与传递算子的区别在于,传递状态继承于传递概率,表达原因事件导致结果事件的可能性,本身有 0,1,♯ 三值;传递算子(→)表示原因事件三值逻辑状态传递给结果事件状态,即传递算子两侧事件状态相同。

12.2.2　最终事件三值状态表达式

确定最终事件状态表达式,至少可对两种情况进行研究。一是只考虑事件状态,即设传递状态为 1;二是同时考虑事件状态和传递状态(0,1,♯)的关系,得到最终事件状态。SFN 中的边缘事件数量有限,但对应的传递数量很多。如果将 n 个边缘事件状态组成向量,在三值逻辑下有 3^n 个;再加上 m 个传递状态,则向量有 3^{n+m} 个无重复向量。每个向量对应于一个最终事件状态。

最终事件状态表达式基于 SFN 的关系组 RS。从边缘事件开始,寻找基本单元为"原因事件状态⇒传递状态⇒结果事件状态"的关系,将所有关系组成三值逻辑关系组 RS。只考虑事件状态的关系组 RS 如式(12.1)所示;同时考虑事件状态和传递状态的关系组 RS 如式(12.2)所示。

$$\text{RS} = \{e_{\text{CE}} \rightarrow e_{\text{RE}} \mid e_{\text{RE}} = f_{\vee}(e_{\text{CE}}s), \text{or}; e_{\text{RE}} = f_{\wedge}(e_{\text{CE}}s), \text{and};$$
$$e_{\text{RE}} = f_{\rightarrow}(e_{\text{CE}}), \text{trans}; e_{\text{CE}}, e_{\text{RE}} \in \{0, 1, \sharp\}\} \tag{12.1}$$

式中:e_{CE} 为原因事件;e_{RE} 为结果事件;→为导致;s 表示多个事件;$f_{\vee}()$ 表示或关系,or;$f_{\wedge}()$ 表示与关系,and;$f_{\rightarrow}()$ 表示传递关系,trans。

$$\text{RS} = \{e_{\text{CE}} \rightarrow e_{\text{RE}} \mid e_{\text{RE}} = f_{\vee}(f_{\wedge}(e_{\text{CE}}, \text{tp})s), \text{or}; e_{\text{RE}} = f_{\wedge}(f_{\wedge}(e_{\text{CE}}, \text{tp})s), \text{and};$$
$$e_{\text{RE}} = f_{\rightarrow}(f_{\wedge}(e_{\text{CE}}, \text{tp})), \text{trans}; e_{\text{CE}}, e_{\text{RE}}, \text{tp} \in \{0, 1, \sharp\}\} \tag{12.2}$$

式中,tp 表示传递状态。

在关系组 RS 基础上,将最终事件作为结果事件,沿着传递的反方向寻找原因事件,再将原因事件作为结果事件寻找其原因事件,直到原因事件为边缘事件为止。将上述过程涉及的关系叠加,形成由边缘事件状态表达的最终事件状态表达式。再根据表 12.1 的三值逻辑真值表即可确定最终事件状态。由于 SFN 中的传递较多,这里只针对事件状态展开研究;两者同时考虑的情况将另文说明。

12.2.3 不同事件状态对最终事件状态的决定度矩阵

决定度是因素空间理论的概念[15,40],表示在因素组成的相空间中,因素的不同相对于结果相的影响,即因素变化导致结果变化的程度,也可理解为因素对结果的决定程度。例如,使用决定度概念形成决定度矩阵。设 SFN 中的边缘事件状态为 $e_{EE}=[e_{EE1},e_{EE2},\cdots,e_{EEn}]$,一般只同时研究一个最终事件状态 e_{TE}。那么任意一个向量 e_{EE} 都能通过最终事件状态表达式确定唯一一个 e_{TE},对应关系有 3^n 个。分析不同边缘事件的不同状态对最终事件不同状态的影响情况。即在三值状态下,分析各边缘事件状态与最终事件状态相同时的该边缘事件数量,形成状态数量统计矩阵 M(M 为 n 行 3 列表),如式(12.3)所示。

$$M(i,s)=\text{count}((e_{EEi}==s')\&([e_{EE1},\cdots,e_{EEi},\cdots,e_{EEn}]\Rightarrow e_{TE}==s')),$$
$$i=1,\cdots,n;s=1,2,3;s'=0,1 \tag{12.3}$$

式中:$M(i,s)$ 表示 M 中第 i 行第 s 列的数值;count 表示统计符合条件的 e_{EE} 与 e_{TE} 对应关系数;$[e_{EE1},\cdots,e_{EEi},\cdots,e_{EEn}]\Rightarrow e_{TE}$ 表示包含 e_{EEi} 的向量 e_{EE} 对应的 e_{TE};s' 表示三值,$s=1$ 对应 0,$s=2$ 对应 1,$s=3$ 对应 ♯。

建立决定度矩阵 D,分别对 M 的每一列除以对应三值状态的总数,如式(12.4)所示:

$$D(i,s)=M(i,s)/\text{count}(e_{TE}=s') \tag{12.4}$$

式中,$D(i,s)$ 表示决定度矩阵的第 i 行第 s 列的数值。

12.2.4 事件与三值状态重要度

基于矩阵 D 研究各边缘事件对最终事件的影响,即事件重要度,如式(12.5)所示。边缘事件不同逻辑状态对最终事件状态的影响,即状态重要度,如式(12.6)所示。

$$\text{EP}_{EEi}=\left(\sum_{s=1}^{3}D(i,s)\right)/\sum_{i=1}^{n}\left(\sum_{s=1}^{3}D(i,s)\right),\quad i=1,\cdots,n \tag{12.5}$$

$$\text{SP}_{s}=\left(\sum_{i=1}^{n}D(i,s)\right)/\sum_{i=1}^{n}\left(\sum_{s=1}^{3}D(i,s)\right),\quad s=1,2,3 \tag{12.6}$$

事件重要度可以综合考察 SFN 中各事件影响最终事件状态的程度,即各边缘事件作为最终事件状态变化原因的程度,数值越大证明该边缘事件对最终事件影响越大。状态重要度考察 SFN 中各状态影响最终事件状态的程度,即各状态作为最终事件状态变化原因的程度,数值越大证明该状态对最终事件状态影响越大。这两个指标都是从 SFN 的结构角度研究边缘事件对最终事件状态的影响程度。

12.2.5　空间故障网络结构化简

12.2.4 小节得到了两个指标,这两个指标从结构上描述了边缘事件与最终事件的关系。那么是否可以通过这样的关系来化简 SFN 结构,从而得到一种等效或近似等效的 SFN? 下面就该问题展开研究。

从边缘事件状态与最终事件状态关系角度对矩阵 $\boldsymbol{D}$ 做进一步处理。对于某一列 s,如果 $D(i,s)=1$,说明边缘事件状态可以直接与最终事件状态等同;如果 $\Sigma D(i,s)=1$,说明边缘事件状态的并集导致最终事件状态;如果 $D(i,s)<1$ 或 $\Sigma D(i,s)>1$,单个决定度小于1,但总和大于1,说明边缘事件经历了交集导致了最终事件状态。总结上述规律得到结构化的 SFN 化简方式,如式(12.7)所示:

$$\begin{cases} e_{\mathrm{CE}} \rightarrow e_{\mathrm{RE}}, \mathrm{trans}, D(i,s)=1 \\ \vee e_{\mathrm{CE}}s \rightarrow e_{\mathrm{RE}}, \mathrm{or}, \Sigma D(i,s)=1 \\ \wedge e_{\mathrm{CE}}s \rightarrow e_{\mathrm{RE}}, \mathrm{and}, D(i,s)<1 \mathrm{and} \Sigma D(i,s)>1 \end{cases} \tag{12.7}$$

对于式(12.7)而言,结合矩阵 $\boldsymbol{D}$ 可获得 0,1,♯ 三种状态下的边缘事件与最终事件之间的 SFN 近似等效结构。当然在三值状态下得到的三种等效 SFN 可能结构不同。式(12.7)是对边缘事件和最终事件逻辑关系结构的一种解释,也可能存在其他合理解释,因此式(12.7)不唯一。

更直接的方法是使用原本 SFN 的传递概率解释等效结构,即将得到的 $D(i,s)$ 作为传递概率 tp。表示在第 s 个状态的第 i 个边缘事件状态有 $D(i,s)$ 的可能性导致最终事件的第 s 个状态发生。

因此得到了两种 SFN 化简为等效 SFN 的方法:一是使用结构化的网络表示;二是使用发生可能性的传递概率表示。它们都代表了一种等效形式。前者强调边缘事件以何种逻辑关系导致最终事件。后者强调边缘事件以何种可能性导致最终事件。

上述完成了理论部分,总结 SFN 结构化简步骤:确定 SFN 三值逻辑;建立三值关系组,得到最终事件三值状态表达式;获得不同事件状态对最终事件状态的决定度矩阵;计算事件和三值状态对最终事件状态变化影响的重要度;使用结构或概率方法进行 SFN 化简。

12.3 实例分析

为了说明上述过程，这里给出简单的 SFN 实例，如图 12.1 所示。

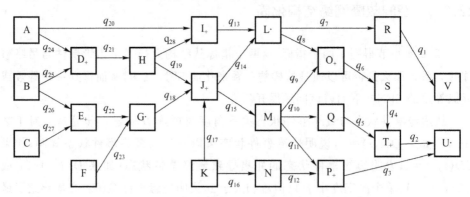

图 12.1　SFN

图 12.1 中有 22 个事件和 28 个连接。A、B、C、F 和 K 都是边缘事件，状态用 e_A、e_B、e_C、e_F、e_K 表示；V 和 U 是最终事件，状态用 e_V、e_U 表示；其余为过程事件。事件三值状态为 0 不发生，1 发生，♯ 未知。传递状态 28 个，都设为传递发生 1。事件中的 · 和 ＋ 分别表示其原因事件的与（∧）关系和或（∨）关系，传递关系未列出。由于篇幅所限，本例只对最终事件 V 进行分析。

当不考虑传递状态，根据式（12.1）得到关系组 $RS = \{e_V = e_R,\ e_R = e_L,\ e_L = f_\wedge(e_I,\ e_J),\ e_I = f_\vee(e_A,\ e_H),\ e_J = f_\vee(f_\vee(e_H,\ e_G),\ e_K),\ e_H = e_D,\ e_G = f_\wedge(e_E,\ e_F),$ $e_E = f_\vee(e_B,\ e_C),\ e_D = f_\vee(e_A,\ e_B)\}$。得到的最终事件 V 的状态表达式如式（12.8）所示：

$$e_V = f_\wedge(f_\wedge(f_\wedge(f_\wedge(f_\vee(e_A,\ f_\wedge(f_\wedge(f_\vee(e_A,e_B))))),$$
$$f_\wedge(f_\vee(f_\vee(f_\wedge(f_\wedge(f_\vee(e_A,e_B))),\ f_\wedge(f_\wedge(f_\wedge(f_\vee(e_B,\ e_C)),e_F))),\ e_K)))))$$

$$(12.8)$$

将五个边缘事件的三值状态组成向量 $[e_A, e_B, e_C, e_F, e_K]$，共有 $3^5 = 243$ 个。使用式（12.8），根据这 243 个状态得到对应的 243 个 e_V。具体通过 MATLAB 实现，这里不做详述。

根据式（12.3）和 243 个 $[e_A, e_B, e_C, e_F, e_K]$ 向量及对应 e_V 状态，得到状态数量统计矩阵 $\boldsymbol{M}$，如表 12.2 所示。

表 12.2　状态数量统计矩阵 M

事件	状态		
	0	1	♯
A	14	81	54
B	14	81	54
C	5	45	33
F	5	45	33
K	4	45	33

根据式(12.4)和表 12.2 建立决定度矩阵 D,并根据式(12.5)和式(12.6)计算事件和状态重要度,如表 12.3 所示。

表 12.3　决定度矩阵 D

事件	状态			$\sum_{s=1}^{3} D(i,s)$	事件重要度
	0	1	♯		
A	1	0.6	0.574 5	2.174 5	0.293 1
B	1	0.6	0.574 5	2.174 5	0.293 1
C	0.357 1	0.333 3	0.351 1	1.04	0.140 2
F	0.357 1	0.333 3	0.351 1	1.04	0.140 2
K	0.285 7	0.333 3	0.372 3	0.99	0.133 4
$\sum_{i=1}^{n}(D(i,s))$	3	2.2	2.22	$\sum_{i=1}^{n}\left(\sum_{s=1}^{3}D(i,s)\right)=7.42$	
状态重要度	0.404 3	0.296 5	0.299 2		

根据式(12.7)和表 12.3 使用 SFN 化简的结构和概率方法。表 12.3 中的 0 状态,$e_A = e_B = 1$,说明 A 和 B 事件可直接导致 V 发生,它们是传递关系;事件 C、F 和 K 的决定度之和约等于 1,因此它们以或关系导致 V 发生。表 12.3 中的 1 状态,A 和 B 自身的决定度小于 1,但总和大于 1,它们之间是与关系导致 V 发生;C、F 和 K 总和为 1,是或关系导致 V 发生。表 12.3 中的 ♯ 状态,A 和 B 自身的决定度小于 1,但总和大于 1,它们之间是与关系导致 V 发生;C、F 和 K 总和为 1,是或关系导致 V 发生。因此该 SFN 对于 0,1,♯ 三种状态的结构化简图如图 12.2(a)和(b)所示。

图 12.2 显示了使用结构法和概率法得到的不同状态下 SFN 的化简结构图。其中 PE 表示过程事件,＋表示或关系;·表示与关系。结构法的 1 和 ♯ 状态得到的等效结构相同。图(c)~图(e)使用传递概率表示了边缘事件导致最终事件的可能性,其中图(d)与图(e)的传递概率也基本相等。最终得到了 SFN 的等效化简结构。

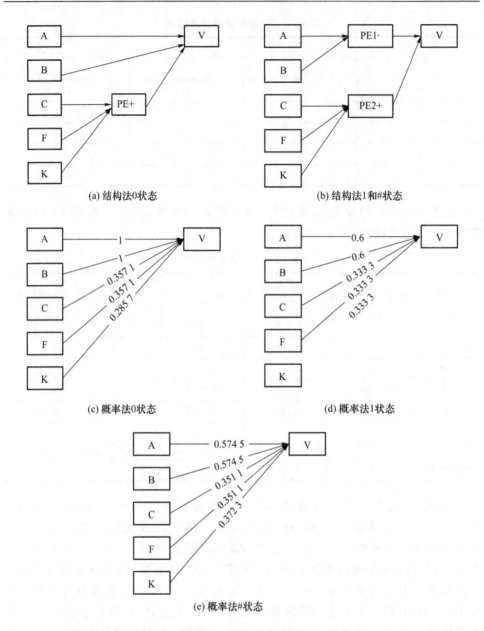

图 12.2　SFN 的化简图

结合三值逻辑和因素空间理论对 SFN 进行化简的研究,同时得到了事件重要度和状态重要度。研究存在的不足主要有两点。一是研究没有考虑传递状态的三值性,假设了传递状态为 1。如果考虑事件状态与传递状态,可根据式(12.2)的思路,将两者考虑为与关系处理。但是形成的向量数巨大,如本例中是 $3^{5+16} =$

10 460 353 203 个向量,难以展开论述,但分析方法相同。二是结构化的 SFN 化简方法,如式(12.7),只是根据决定度制定的近似逻辑结构关系。也可能存在其他的合理结构,式(12.7)只是其中之一。

虽然结构关系的化简方法能表示边缘事件与最终事件的逻辑结构关系,但是是一种近似表示,主要应用于 SFEP 较为清晰、能识别边缘事件与最终事件逻辑的情况;概率表达的化简方法使用传递概率表示边缘事件导致最终事件的可能性,但不能表示逻辑关系,利用边缘事件与最终事件近似的逻辑关系推断边缘事件到最终事件的传递概率。

本 章 小 结

在使用三值逻辑表示 SFN 的基础上,使用因素空间思想对 SFN 的结构进行化简,主要结论如下:

① 作为研究的基础工作,给出了适合于 SFEP 的三值逻辑真值表和算子。同时建立基于三值逻辑的关系组,从而得到最终事件状态表达式。

② 建立了不同状态和不同边缘事件对最终事件状态的影响程度分析方法,得到了状态数量统计矩阵和决定度矩阵。进而定义并计算了事件重要度与三值状态重要度。提出了两种化简方法:一是基于结构关系的化简方法;二是使用概率表达的化简方法。前者能表示边缘事件与最终事件的逻辑结构关系,但是是一种近似表示;后者使用传递概率表示边缘事件导致最终事件的可能性,但不能表示逻辑关系。

③ 通过实例实施了所提方法。对实例 SFN 进行分析,得到了五个边缘事件和三值状态对最终事件状态变化影响的重要程度。通过 SFN 的结构和概率化简方法得到了等效 SFN 结构,且它们具有较好的一致性。

本章参考文献

[1]　崔铁军,李莎莎,朱宝岩.空间故障网络及其与空间故障树的转换[J].计算机应用研究,2019,36(8):2000-2004.

[2]　崔铁军,李莎莎,朱宝岩.含有单向环的多向环网络结构及其故障概率计算[J].中国安全科学学报,2018,28(7):19-24.

[3]　CUI T J,LI S S. Research on Complex Structures in Space Fault Network for Fault Data Mining in System Fault Evolution Process[J]. IEEE Access,

2019,7(1):121881-121896.

[4] 崔铁军,李莎莎.空间故障树与空间故障网络理论综述[J].安全与环境学报,
2019,19(2):399-405.

[5] 崔铁军.系统故障演化过程描述方法研究[J/OL].计算机应用研究:1-5
[2019-10-26].https://doi.org/10.19734/j.issn.1001-3695.2019.05.0194.

[6] CUI T J,LI S S. Research on Basic Theory of Space Fault Network and
System Fault Evolution Process [J]. Neural Computing and Applications.

[7] CUI T J,LI S S. Deep Learning of System Reliability under Multi-factor
Influence Based on Space Fault Tree [J]. Neural Computing and Applications,
2019,31(9):4761-4776.

[8] 崔铁军,马云东.多维空间故障树构建及应用研究[J].中国安全科学学报,
2013,23(4):32-37.

[9] 崔铁军,马云东.基于多维空间事故树的维持系统可靠性方法研究[J].系统
科学与数学,2014,34(6):682-692.

[10] 崔铁军,马云东.系统可靠性决策规则发掘方法研究[J].系统工程理论与实
践,2015,35(12):3210-3216.

[11] 崔铁军,马云东.DSFT 的建立及故障概率空间分布的确定[J].系统工程理
论与实践,2016,36(4):1081-1088.

[12] 崔铁军,马云东.DSFT 中因素投影拟合法的不精确原因分析[J].系统工程
理论与实践,2016,36(5):1340-1345.

[13] SHA-SHA LI,TIE-JUN CUI,JIAN LIU. Study on the construction and
application of Cloudization Space Fault Tree [J]. Cluster Computing,
https://doi.org/10.1007/s10586-017-1398-y.

[14] 崔铁军,汪培庄,马云东.01SFT 中的系统因素结构反分析方法研究[J].系
统工程理论与实践,2016,36(8):2152-2160

[15] 崔铁军,马云东.基于因素空间的煤矿安全情况区分方法的研究[J].系统工
程理论与实践,2015,35(11):2891-2897.

[16] 张雪峰,刘博豪.带有传感器故障的不确定分数阶系统观测器设计[J].东北
大学学报(自然科学版),2019,40(5):619-624.

[17] 马天祥,程肖,贾伯岩,等. 基于不确定二层规划模型的主动配电网故障恢
复方法[J].电力系统保护与控制,2019,47(6):48-57.

[18] 金闪,许志红.故障电弧模拟测试系统及不确定因素的研究[J].电力自动化
设备,2019,39(1):205-210.

[19] 张绍杰,吴雪,刘春生.执行器故障不确定非线性系统最优自适应输出跟踪
控制[J].自动化学报,2018,44(12):2188-2197.

[20]　冯莉,柴毅,许水清,等. 基于迭代学习的线性不确定重复系统间歇性故障估计[J/OL]. 自动化学报:1-13[2019-10-31]. https://doi. org/10. 16383/j. aas. 2018. c170252.

[21]　吴琛. 不确定切换系统的状态估计和故障检测[D]. 河南理工大学,2018.

[22]　严元咏. 广义不确定系统鲁棒故障检测方法研究及在轧制力控制系统中的应用[D]. 武汉科技大学,2018.

[23]　汤文涛,王振华,王烨,等.基于未知输入集员滤波器的不确定系统故障诊断[J]. 自动化学报,2018,44(9):1717-1724.

[24]　JUNHUA ZOU, TING RUI, YOU ZHOU,et al. Convolutional neural network simplification via feature map pruning [J]. Computers and Electrical Engineering,2018.

[25]　GIOSUÉ LO BOSCO, GIOVANNI PILATO, DANIELE SCHICCHI. A Neural Network model for the Evaluation of Text Complexity in Italian Language:a Representation Point of View [J]. Procedia Computer Science,2018,145.

[26]　MARIIA SHAKHOVA , ALEKSANDR ZAGARSKIKH. Dynamic Difficulty Adjustment with a simplification ability using neuroevolution[J]. Procedia Computer Science,2019,156.

[27]　WEI LI,JUNFEI QIAO,XIAO-JUN ZENG,et al. Identification and simplification of T-S fuzzy neural networks based on incremental structure learning and similarity analysis[J]. Fuzzy Sets and Systems,2019.

[28]　吴呈,王朝坤,王沐贤.基于文本化简的实体属性抽取方法[J/OL]. 计算机工程与应用:1-10 [2019-11-02]. http://kns. cnki. net/kcms/detail/11. 2127. TP. 20190917. 1343. 002. html.

[29]　马磊. 基于机器学习的建筑物形状化简模型[D]. 兰州交通大学,2018.

[30]　渠寒花,张国斌,何险峰. 气象灾害形式概念分析模型[J].计算机工程与设计,2019,40(2):516-522.

[31]　胡钢,徐翔,过秀成.基于解释结构模型的复杂网络节点重要性计算[J].浙江大学学报(工学版),2018,52(10):1989-1997,2022.

[32]　张英,李江涛. 基于系统动力学的数据化作战指挥模式分析[J/OL]. 指挥控制与仿真:1-11 [2019-04-10]. http://kns. cnki. net/kcms/detail/32. 1759. tj. 20190327. 1339. 017. html.

[33]　聂银燕,林晓焕. 基于 SDG 的压缩机故障诊断方法研究[J]. 微电子学与计算机,2013,30(3):140-142.

[34]　陈明益.含混性与多值逻辑[J].湖北大学学报(哲学社会科学版),2015,42

（2）：51-55.

[35] 马明辉.三值逻辑与意义理论[J].西南大学学报（社会科学版），2015，41
（1）：21-28，189.

[36] 夏年喜.三值逻辑背景下的预设投射问题研究[J].哲学动态，2012（12）：
89-95.

[37] 何华灿.重新找回人工智能的可解释性[J].智能系统学报，2019，14（3）：
393-412.

[38] 何华灿.泛逻辑学理论——机制主义人工智能理论的逻辑基础[J].智能系
统学报，2018，13（1）：19-36.

[39] 何华灿.人工智能基础理论研究的重大进展——评钟义信的专著《高等人工
智能原理》[J].智能系统学报，2015，10（1）：163-166.

[40] 汪培庄.因素空间与概念描述[J].软件学报，1992（1）：30-40.

第13章　系统功能状态的确定性与不确定性

为了研究系统功能状态的表达方式,研究确定状态和不确定状态的叠加情况,本章提出了系统功能状态表示方法,即系统功能状态表达式。首先本章基于集对理论,使用二元和三元联系数分别表示确定状态和不确定状态,及可靠、不确定和失效状态的系统功能状态表达式。接着本章考虑在同一论域内设定两功能划分对象,使用两量子状态叠加形式确定系统功能状态表达式。研究表明,集对分析可有效地表达上述两种状态划分时的系统功能状态表达式。多量子叠加更适合由设定多功能时的系统功能状态表达式确定,但其中的概率幅需要通过二元联系数计算得到。最后本章通过功能状态置信度计算展示了方法流程及作用。本章的研究为多功能设定且存在确定和不确定状态的系统功能状态表达提供了有效方法。

系统功能状态是指系统完成预定目标的状态。通常,在预定时间内及规定条件下完成预定功能的能力称为可靠性,与之相对的是失效。那么系统功能状态可划分为可靠状态和失效状态。在由同类对象组成的论域中,可设定一个功能作为目标,设定某个值作为状态分类依据。例如,同类的 100 个通信设备使用过程中,有 80 人认为设备可靠,其余 20 人认为设备不可靠。这时的系统功能状态应由这两个状态叠加表示。当然,也可能出现 80 人认为设备可靠,5 人认为设备不可靠,15 人不确定的情况。同样,对这 100 个设备的续航时间进行分析,60 人认为续航可靠,40 人认为续航不可靠。这时对该 100 个设备组成的论域而言设定了两个功能:一是功能可靠性;二是续航时间可靠性。那么如何表示两功能设定下的系统功能状态成为关键问题,进而多功能设定时系统功能状态表达更为困难。

系统的功能状态、多状态表示、可靠与失效的研究正在逐渐增加。这些研究包括多状态系统的可用度分析[1],含柔性多状态开关配电系统可靠性评估[2],多状态啮合渐开线直齿轮可靠性研究[3],预防性维修的两种失效竞争下多状态系统可靠性研究[4],多状态空间信息网络拓扑生成优化[5],贝叶斯网络柔性多状态开关系统可靠性分析[6],概率共因失效的多状态系统可靠度计算[7],多状态并联冗余支路的船舶电机系统可靠性研究[8],物联网下全景功能的全维度设备状态监测[9],多智能体系统的 APTL 模型研究[10]，预测状态表示的多变量概率系统预测[11]等。各类系统功能状态的研究成果一般聚焦于具体领域，在多功能设定及状态叠加方面没能形成通用的系统层面方法。这为在系统层面进行功能状态研究带来困难。

笔者根据以往对系统可靠性的研究[12,13]，及在多因素影响[14]、可靠与失效转化[15]、系统故障演化[16,17]等方面的研究，针对上述问题，在仔细研究系统功能状态后认为应关注如下特点。无论是确定和不确定状态，还是可靠、不确定和失效状态，它们都共同组成了论域，相互没有交集，但由于影响功能的因素变化可能相互转化。根据该特点，笔者提出了使用集对分析建立单功能的系统功能状态表达式，使用多量子状态叠加表示多功能的系统功能状态表达式，各状态概率幅使用二元联系数确定。最后将其应用于功能状态置信度的计算。

13.1　系统功能状态的确定性与不确定性

系统功能状态是系统表现出的属性和存在意义。系统存在的意义是实现功能，因此将系统在预定时间内预定条件下完成预定功能的能力称为可靠性；对应的系统没能完成预定功能或完成功能的能力下降称为故障或失效。由于系统存在必须完成功能，所以可用系统完成功能的状态定义系统存在的意义。系统实现功能的可靠状态和失效状态组成了系统功能状态空间，即论域。同时，这两种状态没有交集，但可随着影响系统功能状态的因素变化而相互转化。对系统功能而言，无论是可靠状态，还是失效状态，都是确定状态。这时系统功能状态空间被划分为明确的两部分，具有清晰的界限，是一个确定性空间；系统在任何条件下的功能状态都是确定的，属于可靠状态或失效状态。

就实际情况而言，系统功能状态很少有确定性，不确定性源于人、机、环境、管理等方面。对于人而言，系统的目的是实现人的预定功能，因此人是否能判断系统能否完成功能成为首要问题。人的自身经验本身就是不确定的，除非人有充足的知识或借助仪器加以确定。因此人对系统功能状态的定义是不确定的。对于机而言，机是实现功能的主体，相对来说是具有最高确定性的部分。但系统是由物理材料构成的，在完成功能的同时难免产生意外情况和老化问题。因此机对于系统功能的实现是不确定的。对于环境而言，环境同时影响人机系统。环境可导致人的不安全行为和机的不安全状态。环是系统运行过程中广义影响因素的集合。这些影响因素及其变化往往是意外的，难以考虑周全。因此环对于系统功能的影响是不确定的。对于管理而言，管理是对人行为的约束，保障系统实现功能。管理对于系统功能状态的变化有滞后性，同时管理的具体内容对于多样的人的不安全行为、机的不安全状态和因素变化而言难以应对。因此管理对于系统功能的保障能力是不确定的。

在哲学层面上对某一层次的系统功能状态进行分析。在其上层看来,该层的系统功能状态是更加确定的;而在其下层看来,该层的系统功能状态是更加不确定的。这是因为每层功能状态考虑问题的尺度不同。尺度越细,考虑的因素越多,相互作用越多。这些问题自然带来了系统功能状态的不确定性。

修改系统功能状态定义及论域空间,将系统功能状态分为确定状态和不确定状态,确定状态又分为可靠状态和失效状态。那么不确定状态是在可靠状态和失效状态之间的状态,在条件成熟时有向确定状态转化的可能,即向可靠状态或失效状态转移。这时状态空间划分为三个区域,可靠状态区域、不确定状态区域和失效状态区域。因此表示系统功能状态至少有两种方式:一是将功能状态表示为确定状态和不确定状态的叠加;二是将功能状态表示为可靠状态、不确定状态和失效状态的叠加。因此,研究系统功能状态的首要任务是制定适合的表达方法,进而研究系统功能状态的性质和运算。

13.2　系统功能状态的集对表示

为满足系统功能状态的表示,即同时表示多种状态的存在和叠加,必须实现确定性和不确定性的表示,并能进行基本运算以满足系统功能状态的分析需求。

首先可采用集对分析理论的联系数表示系统功能状态。集对分析建立在成对原理和系统不确定性原理基础上。前者认为任何论域中的事物都是成对出现的,具有两面性、对立性和普遍联系性;后者认为在不同尺度研究问题所获得的信息粒度不同,存在确定性与不确定性相互转化的现象。联系数是集对的特征函数,是一种结构函数[18,19],具有特定的空间结构及可构造和分解特征。集对分析有一族联系数,包括二元联系数、三元联系数,直到多元联系数。它们的结构特征类似,具有多样性的标识特征。

联系数总体上可分为同、异、反三种状态。"同"表示论域中属于同一功能定义的对象集合,是确定的;"反"表示与该定义相反的对象集合,是确定的;"异"表示根据该定义无法判断的对象集合,是不确定的。根据集对的联系数构造方法,可使用二元联系数表示系统功能状态的确定状态与不确定状态叠加,而用三元联系数表示可靠状态、不确定状态和失效状态的叠加,具体分析过程如下。

设系统功能状态空间中有 N 个对象,其中 A 为可靠状态的对象数量,C 为失效状态的对象数量,B 为可靠与失效之间不确定状态的对象数量,$N=A+B+C$。

那么基于三元联系数的系统功能状态表达式如式(13.1)所示:

$$\mu = \frac{A}{N} + \frac{B}{N}i + \frac{C}{N}j \tag{13.1}$$

式中,i 表示异关系标记,j 表示反关系标记。当进行计算时,$i \in [-1,1]$,$j = -1$。

由式(13.1)可知,i 和 j 为异和反的标记,因此使用式(13.1)进行运算时可以保留系统功能状态中的同、异、反对象的定性特征。在分析结果中带入具体数据得到定量结果。进一步讨论,同功能状态(可靠状态)的对象数为 A,反功能状态(失效状态)的对象数为 C,虽然两者对立但它们都是明确的状态,因此是确定的。在可靠状态与失效状态之间的不确定状态的对象数量为 B。因此,可将三元联系数的系统功能状态表达式(13.1)转化为二元联系数系统功能状态表达式,如式(13.2)所示:

$$\mu = \frac{A+Cj}{N} + \frac{B}{N}i \tag{13.2}$$

式(13.2)中同功能状态(可靠状态)的对象数 A 和反功能状态(失效状态)的对象数 C 共同组成了确定状态对象数量 $A+C$,那么确定分量系数可表示为 $(A+C)/N$,同时不确定分量系数为 B/N。

在集对理论的联系数复运算中,提出了确定-不确定空间(D-U)的概念[18,19]。联系数 μ 可在 D-U 空间中表示一个不确定量的大小和位置,形成一个向量 $\boldsymbol{r}$,如式(13.3)所示,图 13.1 为示意图。

$$\begin{cases} |\boldsymbol{r}| = \sqrt{\left(\dfrac{A+C}{N}\right)^2 + \left(\dfrac{B}{N}\right)^2} \\ \theta = \arctan \dfrac{B}{A+C} \end{cases} \tag{13.3}$$

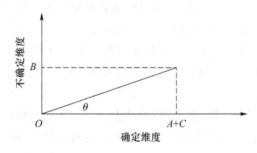

图 13.1 联系数在 D-U 空间中的向量表示

所以 μ 可进一步表示为式(13.4):

$$\mu = r\cos\theta + ri\sin\theta \tag{13.4}$$

式(13.4)可根据本章参考文献[18,19]提供的方法进行复运算。

13.3　系统功能状态的表示量子表示

13.2 节提到系统功能状态可分为可靠、不确定或失效三态,或者确定状态和不确定状态。换一个角度,确定性状态是根据定义可以确定的对象分类集合,只是类别不同;而不确定对象不能确定分类,归为不确定类。因此,将确定状态和不确定状态叠加表示系统功能状态是恰当的。在论域中,针对一个设定功能的定义可将论域分为确定对象和不确定对象的两个集合;针对第二个设定功能将论域划分为确定对象集合和不确定对象集合。此时如何表示具有两个设定功能的系统功能状态成为关键问题。

设第一个功能为 n,第二个功能为 $n+1$,那么对于这两个功能的系统功能状态表达式如式(13.5)所示:

$$\begin{cases} \mu_n = \dfrac{A_n + C_n j_n}{N_n} + \dfrac{B_n}{N_n} i_n \\ \mu_{n+1} = \dfrac{A_{n+1} + C_{n+1} j_{n+1}}{N_{n+1}} + \dfrac{B_{n+1}}{N_{n+1}} i_{n+1} \end{cases} \tag{13.5}$$

又因为 $A_n + C_n + B_n = N_n$,$A_{n+1} + C_{n+1} + B_{n+1} = N_{n+1}$,且对应于同一个论域,所以 $N_n = N_{n+1}$,这说明 $\dfrac{A_n + C_n}{N_n}$ 和 $\dfrac{B_n}{N_n}$ 及 $\dfrac{A_{n+1} + C_{n+1}}{N_{n+1}}$ 和 $\dfrac{B_{n+1}}{N_{n+1}}$ 之间存在联系。因此,存在两个功能设定时,系统功能状态是两个状态的叠加,它们都具有确定状态和不确定状态的联系。

尝试使用量子叠加状态来表示具有两个功能设定的系统功能状态表达式。单量子叠加状态 $|\varphi\rangle = \alpha|0\rangle + \beta|1\rangle$,$|0\rangle$ 和 $|1\rangle$ 表示量子的两种状态,α 和 β 是两种状态的概率幅,且 $\alpha^2 + \beta^2 = 1$(塌缩概率)。这种关系恰巧与单一功能设定的系统功能状态类似,因此有如下推导。

设两个功能设定同时存在于论域中,分别为 μ_n 和 μ_{n+1},那么系统功能状态的双量子表示为 $|\mu_n \mu_{n+1}\rangle$,α 代表确定对象出现的概率幅,β 代表不确定对象出现的概率幅,$|0\rangle$ 表示确定状态,$|1\rangle$ 表示不确定状态。那么两个功能设定的系统功能状态表达式如式(13.6)所示。

$$\begin{cases} |\mu_n \mu_{n+1}\rangle = \alpha_{00}|00\rangle + \alpha_{01}|01\rangle + \alpha_{10}|10\rangle + \alpha_{11}|11\rangle \\ |\mu_n\rangle = \dfrac{A_n + C_n}{\sqrt{(A_n + C_n)^2 + B_n^2}}|0\rangle + \dfrac{B_n}{\sqrt{(A_n + C_n)^2 + B_n^2}}|1\rangle \\ |\mu_{n+1}\rangle = \dfrac{A_{n+1} + C_{n+1}}{\sqrt{(A_{n+1} + C_{n+1})^2 + B_{n+1}^2}}|0\rangle + \dfrac{B_{n+1}}{\sqrt{(A_{n+1} + C_{n+1})^2 + B_{n+1}^2}}|1\rangle \end{cases} \tag{13.6}$$

根据式（13.6），为确定$|\mu_n\mu_{n+1}\rangle$的具体形式，需要确定α_{00}、α_{01}、α_{10}和α_{11}，它们分别表示$\mu_n\mu_{n+1}$的状态为00（双确定）、01（确定不确定）、10（不确定确定）和11（双不确定），同时保证$\alpha_{00}+\alpha_{01}+\alpha_{10}+\alpha_{11}=1$。$|00\rangle$的概率幅为$\dfrac{A_n+C_n}{\sqrt{(A_n+C_n)^2+B_n^2}}\times$

$\dfrac{A_{n+1}+C_{n+1}}{\sqrt{(A_{n+1}+C_{n+1})^2+B_{n+1}^2}}$，$|01\rangle$的概率幅为$\dfrac{A_n+C_n}{\sqrt{(A_n+C_n)^2+B_n^2}}\times\dfrac{B_{n+1}}{\sqrt{(A_{n+1}+C_{n+1})^2+B_{n+1}^2}}$，

$|10\rangle$的概率幅为$\dfrac{B_n}{\sqrt{(A_n+C_n)^2+B_n^2}}\times\dfrac{A_{n+1}+C_{n+1}}{\sqrt{(A_{n+1}+C_{n+1})^2+B_{n+1}^2}}$，$|11\rangle$的概率幅为

$\dfrac{B_n}{\sqrt{(A_n+C_n)^2+B_n^2}}\times\dfrac{B_{n+1}}{\sqrt{(A_{n+1}+C_{n+1})^2+B_{n+1}^2}}$。由于上述四个概率幅的平方和必须为1，进行归一化得到各叠加状态的概率如式（13.7）所示：

$$
\begin{cases}
\alpha_{00}^2=\dfrac{(A_n+C_n)^2(A_{n+1}+C_{n+1})^2}{(A_n+C_n)^2(A_{n+1}+C_{n+1})^2+(A_n+C_n)^2B_{n+1}^2+B_n^2(A_{n+1}+C_{n+1})^2+B_{n+1}^2B_n^2} \\[2mm]
\alpha_{01}^2=\dfrac{(A_n+C_n)^2B_{n+1}^2}{(A_n+C_n)^2(A_{n+1}+C_{n+1})^2+(A_n+C_n)^2B_{n+1}^2+B_n^2(A_{n+1}+C_{n+1})^2+B_{n+1}^2B_n^2} \\[2mm]
\alpha_{10}^2=\dfrac{B_n^2(A_{n+1}+C_{n+1})^2}{(A_n+C_n)^2(A_{n+1}+C_{n+1})^2+(A_n+C_n)^2B_{n+1}^2+B_n^2(A_{n+1}+C_{n+1})^2+B_{n+1}^2B_n^2} \\[2mm]
\alpha_{11}^2=\dfrac{B_{n+1}^2B_n^2}{(A_n+C_n)^2(A_{n+1}+C_{n+1})^2+(A_n+C_n)^2B_{n+1}^2+B_n^2(A_{n+1}+C_{n+1})^2+B_{n+1}^2B_n^2}
\end{cases}
$$

$$(13.7)$$

将式（13.7）带入式（13.6）可得到同一论域两个功能设定时的系统功能状态$|\mu_n\mu_{n+1}\rangle$的表达式。进一步考虑，式（13.7）中显示各叠加状态的概率与论域中对象个数N无关。因此，上述过程也可应用于两个对象数量不同的论域空间的系统功能状态表示。

13.4　功能状态的置信度计算

由于上述构建的系统功能状态表达式可以表示两功能状态的确定性和不确定性，即功能状态为可靠和失效的概率，及介于两者之间的概率，这代表了系统功能状态的置信度。

对一组产品进行功能分析，分析功能包括功能1和功能2，研究对象为10个产品。在设定条件下使用产品后发现，对于功能1，保持该功能可靠的对象有3个，确定功能失效的对象有3个，其余4个对象难以分辨；对于功能2，保持该功能可靠的对象有2个，确定功能失效的对象有3个，其余5个对象难以分辨。根据上述统计规律判断该条件下该类产品的功能状态置信度，即功能状态在多大程度上是

正确的,与真实情况相符;或是不确定难以分辨的情况。

使用文中方法,可知上例中 $A_1=3$、$B_1=4$、$C_1=3$、$A_2=2$、$B_2=5$、$C_2=3$、$N_1=N_2=10$。那么这两个功能的系统功能状态表达式(联系数形式)分别为:$\mu_1=(3+3j)/10+4/10i$,$\mu_2=(2+3j)/10+5/10i$。根据式(13.7)得到,$(A_1+C_1)^2(A_2+C_2)^2=900$,$(A_1+C_1)^2B_2^2=900$,$B_1^2(A_2+C_2)^2=400$,$B_2^2B_1^2=400$,那么 $(A_1+C_1)^2(A_2+C_2)^2+(A_1+C_1)^2B_2^2+B_1^2(A_2+C_2)^2+B_2^2B_1^2=2\,600$,那么 $\alpha_{00}^2=900/2\,600=0.346$,$\alpha_{01}^2=0.346$,$\alpha_{10}^2=0.154$,$\alpha_{11}^2=0.154$。这时,两个功能对于该组实验对象在该条件下的两个功能设定的系统功能状态表达式(量子态表示)为:$|\mu_1\mu_2\rangle=\alpha_{00}|00\rangle+\alpha_{01}|01\rangle+\alpha_{10}|10\rangle+\alpha_{11}|11\rangle$。对该组实验对象在该条件下,两种功能状态都确定的置信度为 $\alpha_{00}^2=34.6\%$,功能 1 确定、功能 2 不确定的置信度为 $\alpha_{01}^2=34.6\%$,功能 1 不确定、功能 2 确定的置信度为 $\alpha_{10}^2=15.4\%$,两个功能状态都不确定的置信度为 $\alpha_{11}^2=15.4\%$。这说明使用上述数据确定的系统功能状态有 34.6% 的概率是完全真实的,有 15.4% 的概率是完全虚假的,有 50% 的概率不确定真假。可具体理解为:得到的可靠概率和失效概率的和的正确率为 34.6%,完全错误概率为 15.4%,有 50% 的概率无法确定。当然,如果有更多功能需要综合分析,也可通过上述过程进行叠加分析,这需要多量子态叠加的研究成果属于量子力学范畴。另外,上述过程参加统计的对象数量越多,结果越准确,这里仅限于研究举例。

综上,研究了系统功能状态的表示方法。使用集对分析可表示确定和不确定,及可靠、不确定和失效两种类型的状态叠加,得到系统功能状态表达式。当同一论域中设定两个功能时,两个功能都存在确定状态和不确定状态且具有联系,可使用两量子纠缠形式的量子态得到系统功能状态表达式。根据本章参考文献[20]给出的多量子叠加形式来确定多功能设定时系统功能状态表达式,可与上述方法作类比。而功能状态叠加中的每个状态概率幅及塌缩概率的具体值可通过集对分析的二元联系数确定。因此,系统功能状态可使用量子态进行状态叠加表示,同时使用集对联系数确定具体概率幅,并通过系统功能状态置信度计算作为实例展示了方法的作用。

本 章 小 结

① 系统功能状态至少可分为确定状态和不确定状态,它们组成了整个状态空间,对立但能相互转化。考虑到论域中有些对象状态难以确定,也可将系统功能状态分为可靠状态、不确定状态和失效状态。

② 利用集对分析中的联系数可描述系统功能状态的上述两种叠加形式。确定状态和不确定状态对应二元联系数;可靠、不确定和失效状态对应三元联系数,

并得到系统功能状态表达式。

③ 利用量子状态可表示多功能设定的系统功能状态表达式。以两个功能设定且都存在确定状态和不确定状态为例,对应于两量子状态叠加形式。利用两量子状态叠加的经典表达式,使用二元联系数确定各状态概率,进而确定两个功能设定的系统功能状态表达式。

④ 通过系统功能状态置信度计算说明了方法的作用。计算结果表明,对该组对象的功能状态结果有如下评价结论:可靠概率和失效概率的和的正确率为34.6%,完全错误的概率为15.4%,有50%的概率无法确定。

本章参考文献

[1] 王丽花,赵国忠,徐国明,等.维修优先于保养的多状态系统的可用度分析[J].数学的实践与认识,2020,50(9):141-146.

[2] 刘文霞,刘鑫,王荣杰,等.含柔性多状态开关的多端互联配电系统可靠性评估与量化分析[J].高电压技术,2020,46(4):1114-1124.

[3] 石建飞,苟向锋,朱凌云.计及摩擦的多状态啮合渐开线直齿轮系统动力学建模分析[J].西北工业大学学报,2020,38(2):401-411.

[4] 陈童,谢经伟.面向预防性维修的两种失效竞争下多状态系统可靠性模型[J].系统工程理论与实践,2020,40(3):807-816.

[5] 潘成胜,行贵轩,戚耀文,等.多状态空间信息网络拓扑生成优化算法[J].航空学报,2020,41(4):221-230.

[6] 全少理,薛俞,李秋燕,等.基于贝叶斯网络柔性多状态开关可靠性建模与分析[J].华北电力大学学报(自然科学版),2019,46(5):25-35.

[7] 黄泰俊,陈国兵,杨自春.考虑概率共因失效的多状态系统可靠度计算[J].中国舰船研究,2019,14(S1):17-22.

[8] 颜玉玲.多状态并联冗余支路的船舶电机伺服控制研究[J].舰船科学技术,2019,41(16):85-87.

[9] 艾精文,党晓婧,吕启深,等.基于物联网的具有全景功能的全维度设备状态监测系统研究[J].电力系统保护与控制,2019,47(16):122-128.

[10] 王海洋,段振华,田聪.用于验证多智能体系统的APTL模型检测器[J].软件学报,2019,30(2):231-243.

[11] 汪庆森,鞠时光.基于预测状态表示的多变量概率系统预测[J].计算机应用,2012,32(11):3044-3046.

[12] 崔铁军,李莎莎.基于因素驱动的东方思维人工智能理论研究[J].广东工

业大学学报,2021,38(1):1-4.

[13]　崔铁军,李莎莎.基于因素空间的人工智能样本选择策略研究[J/OL].智能系统学报:1-7[2020-08-19].http://kns.cnki.net/kcms/detail/23.1538.TP.20200720.1730.006.html.

[14]　崔铁军,李莎莎.线性熵的系统故障熵模型及其时变研究[J/OL].智能系统学报:1-7[2020-12-19].http://kns.cnki.net/kcms/detail/23.1538.TP.20201106.0947.002.html.

[15]　崔铁军,李莎莎.系统可靠-失效模型的哲学意义与智能实现[J/OL].智能系统学报:1-8[2020-12-19].http://kns.cnki.net/kcms/detail/23.1538.TP.20201119.1118.004.html.

[16]　崔铁军,李莎莎.人工智能系统故障分析原理研究[J/OL].智能系统学报:1-7[2020-08-19].http://kns.cnki.net/kcms/detail/23.1538.TP.20200720.1629.004.html.

[17]　崔铁军,李莎莎.系统故障演化过程的可拓学原理[J].广东工业大学学报,2020,37(5):1-6.

[18]　蒋云良,赵克勤.智能科学技术著作丛书人工智能集对分析[M].北京:科学出版社,2017.

[19]　刘秀梅,赵克勤.区间数决策集对分析[M].北京:科学出版社,2014.

[20]　李士勇,李盼池.量子计算与量子优化算法[M].哈尔滨:哈尔滨工业大学出版社,2008.

第14章 系统功能状态存在不确定性的原因

  系统在运行过程中完成预定功能的能力是变化的,我们称之为系统功能状态的不确定性。本章借助系统故障演化过程和空间故障网络理论分析系统功能状态不确定性的成因,同时研究应对和表示不确定性的方法。本章首先,界定了人、人造系统和自然系统;其次,通过空间故障网络得到了组成演化结构的4要素;再次,追溯它们产生不确定性的原因为因素、数据和认知;然后,利用4要素分析了应对不确定性的方法;最后,提出了表示系统功能状态不确定性的方法。研究认为,人造系统是人根据主观认识建立的能完成预定功能的系统,即人的认知决定人造系统。由于因素流和数据流在传递过程中的损失,使人对自然系统的认知受限,所以运用该认知建立的人造系统必然与自然系统存在差别,这种差别即为系统功能状态的不确定性。

  系统功能状态的不确定性问题一直是科学界面临的难题。系统功能状态指的是系统完成功能时可能的状态,即可靠状态和失效状态。具有确定性系统功能状态的系统在实现功能时与根据人的认知设计的预定功能一致,是系统设计与实现过程中最理想的情况,但实际是难以实现的。系统的可靠性指的是系统在规定的时间内和在规定的条件下完成预定功能的能力,是系统完成预定功能和系统存在价值的重要体现。而当系统功能状态存在不确定性时,人的预期功能与系统实际功能存在差异,该差异具有多样性,是难以把握的。系统可靠状态和失效状态都属于系统的确定性状态,即何种条件下可靠或失效;实际中,人获得的经验认知得到的结果与实际结果不符,即人认为在相同条件下,但系统处于可靠或失效状态的随机状态中,这时系统功能状态是不确定的。只有系统功能状态确定,系统才能正常使用,无论是可靠状态,还是失效状态;而处于不确定状态的系统功能是无法接受的,也是不受人控制的,这种系统没有存在的价值。因此,如何确定系统功能状态随着使用过程的变化,进而确定系统功能状态存在不确定性的原因,是了解系统、提高系统确定性状态的关键。

各类系统不确定性的研究已有很多,较新的研究包括王宁等[1]考虑不确定因素影响对电网供电能力进行了分析;王志强等[2]针对道路和修复时间不确定性进行了电力应急物资输送路径优化;黄悦琛等[3]基于广义多项式混沌展开对无人机飞行性能不的确定性进行了分析;刘胜利等[4]对多源不确定性下平面变胞机构运动可靠性展开了分析;熊芬芬等[5]研究了不确定性传播的混沌多项式;纪昌明等[6]研究了基于耦合整体预报不确定性的水电站短期调度模型;朱良管等[7]提出了一种考虑孤岛运行和可再生能源不确定性的有源配电网可靠性分析方法;陈江涛等[8]考虑了数值离散误差对湍流模型的不确定性度量;乔心州等[9]针对多源不确定性变量进行了非概率可靠性灵敏度分析;赵峰等[10]考虑了不确定性对高速公路光储充电站选址定容进行了研究;樊雲瑞等[11]研究了模糊邻域粗糙集的决策熵不确定性度量;陈宇等[12]研究了具有不确定性的分数阶时滞复值神经网络无源性;梁源等[13]研究了基于数据驱动的车身不确定性优化;喻天翔等[14]研究了间隙不确定性的疲劳寿命预测方法。这些研究多是基于各自领域的系统特点进行的,所得结果虽然能有效地用于本领域系统分析,但缺乏必要的系统层面的通用性。在系统层面研究系统功能状态的确定性和不确定性对保持系统功能状态具有决定意义。

将所有事物分为人、人造系统和自然系统三部分。人和人造系统存在于自然系统中,人造系统是由人根据人的认知构建的完成预定功能的系统。使用空间故障网络研究了人造系统在系统故障演化过程中不确定性形成的过程和原因,给出了人应对系统功能状态不确定性的方法及表示方法,为研究系统功能状态的不确定性提供支持。

14.1　系统范围的界定和划分

从系统的角度来看,人与自然的界定是模糊的。人通过主观能动性利用自然条件形成能完成预定功能的系统,这些系统是人自身功能的扩展。因此,定义由人建立的、非自然形成的系统为人造系统;而人和人造系统存在的环境及物质总和为自然系统。与人造系统不同,自然系统的系统功能是以实现系统熵增为目的的。人和人造系统存在于自然系统之中,人造系统为了完成预定功能必定根据自然条件和因素将物质进行有机构建,这是熵减过程。人建立人造系统,人造系统熵减少;对应的自然系统总是试图增加其中所有系统的熵,这是其内部人造系统与外部自然系统围绕熵变化的博弈过程。因此,可将所有研究对象分为人、人造系统和自然系统。

该博弈双方为人和自然,人需要保持人造系统功能完整,保持熵不变或熵减;而自然系统希望维持在熵最大的状态。因此,作为具有主观能动性的人,必须了解自然系统是如何运作的,才能采取对应的方法改造自然,建立适合的人造系统。人类的历史进程是不断完善和构建新的人造系统,从而对自然系统进行改造的过程。人类建立了各种学科,如物理、化学、生物学、计算机科学等,试图研究自然系统在某方面的特征,进而预测自然系统的走向,把握自然系统的规律。在上述过程中,人必须充分了解自然系统才能构建适合自然系统特征的人造系统,人造系统只在各类科学能够明确表达自然系统特征的前提下才能实现。

然而,由于人造系统来源于人的主观意识,而人的主观意识来源于对自然系统的感知,因此人造系统是否适合于自然系统,是否能在自然系统中实现自身功能,取决于人对于自然系统的认识。实际上人对于自然系统的认识总是存在偏差的,这种偏差来源于人的错误和系统性问题。人的错误可以避免,但系统性问题带来的偏差是不能消除的。人的目标与人造系统功能的不一致性,即为不确定性。不确定性导致了人事先不能准确地知道人造系统是否能实现预期目标。不确定性普遍存在于各类人造系统,也可以说存在于所有的人造系统。只有在人造系统被使用的那一刻,才能知道其是否满足功能,这也衍生了实践是检验真理的唯一标准的论断。或者用量子力学的描述,在未测量时人造系统的功能状态是多状态的叠加,是一种综合表现,对人而言就是不确定性;而在测量(实践)时人造系统的功能状态塌缩成单一状态,系统由不确定性转化为确定性。

综上,系统功能的不确定状态是系统的通常状态,而确定状态只存在于被实践或被测量的一瞬间,所有的历史是由这些瞬间组成的。实现人造系统的功能需要对系统不确定性产生的原因、表示方法和度量方法,乃至治理方法进行深入研究,但目前这些工作仍然是困难的。

14.2 系统功能状态不确定性的根源

我国学者钱学森认为:系统是由相互作用、相互依赖的若干组成部分结合而成的具有特定功能的有机整体,而这个有机整体又是它从属的更大系统的组成部分。这个定义说明了系统至少要存在某种结构和组成该结构的部分,同时系统是以完成特定功能为前提存在的。系统在规定的时间内在预定的条件下完成预定功能的能力称为可靠性,可靠性可以衡量系统的存在性;相应地,通过故障也可以反映系统的失效性。通常,对于人造系统而言,系统功能都是随着时间和因素的影响而逐渐降低的,笔者将这个过程定义为系统故障演化过程。人造系统在系统故障演化过程中的功能性变化代表了系统完成特征功能的情况,系统故障演化本身的特点使得系统功能状态存在不确定性。接下来,本节来论证人造系统的不确定性源于系统故障演化过程带来的系统功能状态的不确定性。

笔者在文献[15-19]中对系统故障演化过程进行了初步研究。系统功能随着时间和因素的影响而逐渐降低,对于人造系统而言可称为系统故障演化过程,而对于自然系统而言可称为自然灾害演化过程,但在系统层面上都是系统故障演化过程。

14.2.1　用空间故障网络描述系统故障演化过程

人造系统的不确定性源于其系统故障演化过程的多样性,由于系统故障演化过程是由经历的事件、影响演化的因素、演化过程逻辑关系及演化条件四要素构成的,因此其多样性导致的不确定性也可由这四部分分析得到。

为说明方便这里首先给出文献[15,20,21]提到的空气压缩机故障的系统故障演化过程。作者提出了对应的描述和研究方式,称为空间故障网络[22],是空间故障树理论的第三部分。图 14.1 中的 A 区代表该演化过程的空间故障网络;B 区代表从空间故障网络中得到的单元系统故障演化过程[15];C 区代表了在因素集 F 作用下两个演化过程最小单元 τ 和 $\tau+1$ 之间的关系。对图中各要素简要介绍如下:"→"表示连接,由原因事件(ce)指向结果事件(re),表达系统故障演化过程中的演化条件,蕴含了传递概率;"○"代表节点,即系统故障演化过程中的事件(原因事件和结果事件),包含了对象和状态;"＋,·"代表原因事件以何种逻辑方式导致结果事件,是演化过程的逻辑关系。没有连接指向但有连接发出的事件称为边缘事件,只作为原因事件,不作为结果事件;既有连接指向又有连接发出的事件称为过程事件,既作为原因事件,也作为结果事件;有连接指向但没有连接发出的事件称为最终事件,只作为结果事件。既然空间故障网络表示事件间的因果关系,那么必然存在最小单元表示单一因果关系,如图 14.1 所示,$V_7 \rightarrow V_5$ 就是一个最小单元。这些最小单元连接在一起时就可形成空间故障网络表示系统故障演化过程。将空间故障网络进行分解[15],可得到存在关系的边缘事件与目标事件的一一对应演化过程,称为单元系统故障演化过程[15],如图 14.1 中 B 区。原有方法并未特意涉及因素表示,为了说明因素对系统确定性与不确定性的影响,采用图 14.1 中 C 区的形式进行说明。

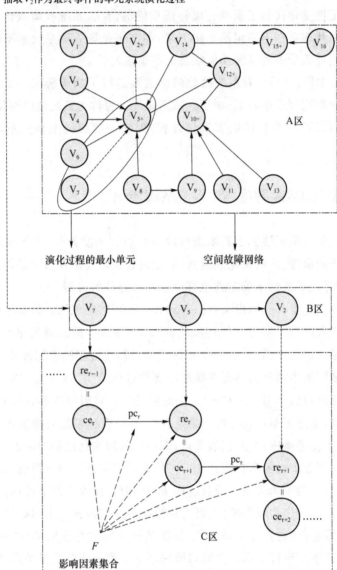

图 14.1 系统故障演化过程与空间故障网络

14.2.2 事件、因素、逻辑和演化条件导致的不确定性

由上文可知,系统的目标和意义是完成特定功能,而人对系统的认知如果与实际系统表现出来的完成或不完成预定功能的结果相同,那么人的认知是确定的;如

果存在不同，即凭借原有认识设计的系统不能确定是否完成预定功能，那么人的认知存在不确定性。一旦出现不确定性就必须分析其产生的原因。下面从人造系统角度，使用空间故障网络理论，解释系统功能状态不确定性产生的原因。

1. 演化过程中事件导致的功能状态不确定性

在系统故障演化过程中，事件对于自然系统而言是不存在的，因为演化是连续的，而非间断的。而人要了解和认识事物及其发展规律就要将演化过程分为多个事件，研究各个事件的特征，最终形成对系统演化过程的统一认识。这是机械还原方法论，也是现有科学体系中的基本方法论，但这并不适合于以自然系统为视角的问题的解决。因为对系统故障演化过程进行划分，形成能够为人所理解的事件，是既定的研究路线，因此必须划分和定义才能得到表达这些事件的概念。人对系统认知的不确定性，首先来源于系统故障演化过程中对事件的划分和定义的不确定性。事件划分的不确定源于对系统运行过程中的系统表象不确定，即数据的收集与分析不确定，这受限于人的现有技术和知识水平，因此这些数据存在测不准的现象。概念及其对应的定义是人类知识的基础，是知识的最小单元。这些概念具有继承和传递的特点，新的概念一般继承于原始概念，且有进一步发展。虽然每个概念都是精心描述和确定的，但这些概念完全反映自然系统是不可能的，这些概念只是在人的知识范围内以人可以理解的方式进行定义，这受限于人的知识和理解。

因此，事件的不确定性源于划分和定义，深层次的原因是数据测不准、人的认知和理解的限制。

2. 演化过程中逻辑关系导致的不确定性

一般情况下原因事件导致结果事件的方式并不简单，至少要考虑多少原因事件以何种逻辑关系导致多少结果事件。常见的有单一原因事件导致单一结果事件、多原因事件导致单一结果事件、单一原因事件导致多结果事件、多原因事件导致多结果事件。逻辑关系本身就是模糊的和不确定的，这种不确定性来源于原因事件、结果事件和它们之间的关系。由于逻辑关系建立在事件之间，当事件不确定时逻辑关系也随之不确定。而在自然系统中很少存在清晰的逻辑关系，而更多地表现出复杂的多种经典逻辑关系的叠加。不同逻辑关系的归类需要建立完善的逻辑表示系统，这一方面依赖于实际的观察数据，另一方面来源于人的抽象思维。逻辑系统方面有经典的与或逻辑，也有泛逻辑的 20 种柔性逻辑。人的抽象能力仍然取决于知识的积累和人的理解范围。

因此，逻辑关系的不确定性是事件不确定性和关系归类不确定性导致的，深层次的原因是数据测不准、人的抽象能力不确定。

3. 演化过程中演化条件导致的不确定性

在系统故障演化过程中，演化条件是原因事件发生导致结果事件发生的可能性。演化条件的确定在系统故障演化过程中是最为困难的,对应于演化条件,在空间故障网络中用原因事件导致结果事件的传递概率表示。最基本的方法是确定原因事件发生概率和结果事件发生概率,通过它们的比值可得到传递概率,用以衡量演化条件。即:何种演化条件对应于什么程度的传递概率。因此,确定演化条件与传递概率的对应关系,不同的传递概率演化条件不同,反之亦然。传递概率源于事件发生情况,因此演化条件的不确定性源于事件发生的不确定和条件与实际对应关系的不确定。事件发生的不确定性通过对人造系统运行时数据获得,因此涉及数据不确定和测不准;演化条件与实际物理意义的对应则需要人的抽象能力。

因此,演化条件的不确定性源于事件发生的不确定和实际对应情况的不确定,深层次的原因是数据测不准、人对现象的抽象不确定。

4. 演化过程中因素导致的不确定性

在系统故障演化过程中,因素的存在是使系统故障演化过程产生多样性的根本原因[23,24]。导致系统故障演化过程不确定的原因是复杂的,首要的原因是因素的作用。因素是区分事物多样性的基本尺度,人对因素的确定是通过比较因素对系统改变的作用及系统表现出来的变化进而判断得到的。该过程涉及系统的表象和数据获得问题,前者是系统表象的不确定性,来源于人对系统的认知和理解,存在着认知和理解的不确定;后者的数据同样涉及数据测不准。因素导致的系统功能不确定性是目前研究最为深入的方面,这里不再赘述,详见笔者文献。

因此,因素的不确定性源于系统运行表象和数据,深层次的原因是人的认识和理解不确定、数据测不准。

图 14.2 显示了系统演化过程中系统功能状态不确定性产生的原因,这是以人的视角对人造系统功能实现过程的不确定性进行的分析。图中不确定性分析模型使用了系统故障演化过程及空间故障网络模型。在空间故障网络模型基础上从结构方面确定了不确定性来源的结构及其关系,即从事件、关系、条件和因素四要素不确定性的由来及相互影响关系。因素影响事件和条件、事件影响条件和关系,因素导致了演化的多样性,是不确定性的主要原因,而逻辑关系受到因素的影响最小。进一步通过四要素的探究进行了不确定性溯源,发现虽然四要素各有不同,但导致这四方面存在不确定性的基本原因都可归结为数据测不准和人的认知不确定。因此,人获得的人造系统产生的不确定性,客观上是数据测不准造成的,主观是人的认知不确定造成的,而因素的存在是导致系统故障演化过程多样性的根源,也是形成不确定性的内在动力,因此人造系统存在不确定性的根源是因素、数据和人的认知。

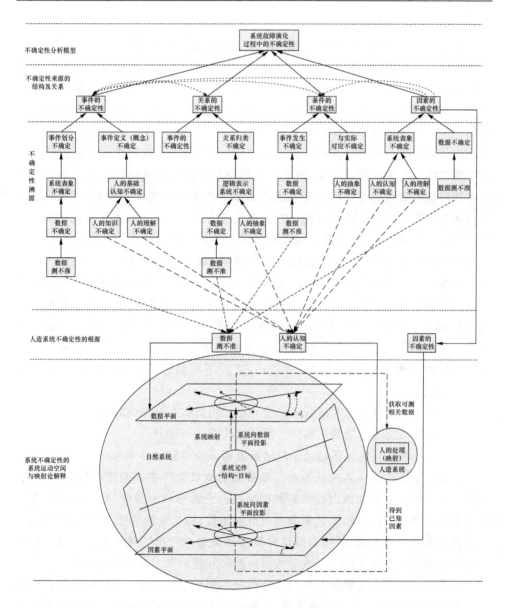

图 14.2　系统功能状态不确定性溯源过程

14.2.3　基于因素、数据和认知的不确定性分析

上述经过四要素的不确定性追溯得到了引起系统故障演化过程中不确定性的
根本原因是因素、数据和人的认知不确定性。那么围绕这三点是否还有进一步的

关系,本节来说明该问题。

图 14.2 中的下部给出了系统不确定性的系统运动空间与系统映射论解释。系统运动空间和系统映射论是空间故障树理论的第 4 部分,而空间故障网络是第 3 部分,前者是在后者基础上建立的。系统运动空间用于描述系统在演化过程中的变化,系统映射论是研究演化过程中因素流和数据流的映射关系,从而得到系统结构。中心部分的椭圆表示自然系统,右侧的小圆表示人造系统,从图中可知在自然系统外部数据由自然系统向人造系统流动,而人通过人造系统采取措施调节因素改变自然系统完成预定功能,因此因素流是从人造系统流向自然系统的。在自然系统内部因素流通过作用改变系统特征从而产生系统变化的数据,因此自然系统内部是因素向数据的转化过程。在人造系统内部则是通过数据分析从而形成措施对因素进行调整,因此人造系统是数据转化为因素的过程。那么人造系统实际上是数据到因素的映射,该映射即为系统结构;自然系统是因素到数据的映射。人造系统是由人建立的系统,因此受人的认知影响,是通过数据与因素的关系进行认知形成的系统;自然系统则是自然存在的内部系统结构受因素影响发散出数据。在这个过程中自然系统从来都是主动的,而人通过了解数据分析因素建立人造系统,因此人和人造系统总是被动地认知和完成功能。关于系统运动空间及系统映射论参见笔者文献[23,24],这里不再赘述。这里只给出得到的三个重要结论:

(1) 人造系统得到的实验数据永远与自然相同状态下得到的数据存在误差;

(2) 人造系统的功能只能模仿自然系统功能的一部分;

(3) 人造系统只能无限趋近于自然系统而无法达到。

上述三个结论也是人的认知和实际系统功能状态存在不确定性的重要表现。实际上如果自然系统发散出的全部数据能被人全部接收和理解,且人的技术能实现对数据分析得到的所有因素采取有效措施调控,那么人造系统与自然系统等效,人对自然的认知将是确定性的,但这种情况只是理想状况。导致人的认知和自然系统存在偏差的主要原因在于人对数据的感知和理解及人对因素的调控能力。

由图 14.3 可知,数据流从自然系统出发后经历了数据信息、可测数据信息、相关可测数据信息,最终到达人造系统,过程中损失了不可测数据信息和不相关可测数据信息;因素流从人造系统出发经历了已知因素、相关已知因素、可调节相关已知因素到达自然系统,损失了未知因素、不相关已知因素和不可调节相关已知因素。由于人的技术与认知限制导致了数据流层层缩减,同理由于人的技术与认知限制导致了因素流能够调节的因素层层减少。数据流和因素流在人造系统和自然系统的流动过程中的弱化是不可避免的,其直接原因是人的认知,而认知又决定了人改造自然形成的人造系统。因而最终得到的系统功能的不确定性是由于人的认知存在局限性造成的，也证明了人的认知和意识确实决定了人造系统及人造系统能控制的一少部分自然系统。

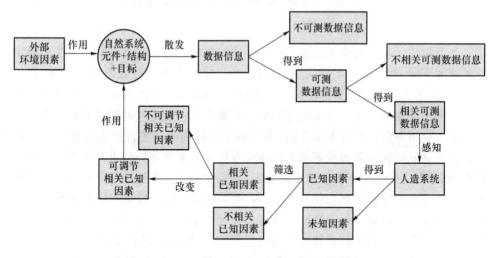

图 14.3　自然系统与人造系统之间的数据流和因素流

14.2.4　自然系统的确定性

相对于人造系统，自然系统本身是难以存在不确定性的。人认知到的不确定性往往是通过人造系统模仿自然系统过程中出现的原设计功能与实际功能的差别造成的。而对于自然系统本身很难得到其具有不确定性的结论。笔者根据已有研究提出的空间故障树和空间故障网络理论都是根据因素来标定系统特征的，即：若因素确定，则系统特征确定，不存在不确定性。因素空间理论也得到了相同的结论[25-28]。笔者在相关论著中提到概率是未知因素造成的理想与现实的不确定性。同样，系统故障演化过程的研究认为，演化过程的多样性源于影响因素的多样性，每个影响因素都是演化过程的约束。如果所有因素都确定，那么演化过程失去自由度是确定的演化过程；而未知因素则导致演化具有自由度，促使演化在多维因素空间内发展。因此，在人认知范围外的因素就成为演化过程不确定性的原动力，而自然系统本身不存在这类问题，因而自然系统本身不应存在不确定性。自然系统是客观存在的，而人一旦试图观察和了解自然系统就将这部分被观察的系统转化成为人能理解的主观系统，最终人利用主观能动性根据主观系统构建出人造系统。因此，从这个角度能得到的结论是，人造系统是人根据主观认识建立的能完成预定功能系统，即人的认知决定人造系统。

14.3　人应对不确定性的方法

上节论述了系统故障演化过程存在不确定性的原因。在不同层次存在不确定性的原因不同,本质的是人的认知问题,表象上是参与演化过程的经历事件、逻辑关系、演化条件和影响因素的不确定性造成的。因此,人应对人造系统与自然系统之间差异造成的不确定性的方法应围绕四要素产生不确定性的原因展开研究。

对于经历事件产生的不确定性,应从划分事件和建立事件概念的角度予以避免。事件划分要根据系统故障演化过程中系统状态的变化特征进行分析且定义要明确;概念对应的定义不应出现描述叠加,各概念和定义是互斥且排外的。这依赖于人的已有知识体系和概念体系,需要各学科的基本理论与知识体系支撑。形式概念分析及三支概念分析等在这方面进行了研究;钟义信教授提出的信息生态方法论也对信息获取与人的智慧加工进行了研究,给出了知识的形成过程。

逻辑关系产生的不确定性受外界影响相对较小,逻辑关系是由事件之间的关系抽象得到的,因此得到的逻辑关系与关联事件有直接关系。若事件具有不确定性,则逻辑关系一般也具有不确定性。即使事件是确定的,逻辑关系的确定仍然需要人进行关系的归类总结,在该过程中由于人的抽象能力和数据不确定的限制可能导致建立的逻辑表示系统本身存在不确定性。从最早的经典逻辑系统,到三值逻辑系统、模糊逻辑、概率逻辑、有界逻辑等,到何华灿教授提出的更具一般性的柔性逻辑理论,都在研究事件间的相互作用关系。

对于演化条件产生的不确定性目前相关的研究较少,还停留在最基本的阈值判断方法。这方面首先要确定与演化条件相关的事件的发生情况,同时将演化条件与实际情况相结合,确定演化条件的具体物理意义。对于数据测不准和人的抽象能力问题目前解决的方法较少,更少有从系统层面解决问题的方法。在各自领域使用特有方法确定演化条件的研究较为多见,但系统层面的通用方法尚不明确,难以在空间故障网络中应用。因而,空间故障网络理论提出了以原因事件发生概率与结果事件发生概率的比值表示传递概率,再以传递概率表示演化条件。

对于因素产生的不确定性目前相关的研究较多,是研究最为广泛的领域。因为因素是影响演化过程多样性的最关键要素,其直接与系统运行时的数据相关,借助这些数据可较为容易地确定影响因素。因素的分析方法由原始的回归分析,到粗糙集、属性论,再到笔者提出的因素空间,都是对因素的有效分析方法。因素的确定性将直接减少演化过程的多样性,使演化从不确定向确定转化。

综上,影响演化过程不确定性的四要素的重要性排序为因素>事件>条件>关系;而消除不确定性的难易程度排序为条件>事件>关系>因素。因此,因素的研究和成果最多,其次是演化过程的逻辑关系,再次是经历事件,研究难度最大的是演化条件。

14.4　系统的不确定性表示

不确定性表示了系统故障演化过程的多样性。表示不确定性的方法很多,笔者也曾使用集对分析和可拓方法表示系统故障的确定性和不确定性。在系统层面,表示不确定性的方法要满足一些条件,包括确定性和不确定性相加为 1;系统不能在测量状态下同时具备确定性和不确定性;系统在演化过程中的确定性和不确定性可以转化。

目前,在空间故障网络理论中表示系统故障演化过程的不确定性使用多状态的形式考虑。对于系统功能状态,可靠性表示系统不发生故障,失效性表示系统发生故障。如果能精确地计算得到可靠状态概率,那么失效状态概率也是精确的,因为可靠性概率与失效性概率加和为 1。进一步地,考虑三态的系统功能状态,即可靠状态、失效状态和未知状态,未知状态指不能确定属于可靠状态或失效状态的情况。这时可靠概率、失效概率和未知概率的加和为 1,那么确定性概率即为可靠概率与失效概率的和,不确定性概率为未知概率。更进一步地,在演化过程中结果事件是原因事件及演化条件的状态叠加,这时事件的状态可增加四态,即可靠状态、失效状态、未知状态及原状态,原状态表示经过演化后状态不变,这时演化的确定性和不确定性更为复杂。如果原始状态为可靠状态和失效状态,那么系统确定状态包括可靠、失效和原状态,不确定状态为未知状态;如果原状态是未知状态,那么系统确定状态包括可靠状态和失效转台,不确定状态为未知状态和原状态。同理,通过集对分析也可表示类似的过程,多元集对分析的第一元表示确定性的同状态,最后一元表示确定性的反状态,其间的所有元表示同反之间的不确定状态,这时确定状态为同与反的概率和,不确定状态为同反之间的状态概率和。

更为一般地,系统故障演化过程的系统状态在未测量时可以是多种可能状态的叠加,这些状态的叠加本身对于人的认知是不确定的。因此,可将多种状态叠加在一起统一表示,目前能实现这种表示的方法最直接的是量子力学中的量子态叠加。每个二维量子态都是由两个量子极态和两个概率幅表示的。这样一个量子态表达式可表示四种量子状态,这就对应了一个事件的多种状态形式(例如,前述提到的四态)。两个量子极态即为事件状态的可靠性和失效性,两个概率幅的平方分别表示了可靠概率和失效概率。当有多个事件参与演化过程时,这些事件发生的状态叠加就可表示为这些量子态的叠加形式,形成二维多量子叠加状态表示系统故障演化过程。同时,这样的表示方法可以表示系统故障演化过程在当前时刻的所有状态,即不确定性状态域的全集。因此,量子态对事件状态的表示可实现系统故障演化过程的不确定性表示。

本 章 小 结

尝试研究系统功能状态存在不确定性的原因,借助系统故障演化过程及空间故障网络理论对该问题进行研究,主要结论如下。

① 系统功能状态是描述系统在系统故障演化过程中功能性的状态,由于系统存在必然需要完成预定功能,因此任何系统的不确定性都可通过系统功能状态的变化来描述。

② 将研究对象分为人、人造系统和自然系统,研究认为不确定状态是系统的通常状态,确定状态只存在于系统被实践或被测量的一瞬间,而所有的系统历史是由这些瞬间组成的。

③ 借助空间故障网络理论,从事件、因素、逻辑和条件四方面追溯了系统功能状态不确定性的原因。研究发现虽然从系统故障演化过程的结构看存在四要素,但这四要素溯原后总可归结为数据的测不准、人的认知和因素的变化。进一步地,研究了因素、数据和认知构成的不确定性,原因在于人造系统和自然系统之间因素流和数据流在传递过程中存在损失。

④ 分析了人应对不确定性的方法和系统的不确定性表示方法。从四要素的四方面论述了应对系统功能状态不确定性的方法,提出改善和消除不确定性的具体措施。根据现有研究认为可使用空间故障网络理论结合量子态叠加来表示系统故障演化过程中的系统功能状态的不确定性。

本章参考文献

[1] 王宁,宋子洋,贾清泉. 考虑不确定因素影响的微电网供电能力评价方法[J/OL]. 电测与仪表:1-10[2021-06-12]. http://kns. cnki. net/kcms/detail/23. 1202. TH. 20210611. 1327. 002. html.

[2] 王志强,王骁龙,毛宇洋,等. 计及潜在道路和修复时间不确定性的电力应急物资输送路径优化[J/OL]. 华北电力大学学报(自然科学版):1-11[2021-06-12]. http://kns. cnki. net/kcms/detail/13. 1212. TM. 20210611. 1528. 002. html.

[3] 黄悦琛,宋长青,郭荣化. 基于广义多项式混沌展开的无人机飞行性能不确

定性分析[J/OL].飞行力学:1-10[2021-06-12]. https://doi. org/10. 13645/ j. cnki. f. d. 20210611. 005.

[4]　刘胜利,王兴东,孔建益,等. 多源不确定性下平面变胞机构运动可靠性分析 [J/OL]. 机械工程学报:1-12[2021-06-12]. http://kns. cnki. net/kcms/ detail/11. 2187. TH. 20210608. 1423. 265. html.

[5]　熊芬芬,陈江涛,任成坤,等. 不确定性传播的混沌多项式方法研究进展[J/ OL].中国舰船研究:1-18[2021-06-12]. https://doi. org/10. 19693/j. issn. 1673-3185. 02130.

[6]　纪昌明,刘源,王弋,等. 耦合整体预报不确定性的水电站短期优化调度模型 [J/OL]. 水利学报:1-10[2021-06-12]. https://doi. org/10. 13243/j. cnki. slxb. 20201036.

[7]　朱良管,曾平良,刘恺诚,等. 一种考虑孤岛运行和可再生能源出力不确定性 的有源配电网供电可靠性分析方法[J/OL]. 电测与仪表:1-12[2021-06-12]. http://kns. cnki. net/kcms/detail/23. 1202. TH. 20210520. 1653. 004. html.

[8]　陈江涛,章超,吴晓军,等. 考虑数值离散误差的湍流模型选择引入的不确定 度量化[J/OL]. 航空学报:1-11[2021-06-12]. http://kns. cnki. net/kcms/ detail/11. 1929. V. 20210520. 1000. 010. html.

[9]　乔心州,杨果,方秀荣,等. 针对多源不确定性变量的非概率可靠性灵敏度分 析[J/OL]. 机械科学与技术:1-8[2021-06-12]. https://doi. org/10. 13433/ j. cnki. 1003-8728. 20200398.

[10]　赵峰,李建霞,高锋阳. 考虑不确定性的高速公路光储充电站选址定容[J/ OL]. 电力自动化设备:1-7[2021-06-12]. https://doi. org/10. 16081/j. epae. 202105007.

[11]　樊云瑞,张贤勇,杨霁琳. 模糊邻域粗糙集的决策熵不确定性度量[J]. 计算 机工程与设计,2021,42(5):1300-1306.

[12]　陈宇,周博,宋乾坤. 具有不确定性的分数阶时滞复值神经网络无源性[J]. 应用数学和力学,2021,42(5):492-499.

[13]　梁源,许恩永,蒙艳玫. 基于数据驱动的车身不确定性优化方法[J]. 重庆理 工大学学报(自然科学),2021,35(5):85-92.

[14]　喻天翔,赵庆岩,尚柏林,等. 考虑间隙不确定性的花键概率疲劳寿命预测 方法[J/OL]. 机械工程学报:1-12[2021-06-12]. http://kns. cnki. net/ kcms/detail/11. 2187. TH. 20210514. 1138. 002. html.

[15]　崔铁军. 系统故障演化过程描述方法研究[J]. 计算机应用研究,2020,37 (10):3006-3009.

[16]　崔铁军. 空间故障网络理论与系统故障演化过程研究[J]. 安全与环境学

报,2020,20(4):1254-1262.

[17] 崔铁军,李莎莎. 系统故障演化过程的可拓学原理[J]. 广东工业大学学报,2020,37(5):1-6.

[18] 李莎莎,崔铁军. 基于故障模式的 SFN 中事件重要性研究[J]. 计算机应用研究,2021,38(2):444-446+451.

[19] 崔铁军,李莎莎. SFN 结构化表示中事件的柔性逻辑处理模式转化研究[J]. 应用科技,2020,47(6):36-41.

[20] 聂银燕,林晓焕. 基于 SDG 的压缩机故障诊断方法研究[J]. 微电子学与计算机,2013,30(3):140-142.

[21] 张静. 基于粒度墒的故障模型约简与 SDG 推理方法研究[D]. 太原:太原理工大学,2011.

[22] 崔铁军,李莎莎,朱宝岩. 空间故障网络及其与空间故障树的转换[J]. 计算机应用研究,2019,36(8):2000-2004.

[23] 崔铁军,李莎莎. 系统运动空间与系统映射论的初步探讨[J]. 智能系统学报,2020,15(3):445-451.

[24] 崔铁军,李莎莎. 以系统可靠性为目标的系统运动动力、表现与度量研究[J]. 安全与环境学报,2021,21(2):529-533.

[25] 崔铁军,汪培庄. 空间故障树与因素空间融合的智能可靠性分析方法[J]. 智能系统学报,2019,14(5):853-864.

[26] 汪培庄,周红军,何华灿,等. 因素表示的信息空间与广义概率逻辑[J]. 智能系统学报,2019,14(5):843-852.

[27] 汪培庄. 因素空间理论——机制主义人工智能理论的数学基础[J]. 智能系统学报,2018,13(1):37-54.

[28] 汪培庄. 因素空间与数据科学[J]. 辽宁工程技术大学学报(自然科学版),2015,34(2):273-280.

第15章 系统安全性变化的5种同反关系

采取措施保障系统安全的同时也可能造成系统其余部分的不安全。为描述和研究这种现象,基于集对分析同异反原理研究了措施作用后系统安全性与不安全性变化的五种同反关系。首先论证了同异反原理与系统安全性关系,认为同异反原理可表示安全性与不安全性的变化关系。其次研究了措施对系统安全性变化的五种不同作用及变化关系,包括倒数型反、有无型反、正负型反、虚实型反、互补型反。最终研究表明任何试图保障系统安全的措施都有可能造成系统其余部分的不安全,必须确定安全性与不安全性属于何种同反关系从而采取进一步措施保障系统安全。

系统安全性取决于人机环管等多方面。目前研究的系统安全主要集中在人设计的在规定时间内规定条件下完成预定功能过程中是否发生人不期望的事件,如果这些事件发生,那么认为系统不安全。为了保持系统安全,人必须采取一些措施。这些措施的目的在于针对系统中目标部分或元件采取措施保障其安全性,进而保证系统安全性。通常,根据目标元件的不安全状态、目标元件与系统的功能联系和结构联系、目标元件本身的特征等来制定相关措施。但任何试图维持系统安全的措施都是人们的主观设计措施。在实际情况下,这些措施不但会作用到系统中的目标元件,也会作用到非目标元件。更重要的是,这些措施对目标元件安全性是有益的,同时也可能造成非目标元件受到影响,其安全性下降,甚至发生故障。那么,如何描述相关措施作用于系统后,给系统带来的安全性和不安全性变化成为研究这种现象的关键。

目前,关于系统安全性与不安全性的研究包括控制系统的不安全因素及对策[1]、煤矿安全管理系统演化稳定性及安全分析[2]、建筑施工作业区准入安全管理[3]、系统理论过程分析的自动驾驶汽车安全[4]、电力信息系统网络安全及防护[5]、基于系统论的施工现场安全危害分析[6]、智能矿业生产系统研究[7]、铁路危险货物运输系统风险分析[8]、建筑工人高空作业安全管理[9]、通用航空安全监管演化博弈研究[10]、煤矿职工不安全行为预警控制[11]等。这些研究在各自领域取得了良好效果。但一般针对具体领域，所得方法难以通用。另外，这些方法少有将系统安全性和不安全性关联考虑。作为相互独立、不相交，但能相互转化的两个状态，它们必定存在对立统一关系。

综上，笔者基于集对分析的同异反原理对措施作用后造成系统安全性与不安全性变化的关系进行了研究。笔者认为同异反原理中的五种同反关系可对应于安全性与不安全性的变化关系。笔者找到了措施对系统同时产生的安全性与不安全性关系，描述了这些关系的特征和采取措施的要点，从而保障了系统安全，抑制了不安全。

15.1　同异反原理与系统安全性变化

集对分析是处理系统确定性与不确定性相互作用的数学理论，是赵克勤教授于 1989 年提出的[12,13]。主要基于联系数描述事物内部及事物之间的矛盾及其转化。

集对分析理论是基于成对原理和系统不确定性原理建立的。成对理论认为事物是成对出现的，是事物普遍联系、对立统一的哲学观点。系统不确定性理论认为在系统的不同层级进行观测，系统的确定性是变化的。从高层次向低层次观察，系统的确定性增加，不确定性降低；从低层次观察，系统的不确定性增加，确定性降低。高层次强调系统的整体性，观察粒度大，进而忽略细观事件；同理，低层次强调细节，观察粒度小，需要面对各种具体问题。

集对分析使用联系数来描述同一事物中不同状态的叠加情况，分为二元、三元，直到多元联系数。二元联系数如式(15.1)所示。

$$\mu = a + cj \tag{15.1}$$

式中：a 为系统中具有相同性质对象所代表的分量；c 为系统中具有相反性质对象所代表的分量。对于同一系统中对象是相同或是相反要根据系统对象分类的具体定义确定；j 为反分量标记，其优点是将最初系统状态叠加中的同与反分开，在分析和计算过程中保留，直到计算结果时再代入分析。

系统安全状态实际上是系统安全性和不安全性组成的论域空间。该论域空间在变化过程中总体不变，但其中的安全性和不安全性没有交集且可在不同影响因素作用下相互转换。这与集对分析中的二元联系数构成机理相同。因此，系统安全性可用式(15.1)中 μ 表示，a 表示安全性分量，c 表示不安全性分量，j 表示不安全性标记。

进一步地，系统安全性的变化动力来源于多方面，包括人和自然。对于人而言，任何系统的建立都是为了完成人的预定目的，同时在可接受的时间及条件范围内。人采取措施对系统的作用是改变系统安全性的主要途径。人的行为及措施可能会增加系统的安全性，也可能会降低系统的安全性。美国科学院院士南希埃文森教授指出，现有系统故障分析方法得到的系统故障可能性远小于实际系统故障可能性。他认为造成这种结果的主要原因是系统内部各部分存在意外的能量、信息和物质交换。这些交换往往是系统设计期间无法预估和采取措施的，因此在实际使用中造成意外的系统故障。同样，在为了保持系统安全性而对系统采取措施的同时，这些措施完全有可能与系统中其他部分的非目标元件产生意外的能量、信息和物质交换。因此，对系统安全性采取的措施具有目的性的安全性提升，同时也可能具有非目的性的对系统不安全性的提升。可见采取措施后系统的安全性和不安全性可能同时变化，该现象可表示为叠加状态，即安全性和不安全性变化的叠加。这种叠加作用可表示为集对分析二元联系数形式，如式(15.1)所示。

15.2　措施对系统安全性的 5 种不同作用

采取措施保障系统安全性的同时可能造成系统的不安全性。这可理解为措施对系统的安全性与不安全性的作用叠加。由 15.1 节可知，使用二元联系数表示这种叠加是合理的。

在集对分析的同异反原理中，同代表根据定义的同类，反代表根据定义的不同类，异代表根据定义无法判断的不属于同和反的对象。二元联系数只表示同和反状态的叠加；三元到多元联系数中，首元和末元依然表示同和反，中间的各元表示同反之间过渡的异。所以，只研究系统安全性及不安全性，用二元联系数表示是合理的。在同异反原理中，反指一个概念与某个给定概念相对立的状态[12,13]，统指对立状态。集对分析给出了 5 种反的类型，下面讨论这 5 种类型与系统安全性变化的关系。

1. 倒数型反

表明存在同、异两个分量，这两个量的乘积不变，但相互的变化是关联的，即 $R \times 1/R = 1$。例如，物理中的频率与周期；又如，数学中的某数与它的倒数。当措施对系统安全性产生作用后，系统安全性和不安全性可能存在这种倒数关系，如系统无故障工作周期与系统故障频率。措施对安全周期（系统无故障工作周期）和系统故障频率都有影响，并且是同时作用的。从式(15.1)可知，该关系可表示为 $a \times cj = Q$，Q 为措施对系统安全性的总作用（预期的定值），j 的变化形式为 $j = Q/(a \times c)$。

这种形式的特点在于，安全性分量 a 和不安全性分量 c 两个分量关系是非线性，当一项增加时另一项随之非线性减少，过程具有连续性，且始终同时存在。

保障安全性的措施应能减小不安全分量，由于安全分量与不安全分量是倒数关系，所以不安全分量降低时安全分量将增加。

2. 有无型反

表明存在同、异两个分量,这两个量的乘积为 0 且同分量不为 0,两分量是串联关系,$R×0=0$。例如,物理系统中两个串联的元件,若其中之一失效,则系统失效。当措施对系统安全性产生作用后,在安全性提高的同时该措施会与该元件串联的元件有意外交互,导致该元件失效,从而导致系统整体失效。所以,该措施虽然提高了系统安全性,但同时触发了相关元件的不安全性,导致系统不安全。从式(15.1)可知,该关系可表示为 $a×cj=0$,j 的变化形式为 $j=0$。

这种形式的特点在于,安全性分量 a 和不安全性分量 c 两个分量的关系是 10 关系,无论安全分量系数如何变化,只要存在不安全分量系数,则系统安全性变为 0,这种状态是突变状态。

保障安全性的措施应能杜绝不安全分量的出现。不安全分量的出现将导致所有安全分量变为 0,系统失去安全保障。

3. 正负型反

表明存在同、反两个分量,同分量通过一个负系数的转化得到另一个反分量,$R×(-1)=-R$。例如,对系统中某元件采取了保障安全的措施,但该措施由于非预期的错误导致了元件的不安全性,即作用由安全性完全转化为不安全性。从式(15.1)可知,该关系可表示为 $a×cj=-Q$,j 的变化形式为 $j=-Q/(a×c)$。

这种形式的特点在于,安全性分量 a 通过转化得到不安全分量 c,同时分量 a 变为 0。该转化过程可将分量 a 缩小或放大得到分量 c。分量 a 和分量 c 是线性关系。

保障安全性的措施应能减小安全分量转化为不安全分量的可能性和程度。应先考虑降低转化的可能性,再考虑降低转化的程度。

4. 虚实型反

表明存在同、反两个分量,同分量与反分量在措施作用下同时增加和减少,$R×i=Ri$。例如,为增加系统安全性采取的措施同时造成相同程度的系统不安全性的增加,即作用同时产生相同的安全性及不安全性变化,这时可采取其他措施限制不安全性而保留安全性。从式(15.1)可知,该关系可表示为 $a×cj=Qi$,j 的变化形式为 $j=Qi/(a×c)$。

这种形式的特点在于,安全性分量 a 与不安全分量 c 始终保持着相等的数量,增加和减少的量也相同。该转化过程可以将分量 a 复制到分量 c,是镜像关系。

保障安全性的措施应能在增加安全分量的同时,采取其他措施控制同时产生的不安全分量。

5. 互补型反

表明存在同、反两个分量,同分量与反分量在措施作用下的总量不变,两分量互补且不相容,$R+R'=Q$。例如,措施作用于系统,系统安全性增加,安全性的增加量等于不安全性的减少量。可具体理解为系统的可靠性与失效性关系。从式

(15.1)可知,该关系可表示为 $a+cj=Q$,j 的变化形式为 $j=(Q-a)/c$。

这种形式的特点在于,安全性分量 a 与不安全分量 c 的和是定值。当一个分量增加,另一个分量必定减少相同的量。两个分量组成了具有固定规模的 Q。

保障安全性的措施应能增加安全分量,同时减小不安全分量。

总结上述 5 种反的类型对应于措施对系统安全性变化的 5 种作用,如图 15.1～图 15.5 所示。

对于图 15.1 而言,措施作用于系统,安全性分量与不安全性分量乘积是定值,一个分量增加,另一个分量以倒数形式减少。例如,系统安全工作周期和故障发生频率。预防措施:减小不安全分量,由于是倒数关系,所以安全分量将增加。

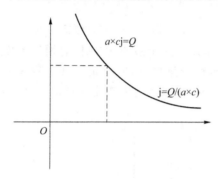

图 15.1　倒数型反

对于图 15.2 而言,措施作用于系统,在增加安全性分量的同时,也导致不安全性分量出现,使系统整体失去安全性。例如,系统中同样受到措施作用的两个串联部分,虽然之一安全性提高,但另一个失效,系统失效。预防措施:杜绝不安全分量,只要不安全分量出现,安全分量将变为 0。

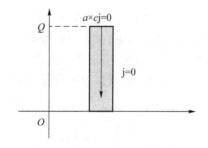

图 15.2　有无型反

对于图 15.3 而言,措施作用于系统,将原本的系统安全性分量转化为系统的不安全性分量。例如,对系统中某元件实施了保障安全的措施,但该措施由于不能预见的错误却导致了故障。预防措施:减小安全分量转化为不安全分量的可能性和程度;首先降低可能性,然后降低程度。

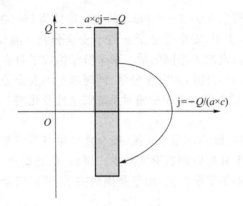

图 15.3　正负型反

对于图 15.4 而言,措施作用于系统,作用同时增加系统的安全性和不安全性。例如,措施的作用使安全性分量增加,同时也增加了等量的不安全分量。预防措施:在增加安全分量的同时,采取其他措施控制同时产生的不安全分量。

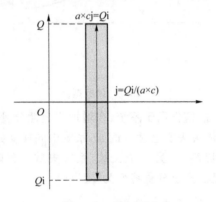

图 15.4　虚实型反

对于图 15.5 而言,措施作用于系统,作用总体效果固定,安全分量和不安全分量变化程度之和不变,此消彼长。例如,措施产生的作用使安全分量增加的程度等于不安全分量减少的程度。预防措施:增加安全分量,同时减小不安全分量。

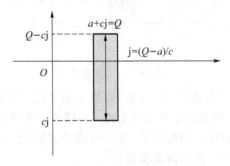

图 15.5　互补型反

图 15.1~图 15.5 论述了集对分析的同异反原理蕴含的 5 种反在系统安全性变化关系中的含义。5 种反代表了措施对系统作用产生的系统安全性影响。即在实施措施对系统作用时,其安全性和不安全性变化存在 5 种关系,可通过 5 种反的形式表示,即倒数型反、有无型反、正负型反、虚实型反及互补型反。它们代表的不同措施的应用背景和含义都不相同,可确定不同情况下措施作用于系统安全性和不安全性的变化关系。

15.3　5 种作用的研究意义

系统存在的意义是完成预定功能,而完成预定功能的能力称为可靠性。可靠性的定义只停留在功能层面,而系统安全性更为广泛。可将系统分为人机环管等方面,为保障系统安全性采取的措施可能作用于系统的任何内部结构和子系统,因此措施对系统安全性的作用是难以准确分析的。正如前节所述,故障的发生往往难以预知,但却是实际存在的意外能量、信息和物质交互。这些意外交互在系统设计期间是无法确定的,更不能通过系统设计保障安全。对系统采取的任何措施,在完成其保障系统安全性的同时,完全有可能造成意外交互从而产生故障。

不同措施对不同系统的作用情况不同,对系统产生的安全性及不安全性的作用也不同。因此,确定在该措施作用下系统安全性及不安全性之间的关系成为首要问题。借助集对分析的同异反原理,将措施产生的作用使用二元联系数表示,同代表安全性,反代表不安全性,参考原有的 5 种同反关系,实施了上述研究。得到了对应的 5 种措施作用于系统后表现的安全性与不安全性的关系。任何措施都希望能保障系统的安全性,而同时产生的不安全性则是措施的副作用。因此,必须确定措施带来的系统安全性与不安全性关系属于何种同反关系,从而采取进一步的措施保障安全性,同时抑制不安全性。

本 章 小 结

为研究措施给系统带来的安全性和不安全性变化及其相互关系,提出使用集对分析的同异反原理对该问题进行研究,主要结论如下。

① 论述了同异反系统论与系统安全性变化关系,认为同异反可表示系统安全性与不安全性的相互关系。同时使用二元联系数表示措施作用于系统后产生的安全性和不安全性关系。

② 研究了措施对系统安全性变化的 5 种不同作用,即 5 种作用后系统安全性

与不安全性的变化关系,包括倒数型反、有无型反、正负型反、虚实型反、互补型反。研究了不同类型中安全分量与不安全分量的数值变化特点及预防措施要求等。

③ 论述了措施对系统安全性变化的 5 种作用类型的研究意义。任何措施都希望能保障系统的安全,但很可能这些措施将造成系统中非目标部分的安全性下降。因此必须确定措施作用的安全性与不安全性变化属于何种同反关系,从而保障系统安全,抑制不安全。

本章参考文献

[1] 贾超,王庆程,刘鑫,等.影响 DCS 控制系统的不安全因素及对策[J].中国仪器仪表,2020(6):53-56.

[2] LI BAI, XINHUA WANG, RONGWU LU, et al. Evolutionary Stability Analysis of the Coal Mine Safety Management System Governed by Delay and Impulsive Differential Equations[J]. Complexity,2020,2020:12.

[3] 魏然,李琛,蒋伟光,等.建筑施工作业区准入安全管理系统设计[J].土木工程与管理学报,2020,37(2):136-141,150.

[4] 陈君毅,周堂瑞,邢星宇,等.基于系统理论过程分析的自动驾驶汽车安全分析方法研究[J].汽车技术,2019(12):1-5.

[5] CHEN JUNYI, ZHOU TANGRUI, XING XINGYU, et al. Research on Safety Analysis Method for Autonomous Vehicles Based on STPA [J]. Automobile Technology,2019(12):1-5.

[6] 张岚,王奕萱,丁博.电力营销信息系统网络安全及防护策略[J].电子技术与软件工程,2019(19):193-194.

[7] DONGFACK GUEPI CLOVIS JAMOT,JONG YIL PARK. System theory based hazard analysis for construction site safety:A case study from Cameroon[J]. Safety Science,2019,118:783-794.

[8] 崔铁军,李莎莎.智能科学带来的矿业生产系统变革——智能矿业生产系统[J].兰州文理学院学报(自然科学版),2019,33(5):51-55.

[9] WENCHENG HUANG, BIN SHUAI, BORUI ZUO, et al. A systematic railway dangerous goods transportation system risk analysis approach:The 24 model[J]. Journal of Loss Prevention in the Process Industries,2019, 61:94-103.

[10] 夏杨,孙文建.基于 Cloud-BIM 的建筑工人高空作业安全管理系统构建[J].武汉理工大学学报(信息与管理工程版),2019,41(3):241-246.

[11] 张攀科,罗帆. 通用航空安全监管演化博弈的系统动力学仿真[J]. 中国安全科学学报,2019,29(4):43-50.

[12] 杨涛,周鲁洁. 煤矿职工不安全行为预警控制系统开发[J]. 煤矿安全,2019,50(3):249-252.

[13] 蒋云良,赵克勤. 智能科学技术著作丛书人工智能集对分析[M]. 北京:科学出版社,2017.

[14] 刘秀梅,赵克勤. 区间数决策集对分析[M]. 北京:科学出版社,2014.

第16章 工作总结

　　本书的目的是研究因素在智能科学中的作用，以及以因素为落脚点的系统安全智能分析方法。笔者以空间故障树理论框架为基础进行上述问题的研究。

　　本书可分为三大部分：第一部分是智能科学与因素思维，主要论述了因素思维在智能科学中的决定性作用，内容为第2章至第5章；第二部分是因素思维与智能系统故障分析理论，主要论述了以因素空间和空间故障树理论基础上的系统安全和故障分析方法和原理，内容为第6章至第11章；第三部分是系统功能状态分析，主要论述了空间故障网络的化简方法、系统功能状态的不确定性和系统安全变化，内容为第12章至第15章。下面总结这三部分的主要工作，列出核心观点和内容。

　　第一部分：智能科学与因素思维。

　　第2章因素驱动与东方思维。智能科学应是因素驱动的，数据驱动只是权宜之计，必将向着因素驱动发展；中国原创智能科学基础理论是先进的，讲究万物互联而非机械还原；中国智能科学的机遇大于挑战，因为东方思维模式具有天然优势，这在智能时代是决定性的。

　　第3章数据、因素、算力和算法的关系。数据是自然系统散发出来的，是人工系统辨识因素的基础，也是形成算法的基础；因素是人工系统控制自然系统的方式，也是算法所需的变量；算法是体现因素与数据关系、描述人工系统结构的方式；算力是解算算法的保障，同时需考虑数据和因素的特征。算力是人工系统形成映射关系的计算能力；算法是形成映射关系的方法论；数据是人工系统从自然系统接收到的各种数据的集合；因素是这些数据分类的结果。各科学的公式都是人工系统对自然系统的抽象，通过数据、因素、算法和算力的相互关系实现抽象，最终形成映射从而实现人工系统对自然系统的模仿。

　　第4章人和人工智能系统的概念形成。人的概念形成过程是在潜移默化中实现的，人具有在内涵和外延不完备情况下的思维和联想能力；人工智能系统的概念形成过程的优势在于感知能力、存储能力和计算能力，劣势在于缺乏自主的因素识别、特征提取和划分能力，缺乏思维和联想能力。发展人工智能必须重视以因素的

· 222 ·

智能识别、功能的系统实践和人的经验知识为基础的有师学习。

第 5 章因素空间与人工智能样本选择。利用因素空间思想论述了莫拉维克悖论的合理性。人的选择过程就是比较的过程,人的思维、推理和判断过程是比较和选择的过程,通过选择适合的因素、因素概念相和因素量化相来选择适合样本。建立人工智能样本选择策略网络模型,模型中的三次选择对应于三种网络结构。

第二部分:因素思维与智能系统故障分析理论。

第 6 章空间故障树与因素空间。空间故障树理论的提出本身可满足系统可靠性的多因素分析,且与因素空间等智能理论结合后,也具备了逻辑推理分析和故障大数据处理能力。这表明空间故障树理论是一种开放性理论,具有良好的扩展性和适应能力,最终成为系统演化过程分析的普适性框架。

第 7 章系统可靠-失效模型与智能实现。系统具有物质性和有意识性。存在即为系统说明了人对系统的认识只能无限深入,而不能完全理解的事实。系统的灭亡性论述了系统无论是否存在于适合的自然环境中,必将走向瓦解的事实,这种灭亡不是物质的灭亡,而是系统结构的瓦解。从认识论、矛盾论、系统论和方法论方面研究了系统可靠-失效模型在这些层面的意义和特点,认为模型满足这 4 个方面的要求,在哲学观上是合理的。论述了通过智能方法实现系统可靠-失效模型的方式。

第 8 章人工智能系统故障分析原理。认为研究适应未来智能和数据环境下的人工智能系统故障分析原理,只能使用辩证的信息生态方法论实现。结合信息生态方法论和系统运动空间及系统映射论,提出了故障信息、故障知识和智能安全生成原理。认为人工智能系统故障分析原理是基于信息生态方法论,考虑基础故障意识、故障情感与故障理智,及即时故障语义信息的综合安全决策与降低故障反应生成过程,目的是确保系统在规定条件下完成预定功能。

第 9 章故障数据及因果关系智能分析。论述了目前分析系统故障数据面临的问题。这可能只是表面关系,是经过了多次因果传递后表现出来的关系。论述了系统故障因果关系的关联性和相关性,关联性存在于概念,相关性存在于具体的数据层面,因素空间承认狭义因果论和广义因果论。将系统故障分析的智能系统划分为 4 个层次——数据驱动、因素驱动、数据-因素驱动、数据-因素-假设驱动。数据驱动能获得广泛的故障因果关系,因素驱动深入了解故障因果关系,数据-因素驱动兼顾两者,数据-因素-假设驱动更接近于人的思维。

第 10 章人工智能与生产中的本质安全。对于实现本质安全,生产系统中不同子系统的作用不同。人工智能管理系统给生产系统带来结构改变,操作者消失、管理者作用变化、增加反馈机制、系统结构变化。生产系统的本质安全需通过人工智能管理系统实现,人工智能管理系统具有双循环和自学习的特征。双循环分别控制机子系统和环境子系统,自学习则是通过对管理者和专家的经验学习,对比运行数据库和环境数据库进行故障模式识别，最终形成故障知识库。

第 11 章系统故障熵模型及其时变。系统故障熵是基于系统故障概率分布曲面得到的，可研究系统故障变化的混乱程度和信息量。线性熵是线性均匀的，给出了线性熵在不同因素数量时的模型，认为线性熵可表征和计算系统故障熵。研究得到了不同时间和不同因素状态叠加时的系统故障熵及其变化规律，得到了考虑不同因素状态叠加时系统故障熵的变化不同；系统故障熵总体随时间增长而增长；系统故障熵可用于判断系统故障稳定性。

第三部分：系统功能状态分析。

第 12 章三值逻辑和因素空间的 SFN 化简。给出了适合于 SFEP 的三值逻辑真值表和算子，同时建立基于三值逻辑的关系组，从而得到最终事件状态表达式。建立了不同状态和不同边缘事件对最终事件状态的影响程度分析方法，得到了状态数量统计矩阵和决定度矩阵，进而定义并计算了事件重要度与三值状态重要度。提出了两种化简方法：一是基于结构关系的化简方法；二是使用概率表达的化简方法。前者能表示边缘事件与最终事件的逻辑结构关系，但是是一种近似表示；后者使用传递概率表示边缘事件导致最终事件的可能性，但不能表示逻辑关系。

第 13 章系统功能状态的确定性与不确定性。系统功能状态至少可分为确定状态和不确定状态，它们组成了整个状态空间，对立但能相互转化。利用集对分析中的联系数可描述系统功能状态的上述两种叠加形式。利用量子状态可表示多功能设定的系统功能状态表达式。利用两量子状态叠加的经典表达式，使用二元联系数确定各状态概率，进而确定两个功能设定的系统功能状态表达式。

第 14 章系统功能状态存在不确定性的原因。将研究对象分为人、人造系统和自然系统，研究认为不确定状态是系统的通常状态，确定状态只存在于系统被实践或被测量的一瞬间，而所有的系统历史是由这些瞬间组成的。借助空间故障网络理论，从事件、因素、逻辑和条件 4 方面追溯了系统功能状态不确定性的原因，但最终可归结为数据的测不准、人的认知和因素的变化。进一步研究了因素、数据和认知构成的不确定性，原因在于人造系统和自然系统之间因素流和数据流在传递过程中存在损失。分析了人应对不确定性的方法和系统的不确定性表示方法，提出改善和消除不确定性的具体措施，可使用空间故障网络理论结合量子态叠加来表示系统故障演化过程中的系统功能状态的不确定性。

第 15 章系统安全性变化的 5 种同反关系。论述了同异反系统论与系统安全性变化关系，认为同异反可表示系统安全性与不安全性的相互关系，使用二元联系数表示措施作用于系统后产生的安全性和不安全性关系。研究了措施对系统安全性变化的 5 种不同作用，包括倒数型反、有无型反、正负型反、虚实型反、互补型反。论述了这 5 种作用类型的研究意义，必须确定措施作用的安全性与不安全性变化属于何种同反关系，从而保障系统安全，抑制不安全。

　　书中内容可总结为三点，发展人工智能基础理论、建立安全科学中的人工智能方法和应用于具体行业的安全领域解决实际问题。这是逐层递进的关系，从智能理论到安全科学的智能方法，到最终应用于行业解决实际问题，这是研究的最终目标。在实现该目标的过程中因素起到了决定性作用，无论是智能科学理论发展，还是安全科学中的智能方法建立，笔者也试图在提出的空间故障树理论体系中基于因素研究系统安全和故障问题。虽然这项研究仍处于起步阶段，笔者也进行了本书内容的研究，但还有大量工作和问题亟待解决，希望有意研究的学者积极进取，建立我们具有东方思维的人工智能基础理论。